华东型连栋简易大棚（浙江省）

日光温室（甘肃省兰州市）

WSBRZ型自控玻璃温室（浙江省）

1

叶用莴苣温室无土
栽培（上海市）

西瓜遮阳网栽培
（海南省）

菜苗猝倒病症状

菜苗立枯病症状

立枯丝核菌引起番茄
成株茎基腐

菜苗镰刀菌根腐病症状

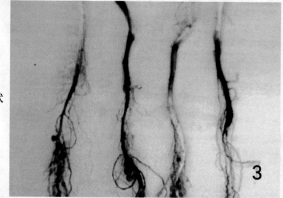

3

番茄灰霉病病叶斑

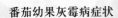

番茄幼果灰霉病症状

番茄果实表面密生灰霉

4

番茄果实灰霉病的
另一种症状

番茄青枯病病株

番茄晚疫病病叶

5

番茄晚疫病病茎

番茄晚疫病病果

番茄叶霉病病叶

6

番茄早疫病茎部症状

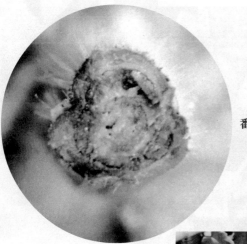

番茄枯萎病茎部维管束变褐色

番茄细菌性溃疡病病枝

7

番茄细菌性溃疡病
果面病斑（早期）

番茄细菌性溃疡病
果面病斑（后期）

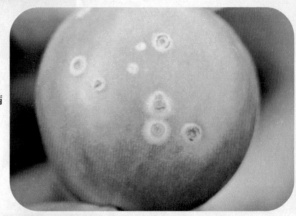

番茄细菌性叶斑病病叶

8

番茄细菌性叶斑
病病果

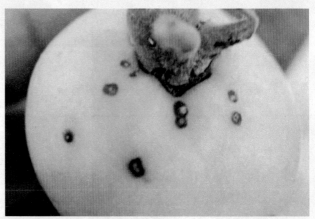

番茄病毒病病株
（花叶皱缩）

番茄病毒病病株
（蕨叶）

9

番茄病毒病病株（茎部条斑）

辣椒疫病症状

辣椒白粉病病叶正面

10

辣椒白粉病病叶背面

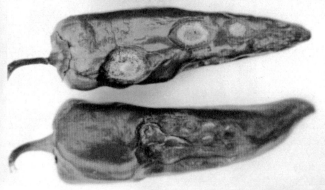

辣椒炭疽病病果

辣椒褐斑病症状

11

辣椒细菌性疮痂病病叶

辣椒病毒病病株（花叶）

辣椒病毒病病株（叶上生环纹）

12

辣椒病毒病病株（叶片畸形）

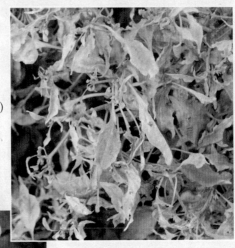

辣椒病毒病病株（矮化）

茄子黄萎病病叶

13

茄子黄萎病病叶萎垂

茄子褐纹病病果轮生小粒点

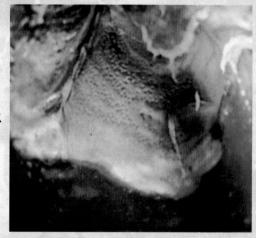

黄瓜霜霉病病叶

14

西葫芦白粉病
病叶（早期）

西葫芦白粉病
病叶（中后期）

西葫芦灰霉病病果

黄瓜灰霉病病叶

甜瓜疫病病果

甜瓜枯萎病症状

16

甜瓜蔓枯病症状

黄瓜蔓枯病症状

黄瓜炭疽病病叶

17

冬瓜炭疽病茎蔓症状

冬瓜炭疽病果实症状

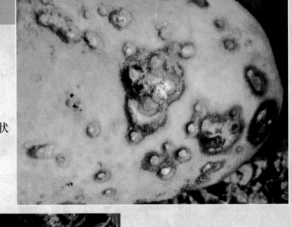

西葫芦黑星病病叶

18

西葫芦菌核病症状

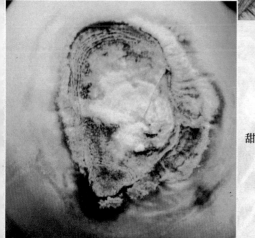

甜瓜红粉病病果上的霉状物

西葫芦病毒病症状
（褪绿斑）

19

西葫芦病毒病症状
（花叶，疱斑）

西葫芦病毒病症状
（疱斑，变黄）

西葫芦病毒病症状
（果实花斑）

20

西葫芦病毒病症状
（果实疣瘤）

黄瓜细菌性角斑
病症状（初期）

菜豆细菌性疫病病叶

21

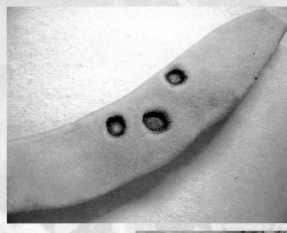

菜豆炭疽病豆荚症状

豇豆锈病症状

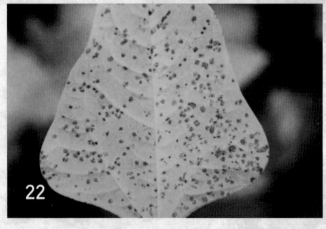

菜豆锈病症状

22

菜豆枯萎病症状

菜豆镰刀菌根腐病症状

豇豆煤霉病病叶

23

豇豆白粉病病叶

芹菜斑枯病病叶
（大斑型）

芹菜斑枯病病叶
（小斑型）

24

芹菜斑枯病叶柄病斑

芹菜早疫病病叶

芹菜细菌性软
腐病叶柄症状

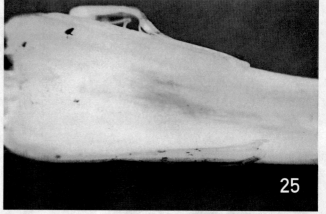

25

芹菜花叶病症状

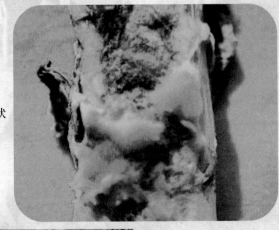

莴苣灰霉病症状

莴苣菌核病症状

26

莴苣菌核病的
菌丝体和菌核

莴苣霜霉病病叶

莴苣褐斑病病叶

27

菠菜霜霉病病叶正面

菠菜霜霉病病叶背面

菠菜根腐病病株

28

菠菜炭疽病病叶

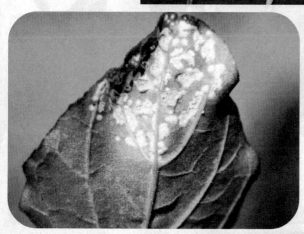

蕹菜白锈病病叶

蕹菜轮斑病病叶

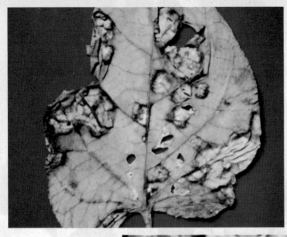

雍菜褐斑病病叶

蕹菜花叶病症状

落葵蛇眼病症状

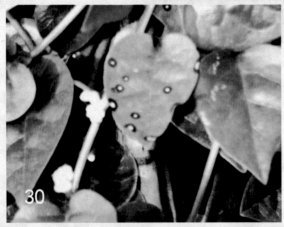

30

落葵黑斑病病叶（大斑）

落葵花叶病症状

十字花科蔬菜霜霉
病的多角形病斑

31

小白菜霜霉病病叶

甘蓝霜霉病病叶

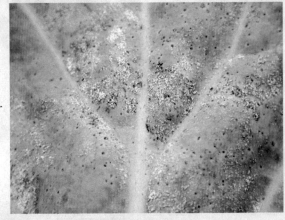

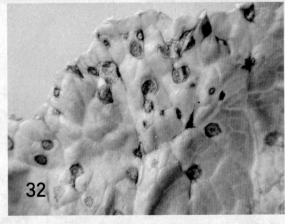

白菜黑斑病病叶

32

小白菜白锈病叶片背面

小白菜白锈病叶片正面

立枯丝核菌引起
白菜叶腐、基腐

33

甘蓝细菌性黑腐病病叶

白菜细菌性软腐病
外叶基部腐烂

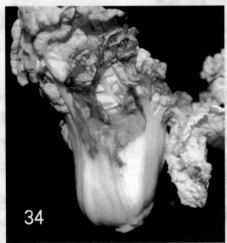

大白菜细菌性软腐病菜头腐烂

34

白菜病毒病症状（花叶）

白菜病毒病症状（坏死斑）

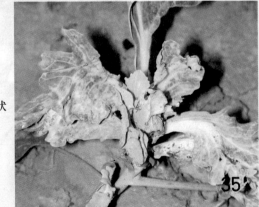

甘蓝病毒病症状

35

萝卜病毒病症状

韭菜灰霉病症状（白点）

36

韭菜灰霉病症状（湿腐）

温室白粉虱危害黄瓜叶片症状

温室白粉虱（黑色的为卵）

银叶粉虱危害西葫芦症状

银叶粉虱危害西葫芦后期症状

桃蚜危害白菜

甘蓝蚜危害状

美洲斑潜蝇危害丝瓜叶片状

南美斑潜蝇危害西葫芦叶片状

韭蛆危害状

瓜绢螟

菜蛾危害的甘蓝

菜蛾幼虫

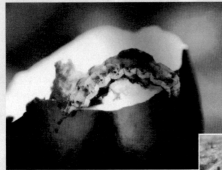

棉铃虫幼虫危害茄子果实

朱砂叶螨成螨

朱砂叶螨卵

茶黄螨危害的茄子果实（注意果面网纹）

新编棚室蔬菜病虫害防治

编著者

商鸿生　王凤葵　马　青

金盾出版社

内 容 提 要

本书以日光温室、塑料棚等设施栽培蔬菜为对象,全面系统地介绍了病虫害的种类、识别、发生规律和防治技术。内容包括:棚室环境与蔬菜病虫害发生概况,棚室蔬菜病虫害防治方法,蔬菜苗期和棚室茄果类、瓜类、豆类、绿叶菜类、十字花科蔬菜及韭菜等80种(类)病害,以及17种(类)棚室蔬菜害虫、害螨和寄生线虫。本书内容丰富,涵盖了生产上所能遇到的绝大多数病虫害,其中包括检疫性危险种类;行文简练,图文配合,选配的131幅彩图均为实地拍摄,有助于读者迅速进行田间诊断和提出防治对策。适于广大菜农以及贮运营销人员、专业技术人员和有关院校师生阅读参考。

图书在版编目(CIP)数据

新编棚室蔬菜病虫害防治/商鸿生等编著. —北京:金盾出版社,2006.6
ISBN 978-7-5082-4045-9

Ⅰ.新… Ⅱ.商… Ⅲ.蔬菜-温室栽培-病虫害防治方法
Ⅳ.S436.3

中国版本图书馆 CIP 数据核字(2006)第 029634 号

金盾出版社出版、总发行

北京太平路 5 号(地铁万寿路站往南)
邮政编码:100036 电话:68214039 83219215
传真:68276683 网址:www.jdcbs.cn
彩色印刷:北京精美彩印有限公司
黑白印刷:北京金星剑印刷有限公司
装订:桃园装订厂
各地新华书店经销

开本:787×1092 1/32 印张:12 彩页:40 字数:238 千字
2009 年 2 月第 1 版第 3 次印刷
印数:26001—37000 册 定价:21.00 元

目 录

第一章 棚室环境与蔬菜
病虫害发生概况

本书所说的"棚室栽培",主要指以塑料棚和塑料日光温室为主的设施栽培。20世纪80年代以来,我国蔬菜棚室栽培取得了突破性进展。在我国北方,利用简单的棚室设施,得以充分利用太阳能,在低温季节提供蔬菜作物生长发育所需要的温度。在南方,推广了防雨棚、遮阳网、防虫网等夏季园艺设施。棚室栽培保证了蔬菜的周年均衡供应,经济效益很高。

一、棚室栽培的主要形式

棚室栽培的主要形式有塑料棚、日光温室、地膜覆盖、阳畦、遮阳网等。在应用上,日光温室以栽培越冬茬、早春茬、秋冬茬为主,塑料大棚、中棚以春提早、秋延后栽培为主,小棚以春提早为主。

(一)塑 料 棚

塑料棚(封2,彩1)采用竹、木、钢材或复合材料做成骨架,上面覆盖塑料薄膜构成拱圆形棚,根据棚的规格大小不同,又分为大棚、中棚、小棚。小棚骨架每年可随时移动,用支撑物托住塑料薄膜,高度在1米左右,跨度1~3米,两侧薄膜埋入土中。小棚主要用于春提早栽培。中棚和大棚骨架一般都固定在一块地上,外形有篷型、屋顶型,以塑料薄膜为覆盖物,内部设施较少,每年更换1次薄膜。塑料中棚高度多为

1.5～2米,跨度4～6米。大棚高2.5～3米,跨度6～12米不等。中棚和大棚主要用于蔬菜的提早、延后栽培。在我国北方地区,拱棚覆盖栽培是一种重要的保护地类型,应用普遍。

塑料棚的增温效果与塑料薄膜种类有关。聚氯乙烯保温性能好,比聚乙烯薄膜平均提高0.6℃,且耐老化,但易生静电,吸尘性强,而聚乙烯薄膜的红外光、紫外光透过率高于聚氯乙烯薄膜,升温快,又不易吸尘,棚内水滴少。

塑料棚夜间保温效果不及日光温室,为提高棚内温度,使之在冬季能够种植喜温蔬菜,多采用大棚多层覆盖栽培,并辅之以电热线加热的方法。

(二)加温温室和日光温室

塑料大棚虽然延长了蔬菜的生长期,但因其保温性能受结构的限制,难以提高。在我国北方,如冬季不加温,茄果类和瓜类等喜温蔬菜只能进行春提早或秋延后栽培,不能进行冬季生产。温室(彩1,彩2)是一种性能较为完善的保护地类型,在冬季可以生产各种叶菜和果菜,但其造价比其他栽培设施高。有些温室内部装备有各种环境调节装置,具有采暖、通风、灌溉、二氧化碳施肥、补充照明等功能,使得温室的性能进一步完善,得以周年利用。

加温温室是内部有加温设备的温室,通常有冬季生产温室和育苗温室2种。在北方,传统的加温温室,由于煤火费用高,经济效益相对低下,难以大面积发展。在这种情况下,节能型日光温室便应运而生了。

日光温室是以太阳辐射能作为热源,没有加温设备的设施,以塑料薄膜为透明覆盖材料,在寒冷季节主要依靠获取和蓄积太阳辐射能进行蔬菜生产的单栋温室。塑料薄膜日光温室气密性强,冬季采光、保温性能好,抗风雪能力强,可以用于喜温性蔬菜栽培,加之结构简单,造价较低,节省能源,深受菜农欢迎。高效日光温室在采光性、保温性和实用性等方面,并不逊于玻璃加温温室,适合北方冬季和早春蔬菜生产,推广后取得了良好的经济效益和社会效益,已成为北方主要的保护地设施。

连栋温室是以塑料、玻璃等为透明覆盖材料,以钢材为骨架,二连栋以上的大型保护设施,其单栋跨度多为6~9米、脊高4~6米。大型连栋温室,可以实行耕种机械化和管理自动化。工厂化温室具有各种工序所需要的车间,按工序进行流水作业,实行自动化无土栽培,年产量比露天作物高10倍,比现有的塑料大棚、普通温室高5倍,具有广泛的发展前景。

(三)其他形式

1. 地膜覆盖　应用各种塑料薄膜,进行地面覆盖栽培,在我国北方和中部地区迅速发展,春季可以提高地温,夏季可以降低地温,还具有保墒、保肥、疏松土壤的效应。对于减轻蔬菜菌核病、灰霉病和炭疽病等病害具有一定的作用。应用银灰色反光膜进行地膜覆盖,可驱避蚜虫,预防病毒病害。

2. 阳畦和温床　阳畦又叫冷床,畦框用泥土、砖块、木材或水泥等材料做成,畦框覆盖塑料薄膜或玻璃,上铺草苫,北侧设风障。做风障的材料有玉米秆、高粱秆、麦秸或稻草等,可就地取材。阳畦可保持较高的畦温和土温,但昼夜温差大,适于耐寒性蔬菜防寒越冬,天气转暖后可用于喜温蔬菜的育苗和栽培。温床是依靠生物能、电能或其他热源提高床土温度进行育苗的设施。

3. 遮阳网覆盖　塑料遮阳网(彩2)是用聚烯烃树脂做原料,加入防老化剂和各种色料制成的新型网状农用塑料覆盖材料,主要作用是遮光,降低气温和地温,防止暴雨、大风以及昆虫危害。银灰色网有驱避蚜虫的作用,可预防病毒病害的发生。采用遮阳网封闭式全天覆盖,可以防止菜蛾、菜粉蝶、斜纹夜蛾等多种害虫在蔬菜上产卵,减轻虫害,减少农药使用。遮阳网已大量用于夏秋季节蔬菜栽培和育苗。

遮阳网覆盖形式有多种。连栋式温室,可在室内平挂遮阳网,多用于夏菜的延后栽培。塑料大棚可利用其骨架覆盖遮阳网,或者棚膜与遮阳网并用,在塑料棚膜上覆盖遮阳网,网两边要离开地面1.6~1.8米,以利于通风。还可以将遮阳网悬挂在大棚内距地面1.2~1.4米高处。早春在塑料薄膜中、小棚上加盖遮阳网,可提早定植夏菜。夏秋季节利用中、小拱棚骨架做支架覆盖遮阳网,可以培育秋菜苗、栽培绿叶菜或在棚内提前定植秋菜。

小平棚遮阳网覆盖的方式是利用竹竿、木棍、铁丝等材料,在畦面上搭成平面或倾斜的棚架,棚架上面盖遮阳网。棚架宽约1.6米,高0.5~1.8米。主要用于夏季绿叶菜栽培。遮阳网直接覆盖在畦面或植株上面,称为浮面覆盖,主要用于蔬菜出苗期覆盖,可遮光、降温、保湿,为种子发芽和出苗创造有利条件。

二、棚室环境对病虫害发生的影响

棚室环境受自然条件和人工调控的影响,蔬菜栽培能否成功,取决于棚室环境的适宜程度,也取决于蔬菜作物的适应能力。熟悉和掌握棚室环境因子的变化规律和人为调控方法,有助于棚室蔬菜生产和病虫害防治。

(一)温　度

棚室温度取决于阳光照射状况,晴天太阳辐射较强,棚室内温度高,温度日较差大,阴天接受散射光,光照弱,温度升幅小,日较差小。阴天若不揭草苫覆盖,棚内接受不到光照,温度低,变幅也小。

在一天之内,白天阳光照射,气温升高,中午前后达到最高值,日落后气温降低,直至最低值。由山东寿光的观察资料,可以了解棚室内气温的日变化规律。在1～4月份晴天,大棚内日平均温度16.2℃,峰值出现在11时30分至12时之间,平均峰值24.1℃。最低温出现在6时至6时30分之间,平均值为10.8℃,平均日较差13.3℃。棚内极端最高温38.1℃,极端最低温7.4℃,最大日温差30.7℃。阴天揭草苫时,棚内平均气温13.8℃,峰值提早出现在11时至11时30分之间,平均峰值17.6℃。最低值出现在24时,平均值11.8℃,平均日较差5.8℃。棚内极端最高温30.8℃,极端最低温8.8℃,最大温差23.0℃。阴天未揭草苫,平均温度12.1℃,平均日较差3.1℃,极端最高值21.3℃,极端最低值9.2℃。

棚室容积越小,白天温度升高越快,夜间温度下降也越快;棚室容积越大,日温差就越小。东西走向的大棚比南北走向的大棚温度高,因受光不均匀,各部位的温差较大,蔬菜生长常不整齐。南北走向的大棚,各部位光照较一致,温度较均匀,蔬菜生长较整齐。

从蔬菜生产的角度来看,适宜的日较差,一般为10℃～16℃。上午光合作用产物约占全天同化产物的70%左右,所以上午温度宜高,午后要逐渐降温,不超过上午的温度。日落后至前半夜,蔬菜运转同化产物,温度过低运转受抑制,前半夜温度以 16℃～20℃为宜。后半夜温度要低于前半夜,以减少蔬菜的呼吸消耗。

地温的变化规律与气温相似。但最高地温出现的时间比最高气温晚 2 小时左右,而最低地温出现的时间比最低气温推后 1～2 小时。气温高时,地温也相应增高,以略低于气温为宜,气温低时,则要求地温提高。严冬晴天的早晨,气温可能很快升高,而地温变动缓慢,不利于光合作用。因而冬季日光温室要提高夜间气温,防止地温下降过快,使翌日上午气温与地温协调,以利于蔬菜光合作用。

各种蔬菜不同生育阶段,都有其适宜温度与最高和最低限制温度,设施栽培在严寒或酷热季节进行生产,并不符合蔬菜作物的生理要求。尽管采取了增温或降温措施,使蔬菜得以生长发育,开花结果,但仍然易于受到温度变动或极端温度的影响,出现生理障害和诱发病害。

在棚室密闭环境内,白天气温升高,夏季可高达 45℃ 以上,夜间则趋近外界温度。温度高于 35℃,并持续一定时间,作物的茎叶生长、花器分化、授粉受精就受到不利影响,产生高温障害。高于 45℃,光照过强就会产生日烧病。一般 0℃ 以下的低温造成冻害,菜株体内结冰,致使部分细胞死亡或全株死亡。蔬菜种类不同,产生冻害的温度也不同。菠菜等耐寒性蔬菜短时间遭受 −5℃ 的低温,也不至于受冻害,而半耐寒性蔬菜如甘蓝等,能耐受 −2℃ 的低温,茄子等喜温性蔬菜遇到 0℃ 以下低温全株冻死。0℃ 以上的低温可造成植物冷害,冷害症状在几小时,至多在一天之内就可出现,而对生长发育的间接危害则缓慢表现出来。

棚室的温度环境适于许多侵染性病害的发生,北方冬春季低温时期,灰霉病、菌核病常异常发生,甚至导致"毁棚"现象。在 20℃ 以下的较低温度下容易发生的病害,除了灰霉病、菌核病以外,还有苗期病害、霜霉病、疫病和某些细菌性病害等。若温度高于 25℃,在较高的温度环境中容易发生的病害有白粉病、炭疽病、蔓枯病、叶霉病、青枯病、枯萎病、黄萎病以及多种叶斑病和病毒病害。许多病原菌适应于较广泛的温度,有时虽非处于其适宜温度范围,但作物生长不良,抗病性降低,特别是在遭受冷害、高温障害、虫害、伤害之后,也会发生异常侵染,导致病害大发生。

地温对作物生长发育和病虫害的发生也有密切关系。在一定范围内,地温越低,根系的生命活性和吸收能力就越差,抗病性降低。地温低时出苗延迟,出苗期拉长,幼苗易感染立枯病和猝倒病等苗期病害。在低温下,移栽伤根后很难愈合,加长了病原菌侵入时间,根病加重。地温高则有利于枯萎病、黄萎病、青枯病等维管束病害发生。冬春季棚室地温高于外界,冬季休眠的害虫,可能开始活动,外界害虫也可能向棚室迁移。

棚室温度的调节方法,参见第二章表 2。

棚室环境为病虫害提供了冬季继续发生危害的条件,改变了病虫害的发生规律。一些在冬季露地条件下不能越冬或难以越冬的病虫害,如黄瓜霜霉病病菌、番茄晚疫病病菌、白粉虱、斑潜蝇、蚜虫等得以在棚室内存活,成为下一季露地蔬菜的菌源或虫源,构成了棚室与露地之间的周年循环。

(二)空气湿度

棚室密闭条件好,棚内水气不易散发,在寒冷的季节,夜间温度降低,相对湿度增高,可达 90%～100%,在植株和薄膜上结露,形成水膜。阴雨天气时,棚室内甚至长期处于饱和湿度。这种高湿环境,对蔬菜生长不利,但适于病原菌孢子萌发和侵入。大多数病原真菌和细菌只有在接近饱和湿度下或叶面湿润,有露水和水膜时才能侵入。叶面保持自由水的时间越长,病害发生越重。湿度的作用比温度更为重要。例如,在适宜温度下,只有棚室保持96%以上的高湿状态,叶面湿润2小时以上,黄瓜霜霉病病菌才得以完成侵染;发生细菌性角斑病,叶面湿润需持续5小时;发生番茄晚疫病,需持续6小时。在相对湿度50%～80%的干燥条件下,有利于白粉病发生。

温室、大棚内湿度控制不当,是病害发生的重要诱因。浇水过多,浇水后密闭棚室,湿度更高,发病也较多。温室、大棚内如遇连阴天不放风,或久阴骤晴,高湿高温,往往发病增多。

为了防止棚室内湿度过高,通常采用通风降湿的办法,效果非常显著,一般采用自然通风,有条件的可采用强制通风。另外,还有加温降湿、覆盖地膜降湿、控制灌水量降湿等多种措施。灌溉和喷施农药能提高湿度,也需要改进作业方法,例如采用滴灌或膜下暗灌,施用粉尘剂或烟剂等。通过湿度调节,使棚室的相对湿度白天保持在50%～60%,夜间80%～90%,既能满足蔬菜的需要,又不易诱发病害。

另外,从棚顶薄膜上滴落到作物上的水滴,也容易引起病害发生,因而棚顶坡度不要过缓,要使用无滴膜。

(三)光 照

光照是绿色植物制造养分和进行生命活动的必需条件,光照不足,光合作用减弱,植株徒长、衰弱,抗病性降低,往往发病增多。冬季温室内的光照只及外界的60%～80%,光照强度和光照时间不足,在棚膜上沾污了大量尘埃杂质时情况更为严重。据在山东寿光地区观测,大棚内平均日照时间1月份仅有6.5小时(9时至15时30分),2月份7小时(9时至16时),3月份9.5小时(7时30分至17时),4月份12小时(6 时 30 分至 18 时 30 分)。光照从早晨揭开草苫后逐步增强,至 11 时 30 分达到峰值,以后逐渐下降。晴天平均峰值 37 400 勒,阴天仅 9 600 勒。

合理利用调控棚室的光照条件,对蔬菜生产和病虫害防治是十分重要的。为此棚室选址与设计建造要从有利于采光的角度考虑,棚室要背风向阳,周围无高大树木和建筑物遮荫,还要避开工厂烟尘和公路,预防尘土对膜面的污染,换用透光性能好的塑料薄膜。要加强管理,合理确定盖苫和揭苫时间,延长光照时间,阴天也应尽量在中午揭开草苫,利用散射光。温度过高时,尽量避免放草苫遮荫降温,而要放风降温。喜光蔬菜要安排在棚室的前部强光区,高秆蔬菜最好单行种植,及时摘除老叶和疯杈。必要时,需人工照明补光,根据作物要求和栽培目的,分别采用长日照处理和短日照处理。

(四)有害气体

棚室通风不足,有害气体积累,严重时会产生气害,而影响蔬菜的产量和品质。常发生的有害气体有氨气、亚硝酸气体、二氧化硫以及塑料薄膜挥发的有害气体等,见表1。

发生气害后,植株受到削弱,可能并发侵染性病害,但气害与病害起因不同,应对措施也完全不同。在许多情况下,往往将气害误诊为病害,或将病害误诊为气害,采取错误的应对办法,造成更大的损失。

预防大棚中有害气体危害,要针对发生诱因,采取对症措施。首先要合理施肥,有机肥必须充分腐熟,尿素应与过磷酸钙混施做基肥,要防止尿素、硫酸铵等速效化肥过量施用。基肥、追肥应深施,施后覆土、浇水。及时通风换气,排除或稀释有害气体,即使雨雪天气也应适当通风。要选用安全无毒的农膜和地膜,及时清除棚内的废旧塑料制品及其残留物。

表 1 棚室常发生的有害气体

有害气体种类	症 状	发生诱因
氨 气	叶片初呈水渍状,后由叶尖、叶缘开始干枯下垂,严重者全株叶片干枯;花萼、花瓣水渍状,后变黑干枯。症状多由植株下部向上发展,上部发病较重。对氨气敏感的蔬菜有黄瓜、番茄、西葫芦、白菜等	铵态氮施用过量,表施或覆土过薄,氨气挥发多;施用未腐熟厩肥、饼肥、粪尿等,在腐熟过程中产生大量氨气
亚硝酸气体	叶片出现白色斑点,干枯。茄子、黄瓜、西葫芦、芹菜、辣椒等敏感	氮肥施用量大,土壤酸性,亚硝酸积累
二氧化硫	番茄、黄瓜、芹菜、甜椒的叶缘和叶脉间变白,并逐渐扩展至叶脉,叶片干枯;萝卜、茄子、菜豆叶片水渍状,后叶缘卷曲、干枯,叶脉间出现褐色病斑	棚室燃煤加温生成,也可由生鸡粪或生饼肥分解产生。温度高,水分供应充足,叶片气孔开放时易受害
塑料薄膜挥发的有害气体	叶片通常褪绿、变黄或变白,严重时叶片干枯,全株死亡;辣椒受害后产生黑色坏死斑,根变褐枯死	农膜增塑剂和稳定剂添加不当,产生乙烯等有害气体,黄瓜敏感

(五)土壤障害

棚室往往连年种植黄瓜、番茄、青椒、西葫芦、菜豆等少数作物,难以轮作,连茬多,复种指数高,肥料使用量大,土壤又不能受到阳光直接照射和雨水淋洗,在使用一定年限后,土壤理化性状发生了很大变化,出现了多种土壤障害,导致蔬菜生育不良,产量持续降低,土壤病害猖獗。

由于长期不合理的施肥，又得不到雨水充分淋洗，土壤表层盐类积累，出现了次生盐渍化。大棚0～25厘米耕层土壤含盐量可高达露地的1～4倍。土壤溶液的渗透压高，植物根系吸收养分、水分困难，严重的还出现烧苗死根、生长点坏死等异常现象。土壤盐渍化可能是造成大棚蔬菜连作障碍的主要因子之一。

棚室连作土壤中，常超量施用氮素肥料，氮肥分解形成的硝酸盐积累于土壤中，使土壤酸化。多年过量施用硫酸钾、氯化钾、氯化铵等生理酸性肥料，也会加重土壤的酸化。硝酸盐的迅速积累，可导致根系死亡，抑制土壤微生物活动，减缓肥料分解和转化，降低肥效，引起植株早衰。硝酸盐积累可引起蔬菜对各种元素吸收的不平衡，诱发缺素症。

多年连作致使土壤养分不均衡。在连作情况下，连续大量施用相同或相似的肥料，特定作物对肥料的选择性吸收，使一些元素过度缺乏，而另一些元素不断积聚，造成土壤养分不均衡，特别容易引起微量元素的缺乏，引起生育障碍。连作还可以使作物根系分泌物积累，其中包含一些具有生物毒性的物质，对同种或同科作物会产生抑制作用（自毒作用）。

连作土壤中微生物区系发生了很大的变化，病残体逐年积累，土壤病原真菌数量迅速增加，拮抗性细菌和放线菌受到抑制，枯萎病、青枯病、根结线虫等土传病害严重发生。

预防和治理土壤障害，首先要用不同种类的蔬菜进行合理的轮作和间、混、套作，合理耕作，深翻土壤。要增施碳氮比高的有机肥，提高土壤的通气和保水、保肥能力。优化施肥方法，基肥深施，追肥限量，提倡根外追肥。根据土壤残留硝态氮数量，控制氮肥施用，平衡施肥，防止次生盐渍化和硝酸盐污染。调节土壤pH值，尽量少施过磷酸钙等酸性肥料和生理酸性肥料,pH 值低于 5 的土壤可施用石灰改良。还可利用换茬空隙,揭膜淋雨溶盐或灌水洗盐。

三、棚室蔬菜病虫害概况

棚室蔬菜病虫害泛指所遭受的各种有害生物危害,其中细菌、真菌、线虫、病毒等病原物的危害尤其严重,有害昆虫、螨类、黏菌、藻类等也都有不同程度的发生。防治由病原物侵染引起的病害,是大多数棚室植保工作的主要内容。病原物引起的病害称为侵染性病害或传染性病害,有明显的传染现象,经历一个发病植株由少到多、发病区域由点到面的发展过程。各种侵染性病害都有其外观特征,即症状,还有与病原生物相关联的传播方式、侵染过程和周年循环特点。对于由真菌和细菌引起的病害,在发病部位还可以看到病原菌菌丝体或繁殖体,这是病害诊断的重要依据。由营养失调、环境胁迫或环境污染等化学、物理因素引起的植物生长失常,虽然也能表现出特定的症状,但不能传染,不具有传染性病害的流行规律。

棚室蔬菜的周年生产、反季节生产,为有害生物提供了稳定的栖息地和食料,改变了病虫害的发生规律。在露地条件下,冬、夏为休闲季节,有害生物进入休眠或不活动状态,即越冬和越夏,在棚室内则可在各茬作物之间辗转危害,周年发生。霜霉病病菌、白粉病病菌、锈菌、斑潜蝇、粉虱、蚜虫、螨类、蓟马和一些夜蛾类害虫等,在北方露地不能越冬,或者难以越冬,越冬期大量死亡,每年春季需从南方迁入,才能在当地繁殖危害。这些有害生物在棚室内可以安全越冬,持续危害,就地为露地蔬菜提供菌源或虫源。棚室栽培延长了有害生物发生时期,拓展了其发生地域,病虫害问题趋于严重。棚室栽培生长周期较短,茬口多,间作、套种和前后作等情况多变,致使有害生物种类多,发生规律复杂。

棚室环境常不稳定,主要环境因素变化较大。北方以防寒保温为目的的棚室设施,冬春季低温高湿,温差大,照度低,诱使灰霉病、菌核病、霜霉病等低温病害猖獗,瓜类、茄果类、西芹、莴苣等受害尤其严重。保温性能不佳的棚室,屡有毁棚绝产事件发生。对病害而言,棚室高湿环境比温度的影响更为重要,高湿造成疫病和各种细菌病害的异常发生,蔓枯病、炭疽病、叶霉病、早疫病等高温高湿病害也逐年加重。番茄叶霉病虽有抗病品种可用,但因生理小种的变化,出现了抗病性"丧失"现象,防治难度加大。

枯萎病、黄萎病、青枯病、疫病、根腐病、土壤线虫等已成为黄瓜、西瓜、甜瓜和茄果类蔬菜的毁灭性病害。新建棚室如不及时采取有效防治措施,枯萎病从出现零星病株到普遍发病只需要4～5年时间。在采用嫁接防病技术后,瓜类枯萎病的发生和危害程度有明显减轻,但疫病、茄果类青枯病、茄子黄萎病等仍在发展。采用老式育苗方式的苗床,菜苗猝倒病、立枯病、根腐病常严重发生,甚至可以毁苗。

根结线虫猖獗是棚室生产面临的又一新问题,根结线虫寄主范围很广,严重威胁多种蔬菜生产,黄瓜、番茄、绿叶菜、甘蓝等普遍受害。在棚室连续生产情况下,只需3～4年,有虫株率就可达到100%,减产50%以上,需要采取紧急应对措施。

棚室引种国外蔬菜、山野菜和名、优、新、特品种较多,新病虫害增多。通过国内外引种、调种、制种,检疫性有害生物得以传入和扩展,黄瓜黑星病、番茄细菌性溃疡病、十字花科蔬菜细菌性黑斑病、瓜类细菌性果斑病等已在多个省份发生，番茄细菌性叶斑病、蔬菜花斑虫等也有扩散趋势。有害生物，诸如美洲斑潜蝇、南美斑潜蝇、温室白粉虱、烟粉虱、白叶粉虱等相继传入，在北方能够栖息于棚室内度过严冬，发生区域迅速扩大。在新开发的设施农业基地，许多粮棉害虫转而危害蔬菜，一些次要害虫上升为重要害虫。

蔬菜病毒种类、株系多，在田间常复合发生，一向是蔬菜病虫害防治的重要对象。高温干旱适于病毒病害发生，棚室内的小气候条件不相符合，加之蚜虫等传毒介体的活动受到限制，棚间传毒困难，因而病毒的发生比露地轻。但要严防种子带毒和新病毒随种子、种苗传入棚室。

在棚室环境中，不仅病害发生严重，而且害虫的自然控制因子，如天敌、雨水冲刷等难以发挥作用，害虫增殖快，各虫态混生。这些都加大了病虫害药剂防治的难度，以致用药量大，用药次数增多，有害生物抗药性问题突出，药剂防治的效果和效益降低。为适应无公害蔬菜和绿色食品生产的要求，必须改变依赖农药的局面，认真贯彻"以防为主，综合防治"的植保工作方针，明确主导防治措施，制定可行的综合防治方案。

我国南方夏、秋季应用银灰色遮阳网封闭式小拱棚栽培蔬菜，不仅改善了环境条件，有利于速生叶菜生长，而且避蚜效果可达88%~100%，有效地控制了病毒病害，也有效地防止了菜蛾、甜菜夜蛾、菜螟等多种害虫的侵袭，初步实现了不使用农药。

棚室病虫害种类及其发生程度并不是一成不变的。棚室病害不仅因地区和年份不同而有所不同，而且还因设施、天气、品种、栽培方法、管理水平而发生变化。因此，应当开展现场病情、虫情监测，不断完善和及时调整防治方案。

第二章　棚室蔬菜病虫害防治方法

棚室病虫害种类繁多,发生态势复杂,多种病虫可能同时或先后发生,在栽培条件或环境因素变化后,病虫格局也相应地出现变化。这就要求我们在实际防治工作中,考虑周密,病虫兼顾,措施配套,实行综合防治,不能墨守成规,露地蔬菜病虫害防治的有效技术和配套方法,虽然原则上可以用于棚室,但需要根据棚室的实际情况有所取舍和变动。

一、棚室蔬菜病虫害防治原则

防治病虫害的途径很多,可分为植物检疫、栽培防治法、品种防治法、生物防治法、物理防治法和药剂防治法等六大类,要按照综合防治的原则,协调使用,并与无公害蔬菜与绿色食品生产接轨,逐一落实好防治的各基本环节。

(一)病虫害防治原则

棚室蔬菜病虫害防治要贯彻"预防为主,综合防治"的植保工作方针,根据棚室蔬菜生态系统的特点,本着安全、有效、经济、简便的原则,采取各种有效手段,把病虫害发生数量控制在经济危害水平之下,达到优质、高产、低耗、高效、无公害的目的。

棚室是一个半封闭的人工生态系统,棚室病虫害栖息于棚室内或来源于露地,必须做好预防工作,只要能杜绝菌源与虫源,完全有可能不依赖农药,建立无病虫害棚室。病虫害一旦在棚室发生,若不采取根治措施,有可能在棚室环境中持续发展下去,并扩散危害露地栽培的蔬菜,要搞好棚室防治与露地防治的衔接。在蔬菜集中产区,棚室与露地生产接茬进行,南方大棚蔬菜苗期和前期往往露地栽培,或覆盖遮阳网,后期才在棚上覆膜,露地与棚室的防治工作更需统一安排。

病虫害防治仅仅是棚室蔬菜管理的部分内容,防治病虫害的各种途径,要纳入整个管理体系之中,统筹安排。综合防治的简单涵义就是"病虫要兼治,措施要综合",这就要科学地确定防治对象和防治策略,以栽培和品种防治为基础,协调使用各种有效的防治措施。棚室蔬菜管理,包括病虫害防治,除了要达到"高产、优质、高效"的要求外,还必须确保可持续发展和食品安全,生产无公害蔬菜和绿色食品。

在棚室蔬菜病虫害防治中,不同程度地存在轻视卫生措施,过度依赖农药的倾向。在一个病残体随处丢弃,病果、病叶俯拾皆是的环境中,即使不断投入新药、特药,加大用药量,增多施药次数,也是不可能解决病虫害问题的。单一依赖化学农药的局面必须改变,抗病育种、栽培防治、环境调控、生物防治必须受到重视,发挥更大的作用。

植物检疫是利用立法和行政措施,防止有害生物随引种或植物产品的调运而传播。棚室蔬菜生产多使用异地商品种子,产品也远销外地,传播有害生物的危险性相当大,需由检疫机构和检疫人员,依据检疫法规,实施引种检疫、产地检疫和调运检疫。产品销往境外的,还需满足进口国家或地区的植物检疫要求。温室白粉虱、斑潜蝇等有害生物的传入和扩散就是深刻的教训,对检疫工作不能掉以轻心。

在棚室病虫害防治中要不断引进新品种、新药剂,采用新的防治技术,要借鉴露地病虫害防治的成功办法。但是,任何新品种、新药剂、新方法,都需要经过试验或试用,取得经验后再推广使用。

(二)无公害蔬菜和绿色食品

生产无公害蔬菜和绿色食品,是农业可持续发展和保证食品安全的必由之路,棚室蔬菜病虫害防治应遵循相应的规定,执行有关标准。

1. 蔬菜的污染来源 蔬菜受到的污染有农药污染、化学肥料污染、工业"三废"和有害微生物污染等多种。

使用高残留和高毒农药以及超剂量不合理地使用化学农药,会使蔬菜受到农药污染,以致发生各种农药中毒事件和蔬菜产品中农药残留量超标问题。

过量施用无机氮肥,可造成蔬菜中硝酸盐含量超标。硝酸盐进入人体后,转变为亚硝酸盐,可能有致癌作用。果菜类蔬菜如番茄、西葫芦、甜瓜、西瓜等,为了促进坐果,常使用各种保花保果的生长调节剂,为了促进果实成熟和提早上市,要依靠激素催熟。有些蔬菜在贮存期间还常使用保鲜剂,以延长保鲜期。滥用激素和保鲜剂,都会致使蔬菜产品受到污染及降低其风味品质。

蔬菜在生产过程中还可能受到工业"三废"污染。废水、废渣和废气中含有有害物质,包括二氧化硫、氟化氢、氯、重金属等。这些有害物质首先污染水、土壤和空气等环境要素,进而污染蔬菜。

微生物污染来源于医院排出的污水以及城镇生活污水,其中含有沙门氏菌、大肠杆菌、病毒、寄生虫等,流入菜田后造成蔬菜污染。速生叶菜生产过程中通常泼浇人粪尿,有可能使微生物污染更为严重。另外在贩运、销售蔬菜过程中用污水浸泡和清洗蔬菜,也会导致蔬菜的二次污染。

2. 无公害蔬菜 无公害蔬菜是没有受到有害物质污染

的蔬菜,属于无公害食品。农业部和国家质量监督检验检疫总局在"无公害农产品管理办法"中指出,"无公害农产品,是指产地环境、生产过程和产品质量符合国家有关标准和规范的要求,经认证合格,获得认证证书并允许使用无公害农产品标志的未经加工或者初加工的食用农产品"。虽然这是绿色食品和有机食品的初级阶段,但在现阶段条件下发展无公害蔬菜对提高食品质量、保证食品安全具有非常重要的意义。

无公害蔬菜实行标准化生产,我国无公害蔬菜标准以国家行业标准为主,也有一些地方标准。国家行业标准由国家农业部发布,涉及无公害蔬菜产地环境条件、生产技术规范、质量安全标准及相应检测检验方法标准等。

无公害农产品产地环境应符合无公害农产品产地环境的标准要求,其区域范围明确,具备一定的生产规模。进行无公害蔬菜生产,所选的地点必须符合 NY 5010—2002 标准要求,应选择在生态条件良好,远离污染源,并具有可持续生产能力的农业生产区域,产地环境空气质量、灌溉水质、土壤环境质量均应符合标准规定的指标要求。

无公害蔬菜产品有两方面要求,即感官要求和卫生要求。卫生要求指产品内农药残留、重金属含量及亚硝酸盐含量应符合标准。对无公害蔬菜的试验方法、检验规划、标志、包装、运输和贮存都有相应的规定要求。

对各种蔬菜都发布了无公害蔬菜生产的技术规程。这些规程规定了栽培季节及栽培方式,品种选择及种子处理,播种及育苗管理,定植及田间管理,施肥准则,有害生物综合治理准则以及其他内容。无公害蔬菜生产允许限量使用某些低毒、低残留化学农药,在蔬菜体内的有毒残留物质不能超过国家规定的标准。

3. 绿色食品　绿色食品是遵循可持续发展原则,按照特定生产方式,经中国绿色食品发展中心认定,许可使用绿色食品标志的无污染的安全、优质、营养类食品。

我国将绿色食品分为 AA 级和 A 级 2 个产品等级。

AA 级绿色食品系指在生产地的环境质量符合相应标准(NY/T 391)的要求,在生产过程中不使用化学合成的肥料、农药、兽药、饲料添加剂、食品添加剂和其他有害于环境和健康的物质,按有机农业生产方式生产,产品质量符合绿色食品产品标准,经专门机构认定,许可使用 AA 级绿色食品标志的产品。

A 级绿色食品指生产地的环境质量符合相应标准(NY/T 391)的要求,生产过程中严格按照绿色食品生产资料使用准则和生产操作规程要求,限量使用限定的化学合成生产资料,产品质量符合绿色食品产品标准,经专门机构认定,许可使用 A 级绿色食品标志的产品。目前的无公害蔬菜相当于 A 级绿色食品。

在无公害蔬菜生产和绿色食品生产中,都遵循综合防治的原则,强调品种、栽培、生物措施在病虫害防治中的作用,对化学农药的使用予以限制和规范。

(三)防治工作的基本环节

综合防治可以在不同层次上,按照不同的规模进行,可简可繁,但防治工作都包括下面一些基本环节。

第一,要根据当地棚室病虫发生和危害的实际情况,确定主要防治对象和兼治对象。主要防治对象应当是当地普遍发生,严重危害,而又难以防治的病虫。那些虽然经常发生,但危害不太严重,或者危害虽重,但偶尔发生的病虫,则列为兼治对象。例如,北方棚室黄瓜以三病(枯萎病、霜霉病、灰霉病)二虫(白粉虱、瓜蚜)为主要对象,兼顾其他病虫,实施以环境调控、嫁接抗病砧木和高效烟剂熏蒸为主的综合防治技术。对于传入不久的危险性病虫害,特别是检疫对象,由于其潜在的危害较大,则应采取果断措施,迅速扑灭,严防扩大蔓延。

第二,确定综合防治策略和关键防治技术。应根据防治对象和目标的不同,选用一些经济、可靠、奏效的防治技术。通常把其中起主要作用的确定为关键技术,其余的为配套技术。综合运用这些防治技术的指导思想和技巧就是防治策略。确定防治策略和关键措施要有科学依据,除了要确切了解各种防治措施的效果、成本、副作用,以及与其他防治措施的关系之外,还必须要准确诊断和识别病虫害,了解病原物的侵染循环和害虫的生活史,掌握耕作制度、栽培措施、环境因素对病虫害发生的影响,找出关键流行因素。

第三,制定防治计划和实施方案。计划和方案中应包括防治对象的调查和监测,防治队伍的组织和资金筹措,所需种子、药剂、机具、油料的种类和数量,实施各项措施的时间、地点、技术要求和操作规程,防治效果的检查和防治效益的评估等重要事项。各项具体技术措施的实行,例如确定喷药的时间和次数等,可以根据病虫预测预报和现场监测安排,也可以按照相对固定的防治历执行。

第四,实施防治作业。综合防治方案最适于大规模连片实施,例如在蔬菜种植基地或专业村实行统防统治。在这种情况下,要建立专门的病虫监测和防治队伍,事先要进行技术培训,防治后还要进行防治效果和经济效益的评估,以总结经验,调整防治方案或改进关键技术。当然,综合防治的基本思路和做法也完全适用于单一农户的防治。一家一户的防治,由于规模小,回旋的余地很小,对防治技术和作业质量的要求更高。

二、植物检疫

植物检疫就是利用立法和行政措施,防止有害生物随引种或植物产品的调运而传播。国内植物检疫的目的是防止国内局部发生或新传入的危险性病、虫传播蔓延,保护农业生产安全,其主要法律依据是《植物检疫条例》及其实施细则。全国的农业植物检疫工作由农业部主管,地方植物检疫工作由各级农业主管部门负责。各级农业植物检疫机构担当具体的植物检疫业务。在国内农业检疫中,将局部地区发生,危险性大,能随植物及其产品传播的有害生物作为检疫的对象。蔬菜作物的种子、种苗和运出发生疫情的县级行政区域的蔬菜产品皆应施行检疫。在全国农业植物检疫性有害生物名单中,主要危害蔬菜作物的有:

瓜类黑星病病菌 *Cladosporium cucumerinum* Ellis et Arthur

瓜类果斑病病菌 *Acidovorax avenae* subsp. *citrulli* (Schaad et al.) Willems *et al.*

番茄细菌性溃疡病病菌 *Clavibacter michiganensis* subsp. *michiganensis* (Smith) Davis *et al.*

番茄细菌性叶斑病病菌 *Pseudomonas syringae* pv. *tomato* (Okabe) Young, Dye & Wilkie

十字花科(细菌性)黑斑病病菌 *Pseudomonas syringae* pv. *maculicola* (McCulloch) Young *et al.*

马铃薯癌肿病病菌 *Synchytrium endobioticum* (Schilb.) Percival

番茄斑萎病毒 *Tomato spotted wilt Tospovirus*

腐烂茎线虫 *Ditylenchus destructor* Thorne

马铃薯甲虫 *Leptinotarsa decemlineata*（Say）

菜豆象 *Acanthoscelides obtectus*（Say）

该名单中还有一些种类，主要受害作物不是蔬菜，或者寄主非常广泛，但是对蔬菜作物也能造成相当程度的危害，这些种类主要有：

苜蓿黄萎病病菌 *Verticillium albo-atrum* Reinke & Berthold

棉花黄萎病病菌 *Verticillium dahliae* Kleb.

烟草环斑病毒 *Tobacco ringspot Nepovirus*

菊花滑刃线虫 *Aphelenchoides ritzemabosi*（Schwartz）Steiner & Buhrer

香蕉穿孔线虫 *Radopholus similes*（Cobb）Thorne

菟丝子 *Cuscuta* spp.

列当 *Orobanche* spp.

检疫人员依法指导疫情的调查、处理和紧急扑灭，实施产地检疫、调运检疫、国外引种检疫以及其他检疫措施。有关问题应及时咨询当地农业植物检疫部门和检疫人员。

三、合理利用抗病品种

品种防治法是利用植物的抗病性或抗虫性来防治病虫害。具有抗病性或抗虫性的品种，称为抗病品种或抗虫品种，当前所利用的主要是抗病品种。选育和利用抗病品种是防治植物病害最经济、最有效的途径。对许多难以运用农业措施和农药防治的病害，特别是对土传病害和病毒病害，选育和利用抗病品种几乎是最有效、最可行的防治途径。抗病育种可以与常规育种结合进行，一般不需要额外的投入。抗病品种的防病效能很高，一旦推广使用了抗病品种，就可以大幅度减少杀菌剂的使用，大量节省田间防治费用。因此，使用抗病品种不仅有较高的经济效益，而且可以避免或减轻因使用农药而造成的残毒和环境污染问题。

（一）选育抗病品种

植物抗病育种的原理和方法与一般植物育种相同，但侧重抗病性鉴定和抗病基因转导。在育种目标中除高产、优质和适应性等一般要求外，还必须有关于抗病性的具体要求，诸如抵抗的主要病害对象和兼抗对象，所选用的抗病性类型以及抗病程度等。以番茄为例，早在 20 世纪 80 年代末期就曾确定了番茄抗病育种的目标，保护地专用品种应抗番茄花叶病毒（ToMV），兼抗叶霉病或晚疫病；露地品种应抗番茄花叶病毒，中抗黄瓜花叶病毒（CMV），兼抗枯萎病、叶霉病或青枯病。罐藏番茄新品种应抗番茄花叶病毒、中抗黄瓜花叶病毒。此后又增加了抵抗根结线虫病的指标。

开展抗病育种必须要有抗病种质资源，即抗源。抗源可以从农家品种、育成品质或野生种质资源中经鉴定筛选而获得。当代蔬菜抗病育种的抗源越来越倚重于近缘野生种类，许多抗病品种、抗病自交系具有从野生种转导的抗病基因。

植物育种有多种途径，包括引种、选种、杂交育种、染色体工程育种、细胞工程与基因工程育种、诱变育种以及杂种优势利用等，这些都已用于选育抗病品种。常规杂交育种是最基本、最重要的育种途径。迄今所选育和推广的抗病品种绝大部分是通过常规杂交育种而育成的。染色体工程育种可以克服远缘杂交和杂种不育方面的许多困难，将异源抗病基因转入蔬菜作物,选育出高抗和多抗品种,也是很有成就的育种领域。

对主要蔬菜作物的重要病害,现都已育成了抗病品种。仅以番茄为例,从 20 世纪 70 年代后期,我国一些单位就开始进行番茄抗病毒育种,至今已培育出包括中蔬系列、中杂系列、苏抗系列、西粉 3 号、毛粉 802 在内的百余个高抗番茄花叶病毒,抗(耐)黄瓜花叶病毒的优良品种。目前保护地种植的番茄品种大多数抗叶霉病,如中杂 7 号、中杂 8 号、中杂 9 号、佳粉 10 号、佳粉 15 号、申粉 3 号、苏保 1 号、东农 707、9197、92-30 等。我国在番茄抗青枯病育种方面处于世界领先地位,已成功地育成了一批抗病品种,如丰顺、C396、粤星、红百合、多宝、粤宝、夏星、玉石、抗青 19 号等,都在生产上发挥了重要作用。番茄枯萎病是重要的土传病害,不仅露地番茄发病严重,在棚室栽培中,因连作增多也普遍发生。培育抗病品种是控制枯萎病危害的根本措施,我国已选育出早丰、毛粉 802、西粉 1 号、西安大红、霞粉、苏抗 11 号、毛 G1 号、渝抗 4 号、蜀早 3 号等多个抗病品种。

其他蔬菜也育出了许多著名抗病品种,例如辣(甜)椒的苏椒、湘研、津椒、中椒、甜杂、吉椒系列品种以及其他品种主抗烟草花叶病毒,兼抗(耐)黄瓜花叶病毒,商品性好,适合在保护地、露地等不同生态环境中栽培,辣椒品种苏椒 5 号、甜杂 6 号、中椒 5 号、湘研 3 号、湘研 5 号等抗(耐)疫病;黄瓜中津杂、津春和中农系列新品种等高抗霜霉病、白粉病,抗(耐)枯萎病和疫病,龙杂黄 3 号、龙杂黄 6 号、92-29、92-13、津春 1 号、农大 9302、中农 5 号、87-2 等抗细菌性角斑病,津春 1 号、农大 9302、中农 7 号、中农 13 号等抗黑星病,津杂 4 号、中农 1101、中农 2 号、早青 2 号、夏青 4 号等抗炭疽病。

保护地专用抗病品种的培育工作起步较晚,但也选育出一些抗病品种,例如中农 11 号、中农 13 号、津春 1 号等黄瓜品种对黑星病免疫,高抗枯萎病,兼具耐低温、弱光等优点。番茄品种中杂 9 号、佳粉 15 号、辽粉杂 3 号高抗叶霉病,抗枯萎病,耐低温、弱光能力强。

(二)正确认识抗病品种

植物的抗病性是一种稳定的可遗传的性状,要做到合理利用抗病性,首先必须要正确认识和鉴定抗病品种。不同的抗病品种具有不同的抗病机制,有的能阻止病原菌侵入,有的能抑制病原菌在植物体内的扩展,有的则减少病原菌的繁殖,还有的可能兼具几种机制。因为抗病机制不同,各种抗病品种的表观特征和发病程度也不相同。有的可能完全不发病(免疫),有的仅仅发病较少,较轻。还有一类品种发病程度与感病品种并无区别,但产量或品质降低较少,这类具有抗损失特性的品种就是"耐病品种"。

认识和鉴定抗病品种,就要在正常发病的情况下,通过比较供测品种与已知感病品种和已知抗病品种的病情而确定。所用病情指标有 2 类,即定性指标与定量指标。常用定性指标为病斑类型(反应型),抗病品种产生小型坏死斑,而感病品种产生较大的扩展性病斑。定量指标较多,有发病的普遍率、严重度和综合两者的病情分级等。即使是单个植株,也可以判断其病斑类型,而利用定量指标,则需对足够大的发病群体进行调查统计。

植物抗病性鉴定的方法很多,按鉴定的场所区分有田间鉴定法和室内鉴定法。田间鉴定在田间自然条件下进行,是最基本的抗病性鉴定方法,通常在特设的抗病性鉴定圃,即病圃中实施。依病原菌来源不同,病圃有天然病圃与人工病圃

2种类型。天然病圃依靠自然菌源造成病害流行，应设在病害常发区和老病区。人工病圃需接种病原菌，造成人为的病害流行，因此多设在不受或少受自然菌源干扰的地区。田间鉴定可以通过病害发生的系统调查，揭示植株各发育阶段的抗病性变化，有助于全面揭示抗病性的类型和水平。但是，田间鉴定周期长，受生长季节限制。室内鉴定是在温室或其他人工设施内鉴定植物抗病性。室内鉴定不受生长季节和自然条件的限制，且主要在苗期鉴定，省工省时，可以在较短时间内进行大量植物材料的初步比较和筛选。由于受空间条件的限制，室内鉴定结果不能完全代表品种在生产中的实际表现。

抗病性具有相对性，这不仅表现在抗病程度上，也表现在抗病范围上，虽然抗病品种多是针对1种病害而选育的，但有的能够抵抗几种病害，即具有"兼抗性"，有的只能抵抗1种病原菌的1个或几个小种。许多病原菌具有若干不同的小种。各小种的形态和生物学特性一致，仅致病性不同。病毒也可以作相似的划分，但不称为"小种"，而称为"株系"。小种专化性抗病品种仅对特定小种有效，不抗同一种病原菌的其余小种。与此相反，也有一类抗病品种无小种专化性，对1种病原菌的各个小种都有效。鉴定品种对小种的抗病性，需分别用各个小种接种致病。

许多种蔬菜病害的病原物也具有小种分化或株系分化。例如，番茄枯萎病病菌有3个小种，即小种1、小种2和小种3。我国仅具有小种1，该小种也广泛分布于世界各地。国外黄瓜枯萎病病菌也有3个小种，即生理小种1号、2号和3号。我国南北各地黄瓜枯萎病病菌的毒性与国外不同，命名为小种4号。番茄花叶病毒依据对各抗病基因的毒性，划分株系 0、株系 1、株系 2 和株系 1.2 等 4 个株系。侵染番茄的黄瓜花叶病毒有轻花叶株系、重花叶株系、坏死株系和黄化株系等 4 个株系,而辣(甜)椒上的黄瓜花叶病毒有 6 个株系,即轻症株系、环斑株系、斑驳株系、蕨叶株系、坏死株系和黄斑株系。当前蔬菜的抗病品种多具有小种专化抗病性。

有些品种的抗病性只在特定的器官或特定的生育阶段表达,亦即分别具有"器官专化性抗病性"或"阶段抗病性"。只有分器官或分阶段接种鉴定,才能识别这类抗病性。

还有的抗病性只能在特定的温度、光照或其他环境因子具备时表达,因而在进行抗病品种鉴定时必须提供所需要的环境条件。

有些农民朋友和农技人员询问,为什么由外地引进的,或市场上购买的抗病品种,在当地种植后并不特别抗病,有的甚至与感病品种没有区别。根据前面的介绍,我们就可以做出解答。首先,抗病性是针对某一特定病害的,现在还没有能抵抗各种病害的全能品种。因此,在引进种子或购买种子之前,应详细了解该品种抗哪种病害。否则,在当地种植后,因病害种类不同,就可能不抗病。不仅如此,许多病原菌群体内还有不同的小种,各地的小种区系不同,引进或购买的抗病品种完全可能不抗当地的小种。此外,也可能因为品种具有阶段抗病性或器官专化抗病性,或者由于环境条件不适宜,采用的抗病性评价指标不适当等原因,不能发现和认识问题品种的抗病性。

品种选育过程中或抗病性鉴定时,如果田间或病圃发病不充分,发病率较低,发病程度轻,就难以选出真正抗病的材料。这就使品种抗病性不过硬,经受不住田间病害流行的考验,与感病品种的表现没有明显区别。

(三)合理利用抗病品种应注意的问题

合理使用抗病品种的主要目的是充分发挥其抗病性的遗传潜能,防止品种退化,延长抗病品种的使用年限。

在使用新品种之前,要尽量详细地了解品种的基本情况,包括抗病范围、抗病程度、抗病性表达的条件、环境适应性以及配套的栽培方法等,最起码也要搞清到底抗哪种病害、哪种病原菌或哪些小种。对于基本情况不清楚的抗病品种,应进行抗病性鉴定或少量试种观察。

种植抗病品种也要采用适宜的栽培方法,使"良种"与"良法"配套,以保证作物正常生长发育,充分表达其抗病性。在诸多栽培措施中,水肥管理是中心,必须探索抗病品种的需肥需水规律,制定合理的施肥、灌水方案。

抗病品种在推广使用过程中因机械混杂、天然杂交、突变以及遗传分离诸多原因会出现感病植株,多年积累后可能导致抗病性变异和品种退化。蔬菜多为异交作物,天然杂交率高。抗病品种在继代繁殖过程中,若不遵循良种繁育规程,就可能与感病品种发生天然杂交,导致品种混杂退化,以致名不符实,不再是原来的抗病品种了。因而必须加强良种繁育制度,保持品种、自交系的真实性和种子纯度。在抗病品种群体中及时淘汰杂株、劣株和病株,选留优良抗病单株,搞好品种提纯复壮。

当前所应用的抗病品种多数仅具有小种专化抗病性,推广应用后,就可能使病原菌群体中能够侵染这些品种的小种或病毒株系得以发展起来,结果就可能取代原有小种或株系,造成抗病品种失效,沦为感病品种。例如,1987 年开始在北京地区推广抗叶霉病的番茄品种双抗 2 号,该品种具有抗病基因 Cf-4,抵抗叶霉病病菌小种 2 和小种 1.2。3 年以后出

现了对 Cf-4 基因有毒性的小种,双抗 2 号逐渐失效。后来推广的番茄抗病品种佳粉 15 和中杂 9 号(含有 Cf-5 基因),也因为叶霉病病菌新小种的出现而"丧失"了抗病性。概言之,除少数品种抗病性可维持较长年限外,一般小种专化性抗病品种都不会持久。

为了克服或延缓品种抗病性的"丧失",延长品种使用年限,育种单位要使用具有不同抗病基因的优良抗源,尽量应用多种类型的抗病性,改变抗病性遗传基础贫乏的局面,进行持久抗病性育种。在推广应用抗病品种时,要实行合理布局,搭配使用多个抗病品种,避免品种单一化。此外,还要加强病原菌小种监测,根据小种变化,及时调整品种布局或更换品种。

抗病品种种植者如果发现当地多个田块、多处棚室都出现少量感病植株时,就应特别警惕,因为这可能预示当地病原菌小种类型的变化,要及时向专业部门反映,以便及时搞清原因,采取对策。

四、栽培防治和环境调控

栽培防治法又称农业防治法。栽培防治的目的是运用各种农业调控措施,铲除或减少病源与虫源,增强植株生活力和对病虫害的抵抗力以及改善环境条件,使之有利于植株生长发育,而不利于病虫害发生。

栽培防治措施大多是农田管理的基本措施,可与常规栽培管理结合进行。但是栽培防治措施往往有地域局限性,需根据当地农业生态条件而选择使用,难以标准化。有些栽培防治措施单独使用时收效较慢,效果较低,需长期坚持或与其他防治措施配合使用。在无公害蔬菜生产中,栽培防治是基本的植保措施,发展潜力很大。

(一)使用无病虫种苗

培育无病虫壮苗,已纳入各种蔬菜病虫的综合防治体系。为确保幼苗健康,首先要使用无病虫的健康种子育苗。商品种子应实行种子健康检验,确保种子健康。对于健康状态不明的种子,应进行种子处理。种子间混杂的菌核、菌瘿、病植物残体以及病秕籽粒等,可用机械筛选、风选或用盐水、泥水漂选等方法予以汰除。对于表面和内部带菌的种子则需实行热力消毒或杀菌剂处理。热力消毒常用温汤浸种法和干热处理法,杀菌剂处理常用拌种法、浸种法或闷种法。可用来处理种子的杀菌剂很多,需依据目标病原菌种类不同而选用。杀菌剂处理还可在一段时间内,保护种子免受土壤中病原菌侵染。对于种子表面污染的病毒,可用磷酸三钠溶液浸种处理。

育苗所用土壤和容器也要消毒杀菌。育苗还可用岩棉块、蛭石、锯末、沙子、草炭等人工基质并经严格消毒,推行无土育苗技术。有机肥要经消毒或高温堆制。育苗棚室要与生产温室隔离,最好未种过蔬菜。若前茬是蔬菜,育苗前彻底清除前茬作物残株落叶,然后封闭棚室,熏蒸杀灭成虫和灭菌。

育苗期要合理施肥、灌水,加强环境调控,精细管理,培育壮苗。培育适龄壮苗是抵抗病害和不良天气条件的基础,对不同种类的蔬菜,要采取不同的壮苗措施。例如,对茄果类、瓜类蔬菜,苗期一般采用"两高两低"温度管理,即播种后温度要高(25℃～30℃),促进出苗;出苗后温度要低(15℃～20℃),防止徒长;分苗后温度要高(25℃～28℃),以利于幼苗成活;成活后温度要低(17℃～20℃),保证花芽分化。若育苗期间地温过低,可利用地热线增温育苗。

苗期发现病虫,必须及时扑灭。若早期发现根病病苗,须立即拔除,病穴要灌药处理。发现气传病害的中心病株后,也要拔除,并全面喷药,保护其余菜苗。移栽前也要喷药,菜苗带药移栽。移栽苗要严格检查,淘汰病苗、弱苗。防止病虫随菜苗扩散传播。实践证明,只要坚持培育无病虫菜苗,棚室就有可能免于药剂防治。

(二)建立合理的种植制度

各地作物种类和自然条件不同,种植制度复杂多样,轮作、间作、套种、土地休闲和少耕、免耕等具体措施对病虫害的影响也不一致,需具体情况具体分析。合理的种植制度有多方面的防病作用,它既可以调节农田生态环境,改善土壤肥力和物理性质,从而有利于作物生长发育和有益微生物繁衍,又可以减少病虫越季存活,中断病害循环或害虫生活史。各地必须根据当地具体条件,兼顾丰产和防病的需要,建立合理的种植制度。

多年连作使土壤理化性质劣变,病原菌积累,出现连作障害,导致严重减产。疫病、枯萎病、黄萎病、细菌性青枯病和白绢病等土传病害的猖獗,都与寄主作物连作,土壤中病菌逐年积累有关。有调查表明,连作 3 年的椒田,枯萎病的发病率达到 25%,连作 8 年的达到 80% 以上。棚室中菌核病、灰霉病、猝倒病、立枯病的大发生,也与重茬有密切关系。而实行合理的轮作制度,病原物或害虫就会因缺乏寄主而迅速消亡,对防治土壤传播的病害尤其有效。实施合理轮作,最重要的是选择接茬作物和确定轮作年限,做好轮作方案。为此,除了从栽培角度,分析作物间相生相克的关系以外,还必须了解病原菌的寄主范围和越季菌态。只有寄主作物与非寄主作物轮作,才有意义。茄果类、瓜类蔬菜与葱蒜类、禾谷类作物少有共同的病原菌,轮作能够减轻多种病害。

若病原菌腐生性较强,或能生成抗逆性强的休眠体,则可能在缺乏寄主时长期存活,只有长期轮作才能表现防治效果,因而难以付诸实施。实行水旱轮作,旱田改水田后病原菌在淹水条件下很快死亡,可以缩短轮作周期。防治茄子黄萎病和十字花科蔬菜菌核病需进行 5~6 年轮作,但改种水稻后只需 1 年。有的地方采用冬春茬种黄瓜,下茬种水稻的轮作方式,可明显减轻枯萎病等土传病害的发生。在根结线虫重发的棚室,可种植一茬线虫喜食的短季速生小白菜,小白菜虽然也发病,但受害轻,大量线虫随小白菜收获被带出土壤而失效,从而减少了下一茬的线虫虫源基数。

不合理的间作、套种,有利于病原菌和害虫的繁殖、扩散与传播,而合理的间作、套种能充分利用时间和空间,改善环境条件,提高水肥和光热的利用效率,发挥作物间的互补作用,抑制病虫害的发生,提高经济效益。实行间作、套种要因地制宜,不少地方都有成功的经验,合理的间作、套种抑制病虫害发生的事例很多。在陕西,线辣椒露地栽培推广了小麦、辣椒套种,玉米、大蒜、辣椒间作、套种,大蒜、菠菜、辣椒间作、套种等模式,取得了成功。辣椒与玉米套种,玉米有遮荫和降低田间光照强度的作用,能显著减轻辣椒病毒病和日烧病,降低烟青虫的蛀果率。但若田间设计不合理,玉米过度遮荫,则造成辣椒减产。小麦与辣椒套种,除麦株有遮荫作用外,大量瓢虫还可从小麦迁移到辣椒上,消灭传毒蚜虫。辣椒与大蒜、洋葱套种,可减少疫病、枯萎病的发生。温室白粉虱是棚室蔬菜重要害虫,喜食黄瓜、番茄、茄子、菜豆等蔬菜,而韭菜、大蒜、菠菜、油菜等基本不受害,甜椒、萝卜、豇豆、莴苣、芹菜等发生也较轻。要避免与温室白粉虱喜食的蔬菜间作、套种、接茬,特别要避免黄瓜、番茄和菜豆混栽。温室、大棚附近避免栽植温室白粉虱发生严重的蔬菜,提倡种植芹菜、油菜、大蒜等温室白粉虱不喜食的耐低温蔬菜。棚室秋冬茬最好栽植温室白粉虱不喜食的芹菜、油菜、韭菜等蔬菜。瓜苗与甘蓝、芹菜、莴苣等作物间作,也可减轻黄守瓜的危害。

(三)保持棚室卫生

卫生措施包括清除收获后遗留田间的病株残体和杂草,清洗、消毒各种架材、农膜、农机具、工具等,实行棚室换土或土壤消毒,施用净肥(不带病菌的肥料)以及生长期拔除病株等,这些措施都可以显著减少病源和虫源数量。

棚室栽培的蔬菜,多茬种植,菌源接续关系复杂。当茬蔬菜收获后,应在下茬播种前清除植株残体、根茬、瓜蔓、烂叶及各种杂草,集中深埋或销毁,并深翻土壤。其主要目的是切断两季之间菌源、虫源接续,或者大大压低越季菌量与虫量。深耕可将土壤表层残留的病原菌和害虫翻埋到耕层深处而失效,夏季耕翻晒土,效果更好。此外,还要切实防止带病残体混入堆制或沤制的农家肥中,防止病原菌和害虫随农家肥扩散。这些措施对防治炭疽病、疫病、菌核病、灰霉病、枯萎病、青枯病、软腐病和多种叶斑病,以及朱砂叶螨、茶黄螨、温室白粉虱、烟蓟马等多种害虫都有重要作用。

棚室薄膜、墙壁、立柱、架材、土壤等都可能带菌、带虫,也应进行清洗,药剂消毒,硫黄粉熏蒸,高温闷棚等处理。棚室土壤在夏季高温休闲季节,可进行太阳能土壤消毒,即用薄膜覆盖密封 15～20 天,利用太阳辐射使地温上升到 60℃～70℃。土壤消毒还可用蒸汽灭菌或淹水等办法,蒸汽灭菌成本较高,难以大规模实施。淹水可加速病原菌的菌核等腐烂失活,效果也好。加入石灰,调节土壤酸度,也可以抑制一些病原菌的生长繁殖。

有些病害,例如枯萎病、青枯病、菌核病、灰霉病、晚疫病等,田间先出现少数病株,然后向周围扩散成灾。对这些病害株,必须及时拔除并施药控制。菌核病和一些叶斑病、叶枯病,往往植株基部叶片先发病,然后逐渐向上部叶片发展,早期摘掉病叶、老叶,可以减少再侵染菌源。及时除掉番茄、瓜类开败的花朵,可以减少灰霉病。棉铃虫多产卵于番茄顶端至第四复叶间,在产卵盛期及时打顶打杈,可有效减少虫卵量,压低虫口。

无土栽培中所使用的非土壤栽培基质,长时间使用后会污染病菌和虫卵,在每茬作物收获以后,下一次使用之前也要进行消毒处理。最常用的方法有蒸汽消毒和化学药品消毒。蒸汽消毒简便易行,凡在温室栽培条件下以蒸汽进行加热的,均可进行蒸汽消毒。方法是将基质装入柜内或箱内(体积1～2立方米),用通气管通入蒸汽,密闭,保持70℃～90℃,持续15～30分钟。药品消毒可用甲醛液、漂白剂以及熏蒸剂等。

(四)加强水肥管理

水肥管理与病虫害消长关系密切,提倡合理施肥和灌水,在整个作物生育期全面发挥水肥的调控作用,达到控制病虫害、提高产量的目的。

1. 合理施肥 要因地制宜,根据土壤肥力、作物生育阶段和营养状态,按需施肥,科学地确定肥料的种类、数量、施肥方法和时期。在肥料种类方面,应注意有机肥与无机肥配合使用,氮、磷、钾平衡施肥。氮肥过多,植株徒长,组织柔嫩,体内可溶性氮含量多,病虫害往往加重发生。适量施用有机肥和磷、钾肥一般都有减轻病害的作用。微量元素肥料对防治某些特定病害有明显的效果,例如,喷施硫酸锌可减轻辣椒花叶病,喷施硼酸和硫酸锰水溶液可抑制茄科蔬菜青枯病。施肥时期与病害发生也有密切关系。一般说来,增施基肥、种肥,前期重施追肥效果较好,追施氮肥过晚、过多,会加重多种叶枯病的发生。

蔬菜在发育过程的各阶段,适宜的肥料种类与需肥量亦不相同。以辣椒为例,苗期需肥量小,需要优质农家肥和一定比例的磷、钾肥,特别是磷肥。初花期需适当施用氮、磷肥,促进根系发育。此期若氮肥施用过多,枝叶柔嫩,易生病害。盛花坐果期以后,特别是果实膨大期,需肥量增大,要多次施肥,并适当调节氮、磷、钾肥的比例,以充分满足水肥需求。

棚室中的蔬菜生长期长,品种单一,除需要大量氮外,对磷、钾的需要量高,微量元素也不可缺少,施用不足或不能吸收利用,都会出现缺素症,造成严重损失。棚室栽培中也存在化肥使用过多、过频的现象,因为不被雨水淋溶,导致肥料滞留,耕层土壤中含盐量异常增高,土壤溶液的渗透压高,土壤酸化,根系吸收养分、水分困难,植株生长不良,甚至烧苗死根。因此,提倡施用有机肥,控制化肥使用。

棚室中施用的有机肥应充分腐熟,因为外界气温较低,不能及时放风换气,若大量施入未经腐熟的农家肥,就很容易产生氨气、二氧化碳、二氧化硫和亚硝酸气体等危害蔬菜。

冬季棚室封闭,二氧化碳缺乏,光合作用减弱,需人工补充二氧化碳,以增强光合作用,提高抗病性,增加产量。

在无公害蔬菜栽培和绿色食品生产中对肥料使用有严格的规定。肥料使用必须满足作物对营养元素的需要,使足够数量的有机物质返回土壤,以保持或增加土壤肥力及土壤生物活性。允许使用的有机或无机(矿质)肥料,尤其是富含氮的肥料,应对环境和作物(营养、风味、品质和植物抗性)无不良后果。

无公害蔬菜生产中允许施用无害化处理后的有机肥,规定的无机肥料、复混肥料以及国家正式登记的不含化学合成调节剂的新型肥料和生物肥料等。禁止施用城市生活垃圾、污泥、农村工业废渣,以及未经无害化处理的有机肥料;禁止使用不达标的无机肥料,未经正式登记的新型肥料、复混肥料以及含有激素或化学生长调节剂的叶面肥料。

无公害蔬菜生产限量使用肥料,施肥以有机肥为主,化肥为辅,以多元复合肥为主,单元素肥料为辅;以施基肥为主,追肥为辅。保持有机氮与无机氮的合理比例。化肥施用量须以土壤养分测定结果和蔬菜作物需肥规律为基础确定,限制过量施肥。忌氯作物禁止施用含氯化肥,叶菜类、根菜类蔬菜不得施用硝态氮肥。追肥应根据蔬菜生长发育过程中需肥特点和土壤、植株营养诊断结果确定,对于追肥肥料类型、用量和追肥时期也都有具体规定。

生产 AA 级绿色食品的肥料必须选用就地取材、就地使用的各种有机肥料(堆肥、混肥、厩肥、沼气肥、绿肥、作物秸秆肥、泥肥、饼肥等),禁止使用任何化学合成肥料,禁止使用城市垃圾、污泥、医院的粪便垃圾和含有害物质的垃圾。可因地制宜地进行秸秆还田、过腹还田、直接翻压还田或覆盖还田等。可以利用覆盖、翻压、堆沤等方式合理利用绿肥。绿肥应在盛花期翻压,翻埋深度为 15 厘米左右,盖土要严,翻后耙匀,压青后 15~20 天才能进行播种或移苗。腐熟的沼气液、残渣及人畜粪尿可用作追肥,但严禁施用未腐熟的人粪尿和未腐熟的饼肥。叶面肥料质量应符合国家标准或相关技术要求,按使用说明稀释,在作物生长期内,喷施 2 次或 3 次。微生物肥料可用于拌种,也可做基肥和追肥使用,所含有效活菌的数量应符合技术指标。

生产 A 级绿色食品也要使用有机肥料,在不能满足生产需要时,允许有限制地按要求使用化学肥料(氮、磷、钾),但禁止使用硝态氮肥。生产绿色食品的农家肥料无论采用何种原料(包括人畜禽粪尿、秸秆、杂草、泥炭等)制作堆肥,必须高温发酵,以杀灭各种寄生虫卵和病原菌、杂草种子,使之达到无害化卫生标准。化肥必须与有机肥配合施用,有机氮与无机氮比例不超过 1∶1。对叶菜类最后一次追肥必须在收获前 30 天施用。城市生活垃圾一定要经过无害化处理,质量达到规定的技术要求后才能使用。每年每 667 平方米农田限制用量,黏性土壤不超过 3 000 千克,沙性土壤不超过2 000千克。

2. 合理灌水 棚室内灌水失当,可使湿度增高,昼夜温差加大,结露时间延长,往往是多种病害发生的重要诱因,因而要改变灌水方式,合理灌水。

改进灌溉技术,要避免大水漫灌,提倡小水浇灌、隔行灌水以及滴灌、微喷、渗灌等方式。采用高畦或垄作,覆盖地膜,膜下灌溉(暗灌或滴灌)降低棚内空气相对湿度和减轻高湿病害的危害,地膜覆盖可减少土壤水分蒸发,并有效阻止土壤中病菌的传播。

根据天气状况灵活灌水,冬春季棚室气温低,蔬菜蒸腾量小,需水量相应减少,浇水量要小,间隔时间适当延长。晴天要适当多浇,阴天少浇或不浇,风雪天切忌浇水。天气由晴转阴时,浇水量要逐渐减少,间隔时间要适当拉长,而由阴转晴时,浇水量要逐渐增多,间隔时间要适当缩短。根际土壤若不干燥,一般不用浇水,可每隔 15～20 天膜下浇 1 次小水。

蔬菜各发育阶段需水量亦不相同。苗期需水量小,因而要控制浇水,防止苗床过湿,抑制苗病发生,促进根系发育。移栽后随着植株生长,需水量随之增加,但仍要适当控制,以防止徒长。盛花坐果期以后,特别是果实膨大期,需水量增大,要多次浇水。

一天之中在中午前后浇水(10时到15时)为好,此时棚温较高,浇水后副作用最小。要避免清晨和傍晚浇水,以防引起蔬菜冻害。浇水应尽可能用温度较高的井水,即不浇冷水浇温水。

大棚各部位的温度相差较大,浇水量也要有所区别。大棚南部及靠近火炉、烟道等热源的地方,浇水量可适当大些,大棚东西两侧和北部温度较低,日照时间亦短,浇水量应适当减少。

浇水后的头2天,易引起棚内湿度增高,应在中午气温较高时通风降湿,防止诱发病害。

(五)调控棚室环境

棚室蔬菜生产是反季节栽培,尽量创造适于蔬菜生长发育的环境条件,是棚室生产的首要任务,合理调节温度、湿度、光照和气体组成等环境要素,也是棚室日常管理的主要内容。关于温度、湿度、光照、空气、土壤等因子的一般调控方法,参见表2。另外,还要特别采取措施防范灾害性天气。

表 2　棚室环境因子的调控

对象因子	调控目的	调控措施
温　度	冬春提高棚室温度，特别要防止夜间热量散失，室温下降，以满足蔬菜生长对温度的要求	1. 增加透光率和土壤热量积蓄，包括采用合理的方位、采光角和棚型，使用无滴膜，保持膜面洁净；2. 迎风面距温室1～2米处用高粱秆、玉米秆做防风障；3. 多层覆盖，减少热量散失，在棚外覆盖保温被，棚内架中、小棚，覆盖草苫；4. 强寒流侵袭和连续阴雨时，临时加温（火炉、暖气、热气加温等）；5. 用电热线加温土壤或用酿热物加温
	冬春提高棚室地温	1. 挖掘防寒沟，阻止室内外热量交换；2. 增施有机肥（腐熟的马粪、麦糠、稻壳等），提高土壤吸热保温能力；3. 高垄栽培和地膜覆盖；4. 保持土壤湿度；5. 用电热线加温土壤或用酿热物加温
	夏季降温。因夏季高温，不利于春提早、秋延后和秋冬茬喜温性蔬菜生长，易诱发高温高湿病害	1. 撤膜后棚上加盖遮阳网；2. 棚内间作、套种高度不同作物，遮荫降温；3. 小水勤浇，保持地面湿润，增湿降温
湿　度	降低棚室湿度，使之白天维持 50%～60%，夜间 80%～90%，叶片表面不结露，减轻病害发生	1. 通风换气，按需要调节通风口大小、位置和通风时间；2. 覆盖（无滴）地膜，减少土壤蒸发；3. 改进灌溉技术，采用滴灌、微喷、渗灌、膜下滴灌等；4. 中耕降湿、撒施草木灰降湿；5. 加温降湿

对象因子	调控目的	调控措施
光 照	提高光照,因冬季棚室内光照强度仅为外部的 50%～80%,成为喜光蔬菜冬季生产的限制因子	1. 棚室选址背风向阳,周围无树木、无建筑物遮荫,避开工厂烟尘和公路扬尘;2. 覆盖材料选用防尘、抗老化、无滴透明膜;3. 经常打扫、清洗薄膜,增加透光率;4. 只要能满足温度需要,尽量晚盖苫,早揭苫,阴天中午揭草苫,以便利用散射光;5. 合理布局,喜光蔬菜种在棚室前部强光区,高秆蔬菜单行种植,及时摘除病老叶片及疯杈;6. 用塑料薄膜覆盖地面,增加近地散射光;7. 张挂镀铝聚酯反光幕;8. 连续阴雨(雪)时,用白炽灯、荧光灯、生物效应灯进行人工补光
气 体	提高设施内二氧化碳浓度,降低氨气、二氧化氮、二氧化硫以及薄膜挥发的有害气体含量	1. 改善通风换气条件,使用二氧化碳气肥,提高室内二氧化碳浓度;2. 合理施肥,有机肥必须发酵腐熟,基肥深施,追施化肥深度也要达到 12 厘米左右,施用尿素后要覆土或灌水;3. 及时通风换气;4. 选用安全无毒的农膜和地膜,及时清除棚内废旧塑料制品及其残留物
土壤因子	防止土壤盐渍化、土壤酸化,或土壤养分匮乏、比例失调	1. 增施碳氮比高的有机肥;2. 优化施肥方法 基肥深施,追肥限量,平衡施肥,按需施肥,有机肥和化肥混合施于地表,然后翻耕,进行根外追肥;3. 深翻土壤;4. 利用换茬空隙,揭膜淋水溶盐或灌水洗盐;5. 调节土壤 pH 值,尽量少施酸性肥料和生理酸性肥料,pH 值小于 5 的可施用石灰

　　冬春季棚室低温寡照,湿度高,严重影响蔬菜生长发育,

也造成一些病害猖獗，棚室土壤、空气环境也都有减产诱病的因素，合理调节棚室环境，既有利于蔬菜生长发育，又是防治生理病害发生和减轻侵染性病害的重要措施。另外，还可根据病虫害生物学特性或病害侵染循环的一些弱点，有针对性地安排调控措施，创造不适于病虫害发生的生态条件，达到防治目的，这套办法也称为"生态防治法"。

现已有成功进行生态防治的实例。例如，高温闷棚可用来防治多种蔬菜的叶部病害。大棚在晴天中午密闭升温至44℃～46℃，保持2小时，隔3～5天后再重复1次，可杀灭大部分的霜霉病菌，减轻黄瓜霜霉病，不对黄瓜造成伤害。高温闷棚还有灭虫作用，棕黄蓟马对温差反应敏感，在冬季蔬菜定植前15～20天内，先将大棚薄膜密封8～10天，土壤中蓟马基本羽化出土后，夜间将棚膜上方掀开，通风降温，白天密闭增温，经10～15天的高低温处理，可杀死土壤中90%以上的蓟马。当低温来临时，夜间短时加温可使棚内最低温度维持在12℃以上，能控制夜露产生，从而抑制病害发生。变温管理用于控制番茄灰霉病的发生。早春晴天上午晚放风，使棚温迅速升高，当棚温升至33℃左右后放顶风，使之迅速降至25℃左右，中午加大放风量，使下午温度保持20℃～25℃。夜间棚温保持在15℃～17℃。具体做法各地略有不同，目的都是降低棚室湿度。31℃以上的高温可减慢灰霉菌孢子萌发，推迟产孢，降低产孢量。且上午高温有利于光合作用，下午低温有利于光合产物的运转，又能减少自身呼吸消耗，有利于果实膨大和增产。

有些生态防治措施，各地应用效果不一，需要因地制宜。措施的设计要有试验依据，通过析因试验，搞清环境因子变动的确切生物学效应，明确其数量关系以及与其他因子的互作，切忌照搬一般理论或前人的某些成果。另外,环境因子的观测亦应规范。小气候温、湿度观测值,并不是无条件地等同于病害靶标部位的数值,需进行换算。

通风换气是设施栽培调温降湿的主要措施之一。有自然通风和强制通风2类方法。自然通风法有天窗通风、扒缝通风等,排气降温效果好。强制通风法使用排风扇。低吸高排式通风,吸气口开在温室下部,排风扇设在上部,风速较大,通风快,但温度不均匀,顶部及边角容易出现高温区。高吸低排式通风,吸气口在上部,排风扇位置在下部,室内温度较均匀。强制通风能在较短的时间内奏效。

棚室在不通风的条件下,很容易造成二氧化碳匮乏。除了通风换气补充二氧化碳外,还可使用自动二氧化碳发生器或其他方法,人工补充二氧化碳,称为施用二氧化碳气肥。

棚室地膜全覆盖有助于提高地温,减少土壤水分蒸发,降低空气湿度和减少病害发生。但地膜覆盖影响土壤气体交换,不利于根系吸收水分和矿物质。外界温度升高后,地膜阻止土壤水分蒸发,造成棚内空气湿度降低,引起高温障害。

(六)嫁接换根

棚室连续种植3~5年后,由于土壤病菌积累,诱发根病,出现连作障碍,造成产量下降。应用嫁接技术换用抗病砧木,可以防止根病,这在黄瓜、西瓜、甜瓜、茄子、番茄等作物上多有应用。嫁接换根还具有丰产,延长采收期,提高抗逆性、耐低温性等作用。

目前黄瓜的嫁接砧木有黑籽南瓜、丝瓜等,西瓜的嫁接砧木有葫芦等,茄果类一般使用其相应的野生茄科植物作为砧木。嫁接植株依砧木不同,可以抵抗枯萎病、黄萎病、青枯病、疫病或根结线虫等。

现以黄瓜嫁接为例,说明嫁接的一般方法。黄瓜采用根系发达且耐低温的黑籽南瓜做砧木,多用下面叙述的靠接法嫁接。该法成活率较高,操作比较简单。

1. 浸种催芽 将砧木黑籽南瓜的种子浸泡 8 小时,然后放在 30℃～33℃ 的条件下催芽。经 24 小时即可发芽,36 小时后全部出齐即可播种,黄瓜种子浸种催芽按常规方法进行。

2. 播种 播种期视苗龄长短和定植期而确定。黄瓜种子要比黑籽南瓜早播 3～4 天。南瓜出苗后要适当控制浇水,以防徒长。

3. 嫁接 黄瓜播后 15 天左右,长至 1.5 片真叶时开始嫁接。此时南瓜子叶展平,真叶露心。黄瓜苗高 6 厘米,砧木苗高 5 厘米。嫁接要在晴天遮荫的条件下进行。首先取出砧木苗和黄瓜苗,用竹签挖掉南瓜苗的生长点,再用刀片在南瓜幼苗上部距子叶约 1.5 厘米处向下斜切 35°左右的口子,口深达茎粗的 2/3 左右,再用刀片将黄瓜上部距子叶约 1.5 厘米处向上斜切 35°左右的口子,深度也是茎粗的 2/3 左右。随即把黄瓜苗和黑籽南瓜苗的切面对齐、对正,嵌合插好,使切口内不留空隙,再用塑料夹子固定好栽植。

4. 嫁接后管理 嫁接后头 3 天,必须严格遮荫,要在棚膜上覆盖草苫遮光,避免强光直射造成幼苗失水萎蔫。2～3 天后逐步揭开草苫,增加光照时间,同时要适当通风。嫁接后将秧苗移在营养钵中或塑料营养袋里,摆放在苗床中,埋土部位为南瓜根部。嫁接苗要扣小拱棚,以保证适宜的温度和湿度,白天保持在 23℃～30℃,夜间 15℃～20℃,土温 23℃～28℃。每天中午用喷雾器喷 1 次水,使空气相对湿度达到 90% 以上,以利于接口愈合和缓苗。直到秧苗见光后不再萎蔫时,停止喷水和遮光。

秧苗长至 2 叶 1 心时,即在嫁接后的 10～13 天嫁接伤口愈合,可在接合处的下方用刀片切掉黄瓜根。砧木若有侧芽萌发应及时抹除。在嫁接苗 15 天左右时喷药 1 次,防治霜霉病,同时摘掉塑料夹子。

5. 定植 嫁接苗长到 4～5 片叶,即苗龄 50 天左右时进行定植。定植前施足有机肥,铺好地膜,定植时注意培土深度不能超过嫁接的接合处。否则,黄瓜茎接触到土壤后会产生不定根,失去嫁接防病的作用。

五、物理防治方法

物理防治法是利用物理因素、物理作用来防治病虫害,包括使用热能、超声波、电磁波、激光、核辐射等直接杀伤有害生物,利用光波、颜色或其他物理因素诱引或排除有害生物等不同方法。物理防治法在棚室蔬菜病虫害防治中也发挥着相当大的作用。

(一)种子处理

1. 干热处理 干燥的蔬菜种子用干热法处理,对多种种传病毒、细菌和真菌都有防治效果。黄瓜种子经 70℃ 干热处理 2～3 天,可使绿斑花叶病毒(CGMMV)失活。番茄种子经 75℃ 处理 6 天或 80℃ 处理 5 天,可杀死种传黄萎病病菌。不同作物或不同品种的种子耐热性有差异,处理不当会降低发芽率。豆科作物种子耐热性弱,不宜干热处理。含水量高的种子受害也较重,应先行预热干燥。

2. 晒种 在播种前,选择晴天将蔬菜种子晒 2～3 天,可利用阳光杀灭附在种子表面的病菌,减少发病。

3. 温汤浸种 用热水处理种子,通称温汤浸种,可杀死在种子表面和种子内部潜伏的病原物。热水处理是利用植物材料与病原物耐热性的差异,选择适宜的水温和处理时间以杀死病原物而不损害植物。一般瓜类、茄果类蔬菜的种子用50℃~55℃温水浸种10~15分钟,十字花科蔬菜的种子用40℃~50℃温水浸种10~15分钟,都能起到消毒杀菌、预防苗病的作用。大豆和其他大粒豆类种子水浸后能迅速吸水膨胀脱皮,不适于热水处理,可用植物油或矿物油代替水作为导热介质处理豆类种子。

温汤浸种需用饱满、成熟度高、无破损的种子,先在冷水中预浸4~12小时,排除种胚与种皮间的空气,以利于热传导,同时刺激种子内休眠菌丝体恢复生长,降低其耐热性。然后把种子浸在比处理温度低9℃~10℃的热水中预热1~2分钟。再在设定温度的热水中浸种。热水量为种子体积的5倍。由于杀菌温度与引起种子发芽率下降的温度接近,需根据作物与病原菌不同的组合,设定浸种温度与浸种时间。要注意不同成熟度、不同贮藏时间和不同品种子间耐热性的差异。浸种过程中要不断搅拌,并随时补充热水,保持设定的温度。浸种完毕,将种子捞出,摊开晾晒或通风处理,使之迅速冷却干燥,以防发芽。有时把浸过的种子,接着进行催芽处理,即将种子捞出放入凉水中,冷却后催芽。

4. 盐水浸种 用10%的盐水浸种10分钟,可将种子里混入的菌核、线虫卵漂除,减轻菌核病和线虫病发生。

5. 热蒸汽处理 热蒸汽也用于处理种子,其杀菌有效温度与种子受害温度的差距较干热灭菌和热水浸种大,对种子发芽的不良影响较小。热蒸汽还用于温室和苗床的土壤处理。通常用80℃~95℃蒸汽处理土壤30~60分钟,可杀死绝大部分病原菌,但少数耐高温微生物的细菌和芽孢仍可继续存活。

(二)太阳能消毒

利用太阳能进行土壤消毒,是简便易行、成本较低的物理方法。在南方夏季高温期,用黑色塑料薄膜覆盖土壤,土壤吸收太阳能而升温,可以杀死土壤病菌、某些杂草种子、线虫和一些土壤害虫。

在夏季高温季节的 6 月初至 8 月份,棚室春茬拉秧后,及时清除残株杂草。然后取稻草或麦秸,切成长 3～5 厘米的小段,撒施在地面,每 667 平方米施用 500 千克。再均匀撒施刚化开的生石灰 100 千克,耕翻至 25～30 厘米深,灌水、覆盖薄膜。密闭棚室 15～20 天,温度可达 50℃以上。

还可用太阳能进行棚室内消毒,在夏秋季大棚闲置期,覆盖塑料棚膜密闭大棚,选晴天高温闷棚 5～7 天,使棚内最高气温达到 60℃～70℃,可有效地杀灭棚内及土壤表层的病菌和害虫。菜田及时翻耕晒垡可以消灭大部分土栖害虫。

(三)高温堆肥

蔬菜基肥以有机肥为主,但农家肥中多带有病原菌和害虫,需高温堆制杀灭病原菌和害虫。将农家肥泼水拌湿、堆积、覆盖塑料薄膜,使之发酵腐熟,堆内温度可达 70℃左右。经 1～2 个月堆制,充分腐熟后可做基肥施入棚室内。

(四)阻隔紫外线

多功能农用大棚塑料薄膜,因为在制膜过程中加入了紫外线阻隔剂,使用这种薄膜,紫外线不能进入大棚内。一些需要紫外线刺激才能正常产生孢子或生长发育的病原菌受到强烈抑制,灰霉病等多种病害明显减轻,但对白粉病无防治作用。

(五)利用颜色诱虫或驱避害虫

用黄板、黄皿可诱集黏结蚜虫、温室白粉虱、斑潜蝇成虫等害虫,用银灰色薄膜可避蚜。

黄板利用废旧的纤维板,裁成 1 米×0.2 米的长条,或根据需要确定大小形状,用油漆或广告色涂为橙黄色,或贴上橙黄色纸,外面用塑料薄膜包好,上面再涂上一层黏油(可用 10 号机油加少许黄油调匀)制成,装上木把,插在行间,高度略高于植株高度。每隔 10～15 天,或在虫子粘满板面时,及时重涂黏油,或取下更换薄膜。黄皿用瓷盘或玻璃盘,表面涂上黄色颜料和凡士林做成。

蚜虫忌避银灰色和白色,用银灰色反光膜或白色尼龙纱覆盖苗床,可减少蚜虫数量,减轻病毒病害。还可在苗床上方30～50 厘米处挂银灰色薄膜条,苗床四周铺 15 厘米宽的银灰色薄膜,使蚜虫忌避。定植后,畦面也可用银灰色薄膜覆盖。

利用棕黄蓟马趋向蓝色的习性,可在作物种植行间悬挂蓝色诱集带或蓝色诱集板诱杀成虫。

(六)灯光诱虫

很多夜间活动的昆虫具有趋光性,可被特定波长的灯光强烈引诱。黑光灯(因最初用黑色玻璃做灯管管壁而得名)通电后发出诱虫作用很强的近紫外光,可以诱集多种蛾类、金龟甲、蝼蛄、叶蝉等害虫,已被广泛应用。

频振式杀虫灯是利用害虫对光、波、色、味的趋性,引诱害虫扑灯,利用频振式高压电网触杀害虫,可以诱杀 17 科 30 多种菜田害虫,其中包括斜纹夜蛾、银纹夜蛾、甜菜夜蛾、烟青虫、地老虎、菜螟、玉米螟、豆野螟、瓜绢螟、大猿叶虫、黄曲条跳甲、铜绿金龟甲、蝼蛄等重要害虫。

(七) 覆盖防虫网

防虫网形似窗纱，是以优质聚乙烯原料，经拉丝制造而成的，已添加了防老化、抗紫外线等化学助剂，具有抗拉耐久、抗热耐火、耐腐蚀、无毒无味的特点。防虫网覆盖已广泛用于夏秋蔬菜育苗和栽培，防虫防病。防虫网还适用于制种、繁种，可防止因昆虫活动造成的品种间杂交。

防虫网网眼小，对害虫有物理阻隔作用，大多数蔬菜害虫钻不进网内，形成了隔离屏障。防虫网还造成害虫视觉、触觉错乱，使之避而远去，另觅他处取食产卵。防虫网的反射、折射光也可使害虫忌避。因此，即使网眼稍大于虫体，也能有较好的防虫作用。应用防虫网可大幅度减少化学农药的用量，适用于无公害蔬菜生产。

防虫网的规格多样，幅宽、孔径、丝径、颜色等有所不同。防虫网目数过少，网眼孔径过大，防虫效果较低，而网目数过多，网眼过小，遮光效应较大，对作物生长发育不利。据国外研究，对潜叶蝇最大孔径为 640 微米，40 目，对白粉虱为 462 微米，52 目，对蚜虫为 340 微米，78 目，对花蓟马为 192 微米，132 目。当前国内较适用的防虫网为 20～24 目，丝径 0.18 毫米，幅宽 1.2～3.6 米，白色。

防虫网覆盖有多种形式，应用较普遍的有大棚覆盖、小拱棚覆盖和水平棚架覆盖等 3 类。

大棚覆盖是将防虫网直接覆盖在大棚上，四周用土或砖压严，棚管（架）间用压膜线扣紧，留大棚正门揭盖，便于进棚操作。小拱棚覆盖是在大田畦面上，用钢筋或竹片做架材弯成拱架，将防虫网覆于拱架顶上做成。小拱棚的高度要高于作物高度，避免因菜叶紧贴防虫网，害虫仍能取食菜叶和产卵。水平棚架覆盖可将 2 000～3 500 平方米的田块,用防虫网全部覆盖。

在覆盖防虫网之前,应进行土壤消毒和化学除草,以杀死残留在土壤中的害虫、病菌和杂草。防虫网四周要压实,防止害虫潜入。防虫网多实行全生育期覆盖,不需要日盖夜揭或晴盖阴揭。如遇5～6级以上大风,需拉上压网线,防止防虫网被掀开。

另外,还可在一般棚室的通风口和进口处设置防虫网,阻挡有翅蚜、温室白粉虱等害虫迁入棚内。

(八)其他物理措施

冷冻处理也是控制植物产品收获后病害的常用方法。冷冻本身虽不能杀死病原物,但可抑制病原物的生长和侵染。

核辐射在一定剂量范围内有灭菌和食品保鲜作用。^{60}钴-γ射线辐照装置较简单,成本较低,γ射线穿透力强,多用于处理贮藏期食品和农产品,但需符合法定的安全卫生标准。

微波是波长很短的电磁波,微波加热适于对少量种子进行快速杀菌处理,对种传病原菌有效,但有的种子处理后发芽率略有降低。微波加热是处理材料自身吸收能量而升温,而不是传导或热辐射的作用。

高脂膜是用高级脂肪酸制成的成膜物。它不同于常规化学杀菌剂,本身并不具有杀菌作用,使用后在植物体表面形成一层很薄的膜,能够阻止病菌的侵染,但不影响植物的生命活动,从而达到防病目的。高脂膜对瓜类白粉病、霜霉病等均有一定的防治效果。在蔬菜的贮运防腐保鲜等方面也有一定的作用。

六、生物防治方法

生物防治法是利用有益生物及其天然产物防治病虫害的方法。迄今所利用的主要是天敌昆虫和有益微生物。有益微生物亦称生防菌,包括害虫的病原微生物和植物病原菌的拮抗微生物。有些有益微生物已被制成多种类型的生物防治制剂,大量生产和应用。对于天然发生的有益微生物,还可以采取措施,调节其生态环境,促进其群体增长,更好地发挥其抑制病虫害的作用,以有效地减少有害生物数量,降低植物病原物致病性,抑制病虫害的发生。在病害防治方面,生物防治措施主要针对土传病害和产后病害。由于生物防治效果不够稳定,受环境因素的影响较大,适用范围较狭窄,加上生物防治制剂的生产、运输、贮存又要求较严格的条件,尚需进行更多的研究和改进。在无公害蔬菜生产中,有机合成农药的应用受到限制,生物防治措施备受重视,应用前景很好。

(一)保护利用害虫天敌

害虫天敌包括捕食性的和寄生性的两大类,蔬菜害虫的天敌资源非常丰富。

捕食性天敌主要是一些昆虫和蜘蛛,多分布在鞘翅目的瓢虫科、虎甲科,脉翅目的草蛉科以及蛛形纲的管巢蛛科、皿蛛科、狼蛛科和球蛛科等。以辣椒为例,仅就陕西省关中地区的调查,就发现食性蜘蛛38种,瓢虫20余种,草蛉10种,食虫蝽20余种,螳螂3种,赤眼蜂5种,还有蚜茧蜂、食蚜绒螨、步甲等多种。其中蜘蛛的种群数量居各类天敌之首,可捕食蚜虫、烟青虫与棉铃虫的卵和1~3龄幼虫,蟋蟀的1~3龄幼虫以及盲椿象等多种害虫。蜘蛛分布广,繁殖快,适应力强，是重要的捕食性天敌。瓢虫数量仅次于蜘蛛，主要捕食蚜虫，也可捕食棉铃虫、菜青虫的卵和幼虫。

害虫的寄生性天敌主要是寄生蜂类，大部分属于姬蜂总科、细蜂总科、青蜂总科以及小蜂总科，一小部分属于瘿蜂总科、泥蜂总科及尾蜂总科(尾蜂科)。例如，寄生于小菜蛾的就有菜蛾绒茧蜂、胫弯尾姬蜂、颈双缘姬蜂、拟澳洲赤眼蜂等多种。

为了充分发挥天敌的控制作用，需要因地制宜，采取有力措施保护。首先要创造天敌的适宜生长环境，招引天敌大量迁入。还要注意安全用药问题，选用对天敌安全的杀虫剂，尽量少用广谱性和长残效农药，还要根据害虫和主要天敌的生活史，找出对害虫最有效，而对天敌杀伤较少的施药时期和施药方式。

棚室蔬菜为反季节栽培，处于自然天敌非活跃时期，加之棚室内小气候异常，作物单一，天敌较少。适于棚室条件的天敌，需人工饲养和释放，方能发挥其控害作用。例如，丽蚜小蜂是在20世纪70年代从英国引进的温室白粉虱寄生蜂，已经开发了人工大量繁殖与商品化生产技术，并提出了适合我国温室条件的释放利用方法。在北方棚室用于防治温室白粉虱，获得了成功。丽蚜小蜂寄生于温室白粉虱的若虫和蛹，寄生后9～10天，温室白粉虱虫体变黑死亡。草蛉和小花蝽对温室白粉虱的捕食能力较强，也可人工助迁，引进温室。人工繁殖的中华草蛉卵每公顷释放约100万粒，效果很好。

(二)利用有益微生物

有益微生物是指对有害生物不利，而对植物和农业生产有益的微生物类群。有益微生物可能同时具有多种生物防治机制，必须全面认识，方能合理利用。

1. 防治病害的有益微生物 有益微生物产生抗菌物质，能够抑制或杀死病原菌，这称为抗菌作用。例如，绿色木霉菌产生胶霉毒素和绿色菌素 2 种抗生素，抑制立枯丝核菌等多种病原菌。有些抗菌物质已可以人工提取并作为农用抗生素定型生产，我国研制的井冈霉素是吸水放线菌井冈变种（*Streptomyces hydroscopicus* var. *jinggangensis*）产生的葡糖苷类化合物。有的拮抗微生物产生酶或其他抗菌物质，消解植物病原真菌和细菌的芽管细胞或菌体细胞。

有益微生物还有竞争作用（占位作用），与病原菌竞争并夺取植物体的侵染位点和营养物质。用有益细菌处理植物种子，能够防治腐霉菌引起的猝倒病，就是由于有益细菌大量消耗土壤中氮素和碳素营养而抑制了病原菌的缘故。根围有益微生物对铁离子的竞争利用也是抑制根部病原菌的重要原因。

有些有益微生物可以寄生在植物病原菌体内，这称为"重寄生"现象。例如，哈茨木霉能寄生于立枯丝核菌和齐整小核菌的菌丝。豌豆和萝卜种子用木霉菌拌种，可防治苗期立枯病与猝倒病。

有益微生物的捕食作用在病害生物防治中已有应用。迄今在耕作土壤中已发现了百余种捕食线虫的真菌，这类真菌的菌丝特化为不同形式的捕虫结构。番茄根结线虫的捕食性真菌已经制成生物防治制剂，投入商业化生产。

有益微生物还能诱导或增强植物抗病性，通过改变植物与病原物的相互关系，抑制病害发生。交互保护作用是指接种致病性弱的病毒，诱发植物的抗病性，从而能够抵抗强致病性病毒侵染的现象，在病害防治上也有应用。

应用有益微生物防治病害，有 2 类基本措施，其一是大量引进外源拮抗菌,其二是调节环境条件,促进田间已有的有益微生物繁殖,发挥其拮抗作用。

多种有益微生物已成功地用于防治植物根病。例如,放射土壤杆菌的 K84 菌系产生高效抗菌物质土壤杆菌素 A84,已经定型生产,其商品制剂已用于防治多种园艺作物的根癌病。利用木霉制剂处理农作物种子或苗床,能有效地控制由腐霉菌、疫霉菌、核盘菌、立枯丝核菌和小菌核菌侵染引起的蔬菜根腐病和茎腐病。

国内研究单位通过亚硝酸诱变得到了烟草花叶病毒弱毒突变株系 N11 和 N14,黄瓜花叶病毒弱毒株系 S-52,将弱毒株系用加压喷雾法接种辣椒和番茄幼苗,可诱导交互保护作用,减轻病毒病害的发生。

综合运用生物防治制剂和杀菌剂可以提高防治效果,降低杀菌剂用量。例如,哈茨木霉与甲霜灵共同施用防治辣椒疫病和豌豆根腐病。

调节土壤环境,可以增强有益微生物的竞争能力,提高防病效果。向土壤中添加有机质,诸如作物秸秆、腐熟的厩肥、绿肥、纤维素、木质素、几丁质等可以提高土壤碳氮比,有利于有益微生物发育,能显著减轻多种根病。利用耕作和栽培措施,调节土壤酸碱度和土壤物理性状,也可以提高有益微生物的抑病能力。例如,酸性土壤有利于木霉孢子萌发,增强对立枯病病菌的抑制作用。这类措施在无公害蔬菜和绿色食品生产中,有很好的应用前景。

2. 防治害虫的有益微生物 防治害虫的有益微生物种类很多,大都是昆虫的病原微生物,能引起昆虫的流行性病害。被寄生的虫体,陆续发病死亡。在昆虫的病原细菌中,最著名的是苏云金杆菌(杀螟杆菌),防治菜蛾、菜青虫等鳞翅目幼虫效果最好。含有该菌孢子的 Bt 乳剂是菜田应用最广泛、用量最高的生物防治制剂。

昆虫病原真菌种类很多,白僵菌、绿僵菌、绿穗霉等对夜蛾科幼虫致病力强,汤普森多毛菌寄生桔芸锈螨,蜡蚧轮枝孢能引起温室介壳虫和蚜虫大量发病死亡。弗雷生虫霉菌也能寄生于多种蚜虫,且对环境温度、湿度的要求不严格,适应性强。

生物防治中常用的昆虫病毒有核型多角体病毒(NPV)、质型多角体病毒(CPV)、颗粒体病毒(GV)等。在冬春季棚室中,已使用棉铃虫核型多角体病毒制剂防治棉铃虫,在卵高峰后 4~6 天喷施,幼虫大量染病死亡。此外,一些微型动物也能使昆虫致病,比较重要的有病原原生动物和病原线虫。著名的昆虫病原微生物多已定型生产,有商品制剂出售。

(三)利用生物源农药

生物源农药或生物农药是指直接利用生物活体或生物活性物质,以及利用生物体提取物质为有效成分的定型商品农药。根据有效成分来源不同,又可划分为微生物源农药、动物源农药和植物源农药 3 类。

1. 微生物源农药 包括活体微生物农药和农用抗生素。活体微生物农药是直接利用昆虫病原微生物和植物病原菌生物防治微生物制成的药剂。著名的有 Bt 乳剂、蜡蚧轮枝孢制剂、核多角体病毒制剂等。农用抗生素多用于防治植物病原真菌和细菌,如春雷霉素、多抗霉素(多氧霉素)、井冈霉素、农抗 120、中生菌素、新植霉素、农用链霉素等。也有的用于防治其他有害生物,如浏阳霉素、华光霉素等用于防治螨类,阿维菌素用于防治菜蛾、叶螨、根结线虫等。

2. 动物源农药 包括活体制剂和昆虫信息素。前者主要涉及昆虫寄生性天敌或捕食性的天敌动物,这在前面已经作了介绍。信息素是由生物体内分泌到体外,能影响到其他生物体的生理和行为反应的微量化学物质。用于害虫防治的昆虫信息素主要是性信息素和集结信息素,信息素诱捕器已用于诱杀鳞翅目和鞘翅目害虫。

3. 植物源农药 植物体内含有多种次生代谢产物,其化学成分和生理作用非常复杂,其中就包括对昆虫的毒害物质以及天然抗菌物质,这些活性成分可以提取出来,用作植物源农药。著名的植物源杀虫剂有除虫菊素、鱼藤酮、烟碱、植物油乳剂等。印楝素是从印楝的种核、叶片和种皮中提取和分离到的一种三萜烯化合物,印楝素或印楝提取物是高效的昆虫拒食剂和昆虫生长发育抑制剂,对直翅目、半翅目、同翅目、鞘翅目、鳞翅目和双翅目害虫都有很强的活性,而对天敌昆虫包括蜜蜂等传粉昆虫、蜘蛛、螨类无毒性或伤害很小,对哺乳动物也安全。大蒜素是植物的天然抗菌物质;可提取作为杀菌剂。

生物源农药安全、有效、不污染环境,是无公害蔬菜生产的首选药物,目前的推广品种还不多,今后可望有更大的发展。

生产绿色食品对生物源农药的使用也有限制。生产 A 级绿色食品允许使用 AA 级和 A 级绿色食品生产资料农药类产品。在该类产品不能满足植保工作需要的情况下,允许使用中等毒性以下植物源农药、动物源农药和微生物源农药,但严禁使用基因工程品种(产品)及制剂。

生产 AA 级绿色食品允许使用 AA 级绿色食品生产资料农药类产品。在该类产品不能满足植保工作需要的情况下,可以使用中等毒性以下植物源杀虫剂、杀菌剂、驱避剂和增效剂。如除虫菊素、鱼藤根、烟草水、大蒜素、苦楝、印楝、芝麻素等;可释放寄生性、捕食性天敌动物,昆虫包括昆虫病原线虫、捕食螨、蜘蛛等;在害虫捕捉器中使用昆虫信息素及植物源引诱剂;使用矿物油和植物油制剂等。经专门机构核准,允许有限度地使用活体微生物农药,如真菌制剂、细菌制剂、病毒制剂、放线菌制剂、拮抗菌剂、昆虫病原线虫、原虫等;经专门机构核准,允许有限度地使用农用抗生素,如春雷霉素、多抗霉素、井冈霉素、农抗120、中生菌素、浏阳霉素等。但禁止使用生物源农药中混配有机合成农药的各种制剂,严禁使用基因工程品种(产品)及制剂。

表3列出了用于蔬菜病虫害防治的主要生物源农药,可供参考。

表3 部分用于蔬菜病害防治的生物源药剂

通用名称 (商品名称)	主 要 剂 型	主 要 特 点	应用方法和范围
多抗霉素(宝丽安、保利霉素、多效霉素、多氧霉素、多氧清)	10%可湿性粉剂、3%水剂、1%水剂	广谱核苷类抗生素,有内吸性,低毒,不能与酸性或碱性药剂混合使用	防治真菌病害,叶面喷雾防治番茄早疫病、大葱紫斑病等链格孢叶斑病、灰霉病、菌核病、霜霉病、晚疫病、白粉病等,药液灌根防治枯萎病等
农抗120(抗霉菌素120)	4%农抗120水剂瓜菜烟草专用型	广谱抗生素,低毒,不能与碱性药剂混用	叶面喷雾,防治白粉病、炭疽病、霜霉病、叶霉病、叶斑病等叶部病害,灌根防治枯萎病、黄萎病、猝倒病、根腐病等

通用名称 （商品名称）	主 要 剂 型	主 要 特 点	应用方法和范围
春雷霉素（春日霉素、加收米）	2% 水剂、0.4%粉剂	广谱抗生素，有内吸性，对真菌病害有预防和治疗作用。低毒，不宜与碱性农药混用	防治真菌病害。与氧氯化铜的混配剂加瑞农，用于防治叶霉病、炭疽病、白粉病、早疫病、霜霉病等
中生霉素（克菌康）	3%可湿性粉剂、1%水剂	广谱抗生素，对细菌、真菌病害有效，低毒，不能与碱性农药混用	用于喷雾、喷淋、灌根，防治细菌性疫病、软腐病、角斑病、果腐病等
宁南霉素（菌克毒克）	2%水剂、8%水剂	广谱胞嘧啶核苷肽型抗生素，对病毒、真菌、细菌病害有防治效果，低毒、低残留，不能与碱性农药混用	喷雾防治病毒病害、白粉病、炭疽病、细菌性软腐病等
武夷菌素（Bo-10）	1%水剂	广谱抗生素，有保护作用和治疗作用，无传导作用，低毒，无残毒，不能与强碱性农药混用	对真菌和细菌有效，喷雾法施用，防治白粉病、叶霉病、霜霉病、黑星病、灰霉病、炭疽病、细菌性角斑病等，对黄瓜白粉病、黑星病、番茄叶霉病效果好
农用链霉素	72%可溶性粉剂、农缘泡腾片	对细菌病害有效，低毒，不能与碱性农药混用	喷雾防治细菌性角斑病、软腐病等

通用名称 （商品名称）	主要剂型	主要特点	应用方法和范围
新植霉素（链霉素·土）	90%可溶性粉剂	为链霉素和土霉素混剂，对细菌病害有效，具保护和治疗作用，低毒，不宜与碱性农药混用	喷雾防治软腐病、角斑病等细菌病害，十字花科种子浸种慎用，防药害
井冈霉素	2%可湿性粉剂、5%水剂	内吸性强，对丝核菌效果好，低毒	灌根、浇灌苗床，防治立枯病
木霉菌（特立克）	可湿性粉剂（2亿活孢子/克）	木霉菌孢子粉浓集制成，对多种病原真菌有拮抗作用，低毒，无残留，高湿条件下效果好，不能与杀菌剂以及酸性、碱性农药混用	喷雾防治霜霉病、灰霉病、叶霉病等，灌根防治根腐病、白绢病，拌种防治白绢病、立枯病、猝倒病、根腐病、疫病等
菇类蛋白多糖（真菌多糖、抗毒剂1号）	0.5%水剂	真菌多糖制剂，对病毒防效好，低毒	喷雾防治蔬菜病毒，也可用于灌根、浸种薯
氨基寡糖素（好普、OS-施特灵）	2%好普水剂、0.5% OS-施特灵水剂	植物抗病性诱导剂，对病原物兼具抑制作用，抗谱广，可促进植物生长，无毒，不宜与碱性农药混用	喷雾防治病毒、真菌、细菌病害，也可用于浸种、灌根
绿帝	10%乳油、20%可湿性粉剂	仿银杏有效成分制剂，具杀菌和抑菌作用，有熏蒸杀菌作用，低毒	喷雾防治灰霉病、白粉病、早疫病、叶霉病等，不宜用于拌种、浸种。对黄瓜、大豆、花生有药害

通用名称 （商品名称）	主要剂型	主要特点	应用方法和范围
苏云金杆菌 （Bt）	可湿性粉剂 （每克含 100 亿活 芽孢，每毫克含 8 000、16 000 国际 单位不等）、悬浮 剂（每毫升含2 000、 4 000、8 000 国际单 位不等）	细菌杀虫剂，防治鳞翅 目害虫，低毒，对蚕毒性 强，不能与杀菌剂及内吸 性有机磷杀虫剂混用	喷雾防治菜青虫、菜 蛾、棉铃虫、烟青虫等 鳞翅目害虫
白僵菌	粉剂、可湿性 粉剂（每克含 80 亿活孢子）、 颗粒剂（每克含 50 亿活孢子）	活体真菌杀虫剂，使害 虫致病，能反复侵染，施 用后多年有效，低毒，对 蚕有害，不能与杀菌剂混 用	喷粉、喷雾或颗粒剂 撒施，防治鳞翅目害虫 的幼虫
苜蓿银纹夜 蛾核型多角 体病毒（奥绿 1 号）	水悬浮剂（每 毫升含 10 亿 PIB）	活体病毒杀虫剂，该病 毒寄生专化性强，低毒， 不能与碱性农药混用	喷雾防治菜青虫、小 菜蛾、银纹夜蛾、斜纹 夜蛾、甘蓝夜蛾、棉铃 虫、鳞翅目夜蛾科幼虫
菜青虫颗粒 体病毒	浓缩粉剂	活体病毒杀虫剂，病毒 侵染并致死害虫，通过病 虫及其粪便传染，病毒寄 生专化性强，低毒，不能 与碱性农药混用	对水稀释后喷雾，防 治菜青虫、菜蛾、银纹 夜蛾、斜纹夜蛾、甜菜 夜蛾、棉铃虫、菜螟等 鳞翅目害虫的幼虫
棉铃虫核型 多角体病毒 （大英雄、生 态宝）	可湿性粉剂 （每克含 10 亿 PIB）、悬浮剂 （每毫升含 20 亿 PIB）	活体病毒杀虫剂，病 毒侵染并致死害虫，通过 染病虫体及其粪便传染， 病毒寄生专化性强，低毒	喷雾防治甜菜夜 蛾、棉铃虫、烟青虫等 害虫

通用名称 （商品名称）	主要剂型	主 要 特 点	应用方法和范围
苦参碱（绿宝清苦参碱）	0.1%苦参碱粉剂、0.04%苦参碱水剂、0.26%绿宝清苦参碱水剂	低毒植物源广谱杀虫剂，具触杀和胃毒作用，不宜与碱性农药混用	水剂喷雾防治蚜虫、温室白粉虱、叶螨、菜蛾、菜青虫等。粉剂拌种防治地下害虫，制作毒土防治韭蛆
印楝素	0.3%乳油	广谱植物源杀虫剂，具胃毒、触杀、拒食作用，低毒，不宜与碱性农药混用	喷雾防治斑潜蝇、菜青虫、小菜蛾、黄条跳甲等
楝素（川楝素）	0.5%乳油	广谱植物源杀虫剂，具胃毒、触杀、拒食作用，低毒，不宜与碱性农药混用	喷雾防治斑潜蝇、烟粉虱、菜青虫、菜蛾等夜蛾科幼虫等
鱼藤酮	2.5%乳油	广谱植物源杀虫剂，具胃毒、触杀作用，不宜与碱性农药混用。毒性中等，对鱼高毒，不用于水生植物	喷雾防治蚜虫
烟碱	2%水剂	广谱植物源杀虫剂，有胃毒、触杀、熏蒸、杀卵作用，残效期较短，对人、畜毒性中等，不宜与酸性农药混用	喷雾防治蚜虫、蓟马、飞虱、叶蝉、潜叶蝇、椿象以及叶蛾科幼虫等
除虫菊素	0.5%粉剂、3%乳油	广谱植物源杀虫剂，触杀作用强，胃毒作用弱，击倒力强，残效期短，低毒，对鱼有毒，不宜与碱性农药混用，在强光、高温下可分解	喷粉、喷雾防治蚜虫、蓟马、叶蝉、飞虱、椿象、叶蜂、菜青虫等

通用名称 (商品名称)	主要剂型	主要特点	应用方法和范围
多杀霉素(菜喜)	2.5%悬浮剂	由放线菌代谢物提取的抗生素,杀虫速度快,低毒	喷雾防治菜蛾、甜菜夜蛾、蓟马等害虫
浏阳霉素	10%乳油	放线菌源抗生素,对叶螨有触杀作用,对螨卵有抑制作用,低毒,对鱼有毒	喷雾防治叶螨。黄瓜、十字花科蔬菜、木耳菜、桑等敏感,需控制用药量
阿维菌素(齐墩螨素、害极灭、爱福丁、虫螨克等多种)	1%乳油、1.8%乳油以及其他	放线菌代谢物提取的抗生素,对昆虫和螨类有触杀、胃毒作用,叶片渗透性强,持效期长。高毒,对蜜蜂有毒,水生浮游生物敏感	喷雾防治螨类、蚜虫、斑潜蝇、菜蛾、菜青虫、棉铃虫等。在生产A级、AA级绿色蔬菜时不得使用

七、药剂防治方法

　　药剂防治法又称为化学防治法,是使用农药防治病虫害的方法。广义的农药包括生物源农药、矿物源农药和有机合成农药三大类。当前品种最多、应用最广泛的是有机合成农药。这类农药是工业制成品,具有防治效果高、见效快、使用方便、经济效益明显等优点,但使用不当可对植物产生药害,引起人、畜中毒,杀伤有益微生物和害虫天敌,导致害虫或病菌产生抗药性,农药的高残留还可造成环境污染。因此,应当趋利避害,合理用药。

(一) 农药的类型和使用限制

对农药有多种不同的分类方法,按有效成分来源可以区分为生物源农药、矿物源农药和有机合成农药。生物源农药或生物制剂是指用于防止病虫草害的生物活体、代谢产物或从生物体提取的物质,包括微生物源农药、动物源农药和植物源农药。矿物源农药是有效成分来源于矿物的无机化合物和石油类农药。有机合成农药是人工研制和化学合成的有机化合物。

按照药剂的作用对象划分,蔬菜常用的农药有杀虫剂、杀螨剂、杀线虫剂、杀菌剂、病毒抑制剂和诱抗剂等。

杀虫剂和杀螨剂是毒害昆虫或螨类机体,或通过其他途径控制其种群形成,消除其危害的药剂,最常见的作用方式有触杀作用、胃毒作用、熏蒸作用、生理调节作用等,亦可按作用机制分别称为触杀剂、胃毒剂、熏蒸剂、生理调节剂等。

杀菌剂对真菌和细菌有抑制、杀死或钝化其有毒代谢产物等作用。保护性杀菌剂,应在病原菌侵入植物之前施用,可保护植物,阻止病原菌侵入。治疗性杀菌剂,能进入植物体内,抑制或者杀死已经侵入的病原菌,减轻发病,使植物恢复健康。内吸杀菌剂,兼具保护作用和治疗作用,能被植物吸收,在植物体内运输传导,有的药剂可上行(由根部向茎叶)和下行(由茎叶向根部)双向输导,多数仅能上行输导。杀菌剂品种不同,防治病害的种类也不相同。有的品种有很强的专化性,只对特定类群的病原菌有效,称之为专化杀菌剂;有些品种杀菌范围很广,称为广谱杀菌剂。病毒抑制剂专门用于防治植物病毒。诱抗剂可以激发植物的抗病性,通过植物自身的保护反应来防治有害生物。

农药必须加工制成特定的制剂形态，才能投入实际使用，未经加工的叫原药，加工后的叫制剂，制剂的形态称为剂型。农药中含有的杀虫、杀菌活性成分称为有效成分。通常制剂的名称包括有效成分含量、农药名称和制剂形态等三部分，例如，70％代森锰锌可湿性粉剂即指农药名称为代森锰锌，有效成分含量为70％，制剂形态为可湿性粉剂。防治棚室蔬菜病虫害，常用的剂型有乳油（乳剂）、可湿性粉剂、水剂、烟剂、粉尘剂、颗粒剂等。各种剂型都需采用相适应的施药方法。同一种有效成分的原药可以加工成不同的剂型，加工成不同商品名称的制剂。市售农药种类很多，在选择购买时，一定要认清其有效成分和剂型。

农药对有害生物的防治效果称为药效，对植物本身的不良作用，称为药害，对人、畜的毒害作用称为毒性。在施用农药后相当长的时间内，植物体、农副产品和环境中残留的毒物对人畜或其他生物的毒害作用，称为残留毒性或残毒。为防止农药的残留毒性，要求农产品中毒物残留量保持在允许水平以下。

农药限制使用是在一定时期和区域内，为避免农药对人畜安全、农产品卫生质量、防治效果和环境安全造成一定程度的不良影响而采取的管理措施。《农药限制使用管理规定》指出，对影响农产品卫生质量的，因产生抗药性引起对某种防治对象防治效果严重下降的，因农药长残效，造成农作物药害和环境污染的或对其他产业有严重影响的农药加以限制。

蔬菜生产必须选用高效、低毒、低残留的化学农药，严禁使用高毒、高残留和具有三致（致癌、致畸、致突变）毒性的化学农药，此类农药有甲拌磷（3911）、治螟磷（苏化203）、对硫磷（1605）、甲基对硫磷（甲基1605）、内吸磷（1059）、杀螟威、久效磷、磷胺、甲胺磷、异丙磷、三硫磷、氧化乐果、磷化锌、磷化铝、甲基硫环磷、甲基异柳磷、氰化物、呋喃丹、氟乙酰胺、砒霜、杀虫脒、西力生、赛力散、溃疡净、氯化苦、五氯酚、二溴氯丙烷、杀菌剂401、六六六、滴滴涕、氯丹以及其他高毒、高残留农药。有些农药虽然低毒，但残毒期很长，也不宜在蔬菜上使用，例如三氯杀螨醇等。

无公害蔬菜生产允许限量使用某些低毒化学农药，此类农药以环保型低毒、低残留品种为主，重点是防治效果比较好的单剂，在蔬菜体内的有毒残留物质不能超过国家规定的标准，对天敌杀伤力也小。在采用低毒、低残留农药不能扑灭病虫害的情况下，可以有针对性地选用毒性相对较低的中等毒性农药，但要严格按照农药安全使用规程施药，不得随意提高浓度和增加施药次数（表4）。

表4　无公害食品生产中推荐使用的农药

类　别	来　源	药剂品种
杀虫、杀螨剂	生物制剂和天然物质	苏云金杆菌、甜菜夜蛾核型多角体病毒、银纹夜蛾核型多角体病毒、小菜蛾颗粒体病毒、茶尺蠖核型多角体病毒、棉铃虫核型多角体病毒、苦参碱、印楝素、烟碱、鱼藤酮、苦皮藤素、阿维菌素、多杀霉素、浏阳霉素、白僵菌、除虫菊素、硫黄

类　别	来　源	药剂品种
杀虫、杀螨剂	合成制剂	菊酯类:溴氰菊酯、氟氯氰菊酯、三氟氯氰菊酯、氯氰菊酯、联苯菊酯、氰戊菊酯 * 、甲氰菊酯 * 、氟丙菊酯 氨基甲酸酯类:硫双威、抗蚜威、异丙威、速灭威 有机磷类:辛硫磷、毒死蜱、敌百虫、敌敌畏、马拉硫磷、乙酰甲胺磷、乐果、三唑磷、杀螟硫磷、倍硫磷、丙溴磷、二嗪磷、亚胺硫磷 昆虫生长调节剂:灭幼脲、氟啶脲、氟铃脲、氟虫脲、除虫脲、噻嗪酮 * 、抑食肼、虫酰肼 专用杀螨剂:哒螨灵 * 、四螨嗪、唑螨酯、三唑锡、炔螨特、噻螨酮、苯丁锡、单甲脒、双甲脒 其他:杀虫单、杀虫双、杀螟丹、甲胺基阿维菌素、啶虫脒、吡虫啉、灭蝇胺、氟虫腈、溴虫腈、丁醚脲
	天然物质	碱式硫酸铜、王铜、氢氧化铜、氧化亚铜、石硫合剂
杀螨剂	合成杀菌剂	代森锌、代森锰锌、福美双、乙磷铝、多菌灵、甲基硫菌灵、噻菌灵、百菌清、三唑酮、三唑醇、烯唑醇、戊唑醇、己唑醇、腈菌唑、乙霉威·硫菌灵、腐霉利、异菌脲、霜霉威、烯酰吗啉、锰锌、霜脲氰·锰锌、邻烯丙基苯酚、咪霉胺、氟吗啉、盐酸吗啉胍、恶霉灵、噻菌铜、咪鲜胺、咪鲜胺锰盐、抑霉唑、氨基寡糖素、甲霜灵·锰锌、亚胺唑、春·王铜、噁唑烷酮·锰锌、脂肪酸铜、松脂酸铜、腈嘧菌酯
	生物制剂	井冈霉素、农抗 120、菇类蛋白多糖、春雷霉素、多抗霉素、宁南霉素、木霉菌、农用链霉素

注:带 * 号者茶叶上不能使用

生产绿色食品对农药的使用有严格的限制,须遵照"绿色食品农药使用准则"(NY/T393－2000)的规定,使用业经专门机构认定,符合绿色食品生产要求,并正式推荐用于绿色品生产的农药。

生产 AA 级绿色食品只允许使用 AA 级绿色食品生产资料中农药类产品。在此类农药不能满足植保工作需要的情况下,允许使用中等毒性以下植物源杀虫剂、杀菌剂、驱避剂和增效剂,如除虫菊素、鱼藤根、烟草水、大蒜素、苦楝素、印楝素、芝麻素等;允许使用矿物油和植物油制剂,使用矿物源农药中的硫制剂和铜制剂。经专门机构核准后,允许有限度地使用活体微生物农药和农用抗生素。禁止使用有机合成的化学杀虫剂、杀螨剂、杀菌剂、杀线虫剂、除草剂和植物生长调节剂,禁止使用生物源、矿物源农药中混配有机合成农药的各种制剂,严禁使用基因工程品种(产品)及制剂。

生产 A 级绿色食品则允许使用 AA 级和 A 级 2 类绿色食品生产资料中的农药类产品。在这类农药类产品不能满足植保工作需要的情况下,允许使用中等毒性以下植物源农药、动物源农药和微生物源农药,允许使用矿物源农药中硫制剂、铜制剂,允许有限度地使用部分有机合成农药。后者应按农药安全使用标准(GB 4285)和农药合理使用准则(GB 8321.1、GB 8321.2、GB 8321.3、GB 8321.4、GB 8321.5、GB 8321.6)的要求执行,选用上述标准中列出的低毒农药和中等毒性农药,严禁使用剧毒、高毒、高残留或具有三致毒性的农药(表5),每种有机合成农药(含 A 级绿色食品生产资料中农药类的有机合成产品)在一种作物的生长期内只允许使用 1次,严格按照上述标准的要求控制施药量与安全间隔期,有机合成农药在农产品中的最终残留应符合标准中最高残留限量

(MRL)的要求。严禁使用高毒、高残留农药防治贮藏期病虫害,严禁使用基因工程品种(产品)及制剂。

表5 生产A级绿色食品(蔬菜)禁用农药一览表

(由"绿色食品农药使用准则 NY/T 393—2000"附录A摘录)

种　　类	农药名称	禁用原因
有机氯杀虫剂	滴滴涕、六六六、林丹、甲氧、高残毒DDT、硫丹	高残毒
有机氯杀螨剂	二氯杀螨醇	工业品中含有一定数量的滴滴涕
有机磷杀虫剂	甲拌磷、乙拌磷、久效磷、对硫磷、甲基对硫磷、甲胺磷、甲基异柳磷、治螟磷、氧化乐果、磷胺、地虫硫磷、灭克磷(益收宝)、水胺硫磷、氯唑磷、硫线磷、杀扑磷、特丁硫磷、克线丹、苯线磷、甲基硫环磷	剧毒、高毒
氨基甲酸酯杀虫剂	涕灭威、克百威、灭多威、丁硫克百威、丙硫克百威	高毒、剧毒或代谢物高毒
二甲基甲脒类杀虫杀螨剂	杀虫脒	慢性毒性、致癌
拟除虫菊酯类杀虫剂	所有拟除虫菊酯类杀虫剂	对水生生物毒性大,水稻及其他水生作物禁用
卤代烷类熏蒸杀虫剂	二溴乙烷、环氧乙烷 二溴氯丙烷、溴甲烷	致癌、致畸、高毒
阿维菌素		高毒
克螨特		慢性毒性

种　　类	农药名称	禁用原因
有机砷杀菌剂	甲基胂酸锌（稻脚青）、甲基胂酸钙（稻宁）、甲基胂酸铵（田安）、福美甲胂、福美胂	高残毒
有机锡杀菌剂	三苯基醋酸锡（薯瘟锡）、三苯基氯化锡、三苯基羟基锡（毒菌锡）	高残留、慢性毒性
有机汞杀菌剂	氯化乙基汞（西力生）、醋酸苯汞（赛力散）	剧毒、高残毒
取代苯类杀菌剂	五氯硝基苯、稻瘟醇（五氯苯甲醇）	致癌、高残留
2,4-D类化合物	除草剂或植物生长调节剂	杂质致癌
二苯醚类除草剂	除草醚、草枯醚	慢性毒性
植物生长调节剂	有机合成的植物生长调节剂	
除草剂	各类除草剂＊	

＊各类除草剂在蔬菜生长期禁用，但可用于土壤处理与芽前处理

（二）常用农药

现在农药种类和商品制剂很多，即使专业技术人员也难以一一指明其有效成分，需要查阅"农药登记公告汇编"。表6和表7列出了病虫害防治常用农药（含新药剂）的名称及其主要剂型、特点和应用范围。

表6　常用杀菌剂、杀线虫剂

通用名称 （商品名称）	主要剂型	主要特点	应用范围
碱式硫酸铜（高铜）	80％可湿性粉剂、30％悬浮剂、35％悬浮剂	无机铜保护性杀菌剂，低毒，不宜与其他药剂混用	叶面喷雾，在发病前或发病初期用药，对细菌、卵菌、真菌有效，预防灰霉病、炭疽病、疫病、霜霉病、尾孢叶斑病、细菌性角斑病效果好，白菜、莴苣等敏感作物慎用
氢氧化铜（可杀得、丰护安、冠菌铜）	77％可杀得可湿性粉剂、53.8％可杀得2000干悬浮剂	无机铜保护性杀菌剂，广谱，吸附性好，耐雨水冲刷，低毒，对鱼及水生生物有毒，不能与强酸、强碱性物质混用，不与乙磷铝类药剂混用	叶面喷雾，在发病前或发病初期用药，对真菌、卵菌和细菌病害有效，蔬菜苗期、花期、幼果期以及高温、高湿条件下慎用，对铜敏感作物慎用
氧化亚铜（靠山、铜大师）	56％水分散粒剂	无机铜保护性杀菌剂，耐雨水冲刷，低毒，不宜与其他农药混用	叶面喷雾，在发病前或发病初期用药，对真菌、卵菌和细菌病害有效，花期、幼果期不用
松脂酸铜（绿乳铜）	12％乳油	有机铜杀菌剂，有保护和治疗作用，耐雨水冲刷，低毒，不宜与强酸性、强碱性农药混用	叶面喷雾，对真菌、卵菌和细菌病害有效
琥胶肥酸铜	30％可湿性粉剂	有机铜杀菌剂，有保护作用。低毒	叶面喷雾防治黄瓜细菌性角斑病等，灌根防治茄子黄萎病等

通用名称 (商品名称)	主要剂型	主要特点	应用范围
噻菌铜(龙克菌)	20%龙克菌悬浮剂	有机铜内吸杀菌剂,有预防和治疗作用,低毒	对细菌和真菌病害高效,用于喷雾或灌根,持效期10~12天
代森锌	65%可湿性粉剂、80%可湿性粉剂	有机硫保护性杀菌剂,对人、畜低毒,对植物安全,不能与碱性药剂和含铜制剂混用	广谱,用于预防霜霉病、疫病、半知菌病害等。在发病前或病害始见期叶面喷雾,持效期7~10天
代森锰锌(大生、喷克、大富生、大丰)	70%可湿性粉剂	有机硫广谱保护性杀菌剂,低毒,不能与铜制剂和碱性药剂混用	喷雾预防多种叶斑病、晚疫病、叶霉病、炭疽病、霜霉病、蔓枯病等,多与内吸剂混配,以延缓抗药性产生。叶面喷雾持效期9~10天
福美双	50%可湿性粉剂	有机硫广谱保护性杀菌剂,不可与含铜药剂、碱性药剂混用,高温高湿时叶面喷雾对黄瓜有药害。毒性中等,药剂处理过的种子不可食用或饲用	用作叶面喷雾、种子处理、土壤处理,预防多种真菌病害
三乙磷酸铝(乙磷铝、疫霉灵、疫霜灵、克霉、霉菌灵)	40%乙磷铝可湿性粉剂	有机磷内吸杀菌剂,在植物体内双向传导,具保护和治疗作用。低毒,不能与碱性、酸性农药混用	对霜霉病、疫病等卵菌病害有良好防效,多用于叶面喷雾,持效期10~15天,亦可拌种、灌根,黄瓜幼苗易产生药害

通用名称 （商品名称）	主 要 剂 型	主 要 特 点	应 用 范 围
百菌清（达科宁）	75％可湿性粉剂、45％烟剂、5％粉尘剂	取代苯类保护性杀菌剂，具有保护作用和较低的治疗与熏蒸作用。对人、畜低毒，对皮肤和黏膜有刺激作用，对鱼类有毒，不能与强碱性农药混用	用于喷雾法、烟熏法、粉尘法施药，对多种真菌病害有效，预防霜霉病、疫病、白粉病、灰霉病、锈病、炭疽病、多种叶斑病等，持效期7～10 天
甲霜灵（瑞毒霉）	25％可湿性粉剂、35％拌种剂、5％颗粒剂	苯基酰胺类内吸杀菌剂，在植物体内可双向传导，具保护和治疗作用，对人、畜低毒	对霜霉菌、疫霉菌、腐霉菌等卵菌引起的病害有效，用于叶面喷雾、种子处理和土壤处理
甲基硫菌灵（甲基托布津）	50％可湿性粉剂、70％可湿性粉剂	硫脲基甲酸酯类内吸杀菌剂，广谱，低毒，对植物安全，不能与碱性药剂及含铜制剂混用	叶面喷雾防治多种半知菌、子囊菌病害，拌种防治黑粉病，在植物体内转化为多菌灵起作用，有一定的杀螨卵和幼螨作用
多菌灵	50％可湿性粉剂	苯并咪唑类广谱内吸杀菌剂，具保护和治疗作用，对人、畜低毒，不能与强碱性药剂和含铜剂混用	对多种子囊菌、担子菌和半知菌病害有效，对卵菌无效，对锈菌、丝核菌低效，有一定的杀螨作用。主要用于叶面喷雾（持效期10～15 天），也用于种子处理

通用名称 (商品名称)	主要剂型	主要特点	应用范围
噻菌灵(特克多、硫苯唑、涕必灵)	45%悬浮剂、60%可湿性粉剂、3%烟剂	苯并咪唑类内吸杀菌剂,广谱,兼具保护和治疗作用,具有向顶传导作用,不能与含铜药剂混用,低毒,对鱼有毒性	对多种真菌病害有效,对卵菌无效,可用于产后防腐保鲜
异菌脲(扑海因)	25.5%悬浮剂、50%可湿性粉剂	内酰脲类广谱杀菌剂,有保护作用和治疗作用,对人、畜低毒,不能与强碱、强酸性农药混用	叶面喷雾防治灰霉病、菌核病和多种半知菌病害,持效期10~15天
腐霉利(速克灵)	50%可湿性粉剂、10%烟剂、15%烟剂	二甲酰亚胺类内吸杀菌剂,具保护和治疗作用,低毒,在碱性条件下不稳定,长期单一使用易产生抗药性	防治多种真菌病害,对灰霉病、菌核病有特效。喷雾法、熏烟法施药。高湿、高温条件下以及苗期用药应降低浓度,防止药害,灰霉菌容易产生抗药性,注意轮换用药
恶霉灵(土菌消、绿亨1号、立枯灵)	15%恶霉灵水剂、绿亨1号	杂环类内吸杀菌剂、土壤消毒剂,有植物生长调节作用,促进根部生长,提高幼苗抗寒性,对酸、碱稳定,无腐蚀作用,低毒	对镰刀菌、腐霉菌和丝核菌有效,但对疫霉无效。常用于土壤处理、灌根、拌种等,拌种以干拌为好,湿拌和闷种易产生药害

通用名称 （商品名称）	主要剂型	主要特点	应用范围
嘧菌酯（阿米西达）	25%悬浮剂	蜜环菌天然抗菌物质的仿生合成物，为甲氧基丙烯酸酯类内吸性杀菌剂，广谱，具有优良的保护、治疗和铲除作用，可促进作物生长，低毒	喷雾防治多种真菌病害，每季作物用药不可超过3～4次，以延缓抗药性产生
醚菌酯（翠贝）	50%干悬浮剂	甲氧基丙烯酸酯类内吸性杀菌剂，广谱，具保护、治疗和铲除作用，促进作物生长，低毒，对鱼和水生生物有毒	喷雾防治多种真菌病害、卵菌病害，对白粉病、黑星病防效好，每季作物用药不宜超过3次
氟硅唑（福星、新星）	40%乳油	三唑类内吸杀菌剂，具有保护和治疗作用，能迅速渗入植物体内，耐雨水冲刷，低毒	喷雾防治多种真菌病害，对白粉病、锈病、黄瓜黑星病防效好。宜与其他保护性药剂交替使用，以延缓抗药性产生
三唑酮（粉锈宁、百理通）	15%可湿性粉剂、25%可湿性粉剂、20%乳油	三唑类内吸杀药剂，具保护和治疗作用，低毒，不与强碱性农药混用	对锈病、白粉病、黑粉病、丝核菌病害等防效好，对镰刀菌病害低效，用于叶面喷雾和拌种持效期长。种子处理时可能延迟出苗

通用名称 (商品名称)	主要剂型	主 要 特 点	应 用 范 围
烯唑醇(速保利、特谱唑、力克菌)	12.5%可湿性粉剂、5%拌种剂	三唑类内吸杀菌剂,具保护、治疗、铲除作用,不能与碱性药剂混用,毒性中等,药剂处理过的种子不能食用或饲用	抗菌谱广,对白粉病、锈病、黑粉病、黑星病等有良好的防治效果,喷雾或拌种,持效期长。对作物有抑制作用,苗期慎用
戊唑醇(好力克、富力库)	43%悬浮剂	三唑类内吸杀菌剂,具保护和治疗作用,不能与碱性药剂混用,低毒,对鱼类毒性中等	喷雾防治白粉病、炭疽病、灰霉病等多种真菌病害,持效期长
亚胺唑(霉能灵)	5%可湿性粉剂	三唑类内吸杀菌剂,具有保护和治疗作用,低毒	喷雾防治多种真菌病害
苯醚甲环唑(世高)	10%水分散粒剂	三唑类内吸杀菌剂,广谱,具有保护、治疗和铲除作用,不能与铜制剂混用,低毒	喷雾防治多种真菌病害,对锈病、黑星病、白粉病、炭疽病、叶斑病、蔓枯病等防效好
霜霉威(普力克)	72.2%水剂	氨基甲酸酯类内吸杀菌剂,有刺激植物生长作用,低毒	防治腐霉病、疫霉病和霜霉病等卵菌病害。用于苗床浇灌、种子处理和叶面喷雾安全间隔期黄瓜为3天
双胍辛烷苯基磺酸盐(百可得)	40%可湿性粉剂	胍类杀菌剂,广谱,具触杀和保护作用,低毒,对蚕有毒,不能与强酸性、强碱性农药混用	喷雾防治灰霉病、早疫病、白粉病、炭疽病、菌核病、蔓枯病、黑星病、叶斑病等子囊菌和半知菌病害

通用名称 (商品名称)	主要剂型	主要特点	应用范围
嘧霉胺(施佳乐)	40%悬浮剂	苯胺嘧啶类内吸杀菌剂,具保护、治疗和熏蒸作用,应与其他杀菌剂轮换使用,避免病原菌产生抗药性,低毒,勿与碱性农药混合使用	喷雾防治多种真菌病害,对灰霉病有特效,对早疫病、黑星病效果好。棚室用药量过高,叶片出现药害(褐色斑点),施药后需通风。空气相对湿度低于65%、气温高于28℃时停止施药
咪鲜胺锰盐(施保功)	50%可湿性粉剂	咪酰胺类广谱杀菌剂,具保护和铲除作用,低毒,对鱼有毒,不要与碱性农药混用	对子囊菌和半知菌病害有效,用喷雾、喷淋、药土、浸果等方法施药,可用于采后防腐保鲜,西瓜苗期有药害,气温高时需加大稀释倍数
咪鲜胺(施保克)	25%乳油	咪酰胺类广谱杀菌剂,具保护和铲除作用,无内吸性,低毒,对鱼有毒,不要与碱性农药混用	对子囊菌和半知菌所致病害有效,用喷雾、浸果等方法施药,为优良果蔬保鲜剂
氟吗啉(灭克)	60%可湿性粉剂	丙烯酰胺类内吸杀菌剂,具保护和治疗作用	防治瓜类霜霉病、辣椒疫病、番茄晚疫病等卵菌病害,持效期16天

通用名称 (商品名称)	主要剂型	主要特点	应用范围
植病灵	1.5%乳剂	为三十烷醇、十二烷基硫酸钠和硫酸铜的混配剂,不能与碱性农药及生物农药混用	主要用于防治蔬菜病毒病,对霜霉病、角斑病、疫病、软腐病也有一定防效。严格按使用说明用药,不可随意改变稀释浓度,需周到喷药,雨后及时补喷
盐酸吗啉胍·铜(病毒A、毒克星)	20%可湿性粉剂	盐酸吗啉胍与乙酸铜的复配剂,低毒,不能与碱性农药混用	防治蔬菜多种病毒病,药液浓度高于300倍易产生药害,对铜制剂敏感的作物慎用
棉隆(必速灭)	98%~100%微粒剂、50%可湿性粉剂、80%粉剂	广谱熏蒸杀线虫剂,易在土壤中扩散,持效期较长,低毒,对鱼类毒性中等,可污染池塘,南方慎用,对生长的植物有毒害作用	土壤沟施、撒施或浇灌,防治根部线虫,兼治土壤真菌、地下害虫、杂草,施药时对土温和土壤湿度有要求
噻唑磷(福气多)	10%颗粒剂	非熏蒸型杀线虫剂,有内吸传导作用,持效期长,低毒,对蚕有毒	土壤混合施药,防治根结线虫、根腐线虫、茎线虫、胞囊线虫等,兼治蚜虫、叶螨、蓟马等。土壤含水量多时,易产生药害

表7 常用杀虫剂、杀螨剂

通用名称 (商品名称)	主要剂型	主要特点	应用范围
溴氰菊酯(敌杀死、凯索灵、凯安保)	2.5%乳油、25%片剂、2.5%胶悬剂	拟除虫菊酯类杀虫剂,有触杀、胃毒、驱避、拒食作用,毒性中等,对鱼高毒,对蚕、蜂剧毒,不能与碱性农药混用	对菜蛾、烟青虫、甘蓝夜蛾、甜菜夜蛾、菜螟等鳞翅目害虫特效,对螨类无效
氟氯氰菊酯(百树菊酯、百树得)	5.7%乳油、10%乳油、20%乳油	拟除虫菊酯类杀虫剂,有触杀、胃毒作用,具有一定的杀卵活性,低毒,对鱼、蚕、蜂高毒,不能与碱性农药混用	喷雾防治鳞翅目害虫、菜蚜等
三氯氟氰菊酯(功夫)	2.5%乳油	拟除虫菊酯类杀虫剂,兼治螨类,有触杀、胃毒、驱避作用,毒性中等,对鱼、蚕、蜂剧毒,不能与碱性农药混用	喷雾防治鳞翅目害虫以及蚜虫、叶螨等
氯氰菊酯(安绿宝、灭百可)	10%乳油、25%乳油	拟除虫菊酯类杀虫剂,有触杀、胃毒、驱避作用,毒性中等,对鱼、蚕、蜂毒性高,不能与碱性农药混用	喷雾防治鳞翅目害虫,对蚜虫、蓟马、叶蝉、跳甲有效,对螨类无效
联苯菊酯(天王星)	10%乳油、2.5%乳油	拟除虫菊酯类杀虫、杀螨剂,有触杀、胃毒作用,毒性中等,对鱼高毒,对蚕、蜂毒性中等,不能与碱性农药混用	喷雾防治鳞翅目害虫、蚜虫、白粉虱、蓟马、叶蝉、叶螨等,低温时施药效果好

通用名称 （商品名称）	主要剂型	主要特点	应用范围
氰戊菊酯（速灭杀丁）	20％乳油	拟除虫菊酯类杀虫剂，有触杀、胃毒作用，毒性中等，对鱼、蚕、蜂毒性高，不能与碱性农药混用	喷雾防治鳞翅目害虫，对同翅目、直翅目、半翅目害虫也有效，对螨类无效
抗蚜威（辟蚜雾）	25％水分散粒剂、50％水分散粒剂、50％可湿性粉剂	氨基甲酸酯类选择性杀蚜虫剂，具有触杀、熏蒸（20℃以上）和叶面渗透作用，杀虫迅速，残效期短，对蚜虫天敌无不良影响，低毒	喷雾防治各种菜蚜，对棉蚜低效
辛硫磷	40％乳油、50％乳油、75％乳油、5％颗粒剂、10％颗粒剂	有机磷杀虫剂，具有触杀、胃毒作用，持效期较长，低毒，对鱼类毒性高，对蜂类有毒	防治蛴螬、蝼蛄、金针虫、地蛆等地下害虫和鳞翅目幼虫，瓜类、豆类、甜菜、玉米等敏感，不宜使用
毒死蜱（乐斯本）	20％乳油、40％乳油、48％乳油	有机磷杀虫剂，具有触杀、胃毒、熏蒸作用，在土壤中残效期较长，毒性中等，对鱼类、蜂类毒性高，不能与碱性农药混用	防治地下害虫、鞘翅目害虫、鳞翅目害虫和害螨，瓜类苗期敏感，慎用
敌百虫	2.5％粉剂、30％乳油、80％可溶性粉剂	有机磷杀虫剂，具有触杀、胃毒作用，对植物有渗透性，低毒	防治蔬菜咀嚼式口器害虫，豆类敏感，不宜使用

通用名称 （商品名称）	主 要 剂 型	主 要 特 点	应 用 范 围
敌敌畏	50％乳油、80％乳油、2％烟剂、22％烟剂、30％烟剂	有机磷杀虫剂，具有熏蒸、胃毒和触杀作用，持效期短，无残留，毒性中等，对天敌昆虫和蜜蜂有杀伤力，不宜与碱性农药混用	防治蔬菜多种咀嚼式口器、刺吸式口器害虫，豆类、瓜类幼苗敏感，慎用
乐果	40％乳油、1.5％粉剂	内吸性有机磷杀虫、杀螨剂，具有触杀和胃毒作用，毒性中等，对牛、羊、家禽毒性高	防治蚜虫、叶蝉、粉虱、蓟马、潜叶性害虫以及螨类等，菊科植物较敏感
乙酰甲胺磷	20％乳油、30％乳油、40％乳油	有机磷内吸杀虫剂，具有触杀、胃毒、熏蒸作用，杀卵，缓效，易燃，低毒，不能与碱性农药混用	防治菜蛾、菜青虫、蚜虫等多种咀嚼式或刺吸式口器害虫以及害螨
啶虫脒（莫比朗、啶虫清）	3％乳油	吡啶类杀虫剂，具有触杀、胃毒作用，渗透性强，杀虫迅速，持效期长，毒性中等，对蚕有毒，不能与碱性药剂混用	喷雾防治蚜虫、白粉虱、菜蛾、菜青虫等
吡虫啉（大功臣、康福多、一遍净、蚜虱净、灭虫精）	10％可湿性粉剂、25％可湿性粉剂、5％乳油、70％水分散性粉剂	烟碱类内吸杀虫剂，具触杀和胃毒作用，广谱，长效，作用迅速，中等毒性，对蚕有毒，不能与强碱性药剂混用	主要防治蚜虫、飞虱、粉虱、蓟马、叶蝉等刺吸式口器害虫，兼治潜叶蛾、潜叶蝇等，用于喷雾、种子处理、土壤处理等，白菜、豆类、瓜类幼苗敏感

通用名称 (商品名称)	主要剂型	主要特点	应用范围
灭蝇胺(潜克)	75%可湿性粉剂	三嗪类特异性昆虫生长调节剂,有内吸性,低毒	对双翅目幼虫特效,喷雾防治各种潜叶蝇,喷淋韭菜基部防治韭蛆
氟虫腈(锐劲特)	5%悬浮剂、0.3%颗粒剂、2.5%种子处理剂	苯基吡唑类杀虫剂,新型药剂,毒性中等,对鱼虾、蟹高毒,对蜜蜂有毒	喷雾防治蓟马、菜蛾、菜青虫等;颗粒剂土壤撒施防治蝼蛄、金针虫、地老虎等地下害虫
溴虫腈 (除尽)	5%悬浮剂、10%悬浮剂	吡咯类杀虫、杀螨剂,有胃毒、触杀作用,有杀卵活性,有良好局部传导性,速效,持效期长,低毒,对鱼有毒	喷雾防治菜蛾、菜青虫、棉铃虫、甜菜夜蛾、斜纹夜蛾、菜螟、斑潜蝇、蓟马、叶螨等,能防治对有机磷类、氨基甲酸酯类、拟除虫菊酯类杀虫剂以及几丁质合成抑制剂产生抗药性的害虫
丁醚脲 (宝路)	50%可湿性粉剂	硫脲类杀虫、杀螨剂,具内吸和熏蒸作用,有一定杀卵活性,毒性中等,对鱼、蜂高毒	喷雾防治蚜虫、粉虱、叶蝉、螨类以及菜青虫、菜蛾等鳞翅目害虫,对抗药性害虫有效
灭幼脲(灭幼脲3号)	25%悬浮剂	苯甲酰脲类几丁质合成抑制剂,使昆虫不能正常蜕皮,有胃毒、触杀作用,迟效,持效期长,低毒,对蚕有害,不能与碱性药剂混用	喷雾防治菜青虫、菜蛾、棉铃虫、斜纹夜蛾、甜菜夜蛾等鳞翅目害虫

通用名称 (商品名称)	主要剂型	主要特点	应用范围
氟啶脲(抑太保、定虫隆、农美)	5%乳油	苯甲酰脲类几丁质合成抑制剂,使昆虫不能正常蜕皮,有胃毒、触杀作用,无内吸性,迟效,持效期长,低毒,对蚕有害	喷雾防治菜青虫、菜蛾、棉铃虫、甜菜夜蛾等,在卵孵化至1～2龄幼虫期施药
氟铃脲	5%乳油	苯甲酰脲类昆虫几丁质合成抑制剂,阻碍正常蜕皮,有胃毒、触杀、拒食作用,低毒,对鱼、蚕有毒	喷雾防治菜蛾、甜菜夜蛾、棉铃虫等,宜在低龄幼虫期施药
氟虫脲(卡死克)	5%乳油	苯甲酰脲类昆虫几丁质合成抑制剂,阻碍正常蜕皮,有胃毒和触杀作用,有选择性杀螨作用,能杀死幼螨和若螨,对成螨和卵无效,低毒,不宜与碱性农药混用	喷雾防治菜蛾、菜青虫、斜纹夜蛾、甜菜夜蛾,在低龄幼虫期和卵孵高峰期施药,防治豆荚螟在卵孵盛期、幼虫钻蛀前用药,防治叶螨在若螨盛期施药
除虫脲(伏虫脲、灭幼脲1号)	20%悬浮剂、25%可湿性粉剂、5%可湿性粉剂	苯甲酰脲类昆虫几丁质合成抑制剂,阻碍正常蜕皮,有胃毒和触杀作用,低毒,不宜与碱性农药混用	喷雾防治菜蛾、菜青虫、斜纹夜蛾、甜菜夜蛾等害虫,在低龄幼虫期和卵孵初期施药
噻嗪酮(扑虱灵)	25%可湿性粉剂	新型选择性杀虫剂,抑制昆虫生长发育,具有内吸、触杀、胃毒作用,广谱,持效期长,低毒	喷雾、泼浇、拌种,防治叶蝉、飞虱、粉虱、介壳虫等,药液直接接触白菜、萝卜,易产生药害,不可用药土法施药

通用名称 (商品名称)	主要剂型	主要特点	应用范围
抑食肼(虫死净)	20%可湿性粉剂	昆虫生长调节剂,有内吸和胃毒作用,可抑制昆虫进食,加速蜕皮,减少产卵,持效期长,低毒,不可与碱性农药混用	喷雾防治菜青虫、菜蛾、斜纹夜蛾等鳞翅目幼虫,在卵孵化高峰期至低龄幼虫期施药
虫酰肼 (米满)	20%悬浮剂	昆虫生长调节剂,有触杀和胃毒作用,可诱导鳞翅目昆虫提前蜕皮致死,低毒,对鱼中等毒性,对天敌昆虫安全	喷雾防治鳞翅目幼虫
哒螨灵(哒螨酮、牵牛星)	15%乳油、20%可湿性粉剂	哒嗪酮类杀螨、杀虫剂,具有触杀和胃毒作用,对各螨态都有效,速效,持效期长(40~50 天),毒性中等,对鱼和蜂有毒,不能与碱性药剂混用	喷雾防治蔬菜各种害螨,兼治粉虱、蚜虫、叶蝉等害虫
唑螨酯	5%悬浮剂	肟醚类杀螨剂,以触杀作用为主,杀螨谱广,兼有杀虫、杀菌作用,毒性中等,对鱼有毒,不能与碱性药剂混用	喷雾防治叶螨,兼治菜蛾、斜纹夜蛾、桃蚜、白粉病、霜霉病等
三唑锡(倍乐霸)	25%可湿性粉剂	有机锡广谱杀螨剂,触杀作用强,对若螨、成螨、夏卵有效,对冬卵无效,残效期长,毒性中等,对鱼毒性高	喷雾防治蔬菜、果树叶螨

通用名称 (商品名称)	主要剂型	主要特点	应用范围
炔螨特(丙炔螨特、克螨特、灭螨净)	73%乳油	有机硫杀螨剂,有触杀和胃毒作用,对成螨、若螨有效,对卵效果较差,持效期长,低毒,对鱼高毒,对蜂低毒,不能与碱性药剂混用	喷雾防治多种害螨,气温20℃以上使用效果好,对瓜类、豆类幼苗和新梢嫩叶易产生药害,高温高湿条件下用药需降低浓度
噻螨酮(尼索朗)	5%乳油、5%可湿性粉剂	噻唑烷酮类杀螨剂,对植物表皮渗透性好,对叶螨的幼螨、若螨效果高,对成螨效果差,抑制螨卵孵化,持效期长,对锈螨、瘿螨效果较差,低毒,对鱼中等毒性	喷雾防治蔬菜叶螨,喷药应适期偏早,气温高低不影响药效
苯丁锡(克螨锡、托尔克)	25%可湿性粉剂	有机锡杀螨剂,以触杀作用为主,对幼螨、若螨、成螨杀伤力强,对卵较差,残效期长,低毒,对鱼高毒,对天敌昆虫较安全	喷雾防治叶螨,气温在22℃以上时药效增加,22℃以下时活性降低,15℃以下时药效较差,不宜在冬季使用
双甲脒(螨克)	20%乳油	有机氮杀螨剂,有触杀、拒食、驱避作用,有一定的胃毒、熏蒸和内吸作用,对叶螨的各虫态有效,但对越冬卵效果较差,毒性中等,对鱼有毒,对蜜蜂低毒,不宜与碱性药剂混用	喷雾防治叶螨,气温25℃以下施药效果降低

农药除了各种单一成分的制剂外,近年还出现了许多混剂。混剂是指 2 种或 3 种不同的有效成分,加工制成的固定剂型的制剂。混剂名称中,用隔点连接各成分的简称。例如,"甲霜灵·锰锌可湿性粉剂",即为甲霜灵与代森锰锌的混剂,"高氯·马乳油"为高效氯氰菊酯和马拉硫磷混配而成。优良混剂有增效、互补作用,扩大了杀菌谱、杀虫谱,也有延缓抗药性的作用。但需根据目标病虫种类,选择适宜混剂,避免造成浪费。若发生 2 种以上的病虫害,需要用不同有效成分的药剂防治时,还可选择针对性强的农药按使用说明书自行混配。

购买农药时,要仔细阅读标签和说明书,了解有效成分、适用作物与防治对象。合格的农药产品除了标明农药登记证、准产证、生产厂家地址外,还要标明有效成分和使用事宜。

(三)施药方式

在使用农药时,需根据药剂种类、剂型,作物与病虫害特点选择适宜的施药方式,以充分发挥药效,避免药害,尽量减少对人、畜和环境的不良影响。当前,普遍应用的主要施药方式有以下几种。

1. 喷雾法 利用喷雾器将药液雾化后喷在植物和有害生物体表,按用液量不同,又分为常量喷雾(雾滴直径 100～200 微米)、低容量喷雾(雾滴直径 50～100 微米)和超低容量喷雾(雾滴直径 15～75 微米),前 2 种较常用。资料中所介绍的药液浓度和用液量,凡未特别指明喷雾类型者,适用常量喷雾。低容量喷雾所用药液浓度较高,用液量较少(为常量喷雾的 1/20～1/10),工效较高。两者所用农药剂型都为乳油、可湿性粉剂、可溶性粉剂、水剂和悬浮剂(胶悬剂)等,对水配成规定浓度的药液喷雾。

喷雾法是应用最广的施药方式,可直接将药剂覆盖于施药部位,分布好,药效较高,操作简便,适用的农药剂型多。其缺点是工效较低,劳动强度较大,需有水源保证,施药作业受天气限制,阴雨天不能喷药。对喷药技术要求较高,否则药液分布不均匀,易人为地造成漏喷、重喷,药剂流失严重或着药过多,产生药害。在棚室内喷雾会增高棚室湿度,在叶面形成水滴。

2. 喷粉法和粉尘法 利用喷粉器械喷撒粉剂的方法称为喷粉法。该法工作效率高,不受水源限制,适于大面积防治。缺点是耗药量大,易受风的影响,散布不易均匀,粉剂在茎叶上黏着性也较差。

还可将农药加工成比一般粉剂更细的粉粒,称为粉尘剂。其粒径一般小于 10 微米,填料密度小,并加有分散剂,分散性能更好。粉尘剂可利用喷粉器对空喷药,形成飘尘,弥漫于整个空间内,粉粒在空中悬浮的时间长,可以多方向均匀地沉积在作物的不同层次和不同部位。这种施药方法通称粉尘法。粉尘法施药特别适用于棚室,施用简便,工效高,施药作业不受天气状况制约,阴雨天也可进行。用粉尘法施药不会提高棚室内湿度,因植株着药均匀,一般也没有药害。但粉尘剂保存期限短,不耐久贮,应注意防潮,最好现买现用。

当前应用的粉尘剂有百菌清、速克灵、甲霉灵、加瑞农等多个品种,用于防治灰霉病、霜霉病、白粉病、炭疽病等重要病害。粉尘剂用药量一般每次每 667 平方米用药 1 千克,8～10 天喷粉 1 次,多数病害防治 3～6 次即可。

在棚室内可使用丰收 5 型、丰收 10 型等型号的喷粉器喷药。晴天可在早晨或傍晚喷药,傍晚喷药较好,阴雨天全天都可喷药。施药前先将通风口和门关闭,操作人员站在棚中间走道上,由里向外退行,均匀对空喷粉,可左右摆动喷粉管,也可根据植株高度适当上下摆动喷粉管,不可对准植物喷药,以免造成伤口或使粉粒大量沉积,产生药害或降低药效。一般每次每公顷喷药时间需用75～150分钟,最好退行到棚室门口正好把药喷完。喷完后施药人员立即退出,密闭棚室1小时以上,待药粉沉降完毕方可进棚操作。或者在傍晚喷药,整夜密闭。对小拱棚,可在棚外揭开薄膜,将喷粉管伸进棚内喷药。蔬菜的各生育期都可用粉尘剂,但苗期植株太小,最好不用药,以免药粉大量飘失浪费。植株越高大,种植密度越高,药粉飘失和浪费越少。

3. 熏蒸法 是用熏蒸剂的有毒气体在密闭或半密闭设施中,杀灭害虫和病原物的方法。多用于棚室消毒以及杀死农产品和仓库的害虫。有些熏蒸剂还用于土壤熏蒸,即用土壤注射器或土壤消毒机将液态熏蒸剂注入土壤内,在土壤中成气体扩散。

4. 熏烟法和烟雾法 熏烟法是利用烟剂在密闭、相对密闭的环境中施药的方式。烟剂是可点燃发烟而释放有效成分的固体制剂,由原药、助燃剂、氧化剂、阻燃剂等成分组成。熏烟法施药不用药械,作业简便,省工省时,成本低廉,药效高。烟剂点燃后发烟,产生微粒,形成气溶胶,在棚室内扩散沉积,棚顶、墙面、地面、靶标植物各部位,包括叶片正反两面都可着药。做烟剂的农药须对热稳定,遇高温不分解。烟剂在加工、贮运和使用过程中,都要注意安全,远离火源,还要防止受潮,防止自燃和爆炸。多数烟剂产品不能直接在小拱棚蔬菜上使用,以免产生药害。

现已有速克灵、百菌清、噻菌灵、敌敌畏、氰戊菊酯等许多农药品种的烟剂,用于棚室蔬菜灰霉病、菌核病、霜霉病、晚疫病、早疫病、蚜虫、白粉虱、红蜘蛛等病虫害的防治。一般每

667 平方米棚室用烟剂 200~400 克,应在病虫发生初期开始使用,一般每隔 7~10 天施药 1 次,连续 2~3 次。病虫害发生严重或棚室密封性较差时,可适当增加用药量或缩短施药间隔期。烟剂农药在贮存期间要注意防火和防止自燃。

使用烟剂不受天气条件限制,阴天、雨天都可施药,施药后也不会提高棚室内的相对湿度。棚室熏烟应分几处,多点布放,布点要均匀,烟剂放置于离地面 20~50 厘米高处,要避开作物和易燃品。用药时从里向外,逐点用暗火点燃,使其正常发烟。最好在傍晚点燃,熏烟 1 夜,翌日放风排气后,人员方可进入操作。阴雨天可白天施用,密闭 4~6 小时,再放风排气。

烟雾法也是一种适用于棚室的施药方法。用烟雾法施药需利用一种称为烟雾机的专门施药机具。烟雾机产生高温高速气流,将农药吹散成为烟或雾,被迅速释放到空气中。一般液体药剂分散为雾,固体药剂则分散为烟。烟、雾的粒径小至 0.5~10 微米。可用作烟雾剂的剂型有油剂、热雾剂等,也可将乳油、可湿性粉剂等与专用发射剂结合使用。烟雾法施药速度快,工效高,药剂粒径小,分散性好,可长时间附着、滞留在棚室内各处和植株各部位,药效好。

棚室施药作业时用手提式热雾机从里向外进行,对空喷药,避免烧伤叶片。傍晚施药最好,施后密闭棚室 1 夜。烟雾法施药不受天气限制,也不增高棚室湿度。购置热雾机成本较高,目前烟雾法尚待普及。

5. 土壤处理法 主要用于防治苗期病害、根病、地下害虫和土壤线虫等。土壤处理多在播前进行。土表处理是用喷雾、喷粉、撒布毒土和颗粒剂等方法将药剂全面施于土壤表层,再翻耙到土壤中。深层施药是用穴施或沟施法直接将药剂施于较深土层。另外,在生长期中有些药剂也可用撒施法和泼浇法施用。撒施法是将颗粒剂或毒土直接撒布在植株根部周围。毒土是用药剂与具有一定湿度的细土按一定配比混匀制成的。泼浇法是将药剂用水稀释后泼浇于植株基部。

6. 种子处理法 常用的有拌种法、浸种法、闷种法和应用种衣剂等。种子处理用于防治种传病害,并保护种苗免受土壤中病原物侵染和害虫食害,用内吸剂处理种子还可防治地上部病虫害。种子处理需用专门的种子处理制剂,包括多种类型的固体制剂和液体制剂。在缺乏专门的种子处理剂时,可用其他制剂代用。如粉剂和可湿性粉剂用于干拌法拌种,乳剂和水剂等液体药剂用湿拌法拌种,即加水稀释后,喷布在干种子上,拌和均匀。浸种法是用药液浸泡种子,闷种法是用少量药液喷拌种子后堆闷一段时间再播种。

利用种衣剂为种子包衣,可使种子标准化、丸粒化,便于农事操作。包衣后的种子发芽率和发芽势高,幼苗生长健壮。包衣在土壤中遇水吸胀但不被溶解,活性有效成分得以缓慢释放,延长了有效时期。种衣剂含有特定活性成分和多种非活性物质,前者包括农药、肥料(含大量元素、微量元素等)和植物激素,后者包括成膜剂、扩散剂、稳定剂、防腐剂和染料等配套助剂。种衣剂有多种配方,所用活性成分,依据用途而不同。蔬菜种子包衣剂,应针对造成种子霉烂的真菌、苗期病害和种传病害的病原菌、地下害虫或其他苗期害虫以及根结线虫等选用不同的杀菌剂、杀虫剂或杀线虫剂,作为农药成分。在选用种衣剂时,一定要了解其农药成分,分析是否对当地防治对象有效,从而选用适当配方的种衣剂,切忌盲目使用。使用前一定要仔细阅读说明书,准确确定下种量和下药量。

7. 毒饵法 利用害虫喜食的饵料,与药剂按一定比例混拌均匀,制成毒饵,用以诱杀在地下和地面活动的害虫。常用的饵料有糠麸、饼肥、豆渣、鲜草、谷物等。也有定型生产的饵剂,其形态有粉状、粒状、块状、片状、棒状、膏状等多种。

(四)合理使用农药

开展药剂防治工作,必须遵照《农药安全使用标准》(GB 4285)和《农药合理使用准则》(GB 8321.1~GB 8321.6)等文件的规定,合理使用农药。首先,要正确诊断病虫害种类,在允许使用的农药品种范围内,选准对口农药,对"症"下药;第二,要做好病虫监测和预测预报,掌握防治指标,适时用药,适量用药,确保施药质量,要合理混配或轮换使用不同药剂,以提高防治效果,防止或延缓有害生物产生抗药性;第三,要严格执行有关安全用药的各项规定、标准和安全间隔期,采取积极措施,防止发生农药中毒事故,防止农产品中农药残留超标,防止药剂对作物、害虫天敌和环境的危害或副作用。此外,要做到合理使用农药,还必须贯彻"预防为主,综合防治"的植保方针,协调使用各种非药剂防治手段,降低以至逐步消除对农药的依赖性。

1. 对"症"下药   任何农药都有一定的应用范围,即使广谱性药剂也不例外,因而要根据标靶病虫种类与发生特点、蔬菜种类与生育期以及药剂性质的不同,合理选用农药品种与剂型,做到对"症"下药。为了做到合理选用农药,除要仔细阅读农药说明书以外,还要及时请教农技人员,尽可能详细地了解药剂的成分、特点、性能、有效范围和使用方法等事项。要熟知常用药剂的防治对象和使用方法。在使用新药剂、新剂型之前,更要及时向农技部门或农药营销人员咨询。要合理规划,调剂使用不同药剂品种,既不要长期使用单一品种,也不要频繁换用新药。特别要避免轻率采用药效尚未证实、使用技术尚不明了的新药。用药也要讲究经济效益,不能没有根据地认为凡是价格贵的就一定是好药。任何药剂,在大面积应用之前必须先做试验或少量试用。

2. 适时用药　施药时期因施药方式和病虫发生规律而不同。种子处理一般在播种前进行,土壤处理也大多在播种前或播种时进行。田间喷洒药剂应在病虫发生初期进行。对昆虫的一个世代来说,用药防治适期一般在 3 龄前的小龄幼虫期和成虫期,对于钻蛀性害虫多在卵孵化高峰期。对病原菌的一次侵染来说,应在侵入前或侵染初期用药,即使喷施内吸性或治疗性杀菌剂,也应贯彻早期用药的原则。

对世代发生较多的害虫和再侵染频繁的病害,一个生长季需多次用药,2 次用药之间的间隔天数,主要根据药剂持效期确定。药剂的持效期是施药后对防治对象保持有效的时间。施药作业安排通常有 2 种方式,一种是根据田间调查和天气变化安排,对于常发性重要病虫应进行预测预报。另一种方式是根据多年防治经验,设立相对固定的周年喷药历。

药剂的防治效果与施药时的环境因素有关,需据此安排作业时间。例如,敌百虫、乐果等药剂的效果在一定的温度范围内随着温度的升高而提高,适于在温度较高时用药,而菊酯类杀虫剂在温度较低时防治效果较好,适宜在早晨和傍晚用药。内吸性药剂在光照较弱、温度较低、相对湿度开始升高时,药剂挥发少,大部分可被植物吸收,适于在下午或傍晚使用。微生物杀虫剂对光照和湿度敏感,在雾天或露水较多时用药较好。

冬季棚室施药时,为了保持温度和降低湿度,应在晴天上午或中午喷药,用药后放风排湿。露地蔬菜应避免在降雨前喷药,以免药液流失或被雨水稀释。喷药后遇雨还应及时补喷。

3. 适量用药　用药量和用药次数主要取决于药剂种类，但也因作物种类、品种和生育期的不同，以及土壤条件和气象条件的不同而有所改变。适宜的用药量和施药次数，应以效果好，成本低，不发生药害或其他不良副作用为准。未用过的农药，应先做试验确定。喷雾法施药时，用药量有 2 种表示方法：一种为常量喷雾的药液浓度，用制剂的加水稀释倍数表示，另一种表示法为单位面积上农药有效成分或制剂的用量。常量喷雾时在该用药量下用液量（加水量）较多，药液浓度较低，低量喷雾时用液量少而药液浓度较高。植株高大、茂密或喷药质量不高时，可酌情增加用药量；植株矮小稀疏，或品种具有一定抗病性时，可酌情减少用药量。

种子处理、棚室熏蒸、土壤消毒等施药方式，一个生长季仅施药 1 次，而喷雾、喷粉、熏烟等常需多次施药。持效期长的药剂，施药次数较少；持效期短的药剂，施药次数较多。天气发生变化，不利于病虫增长，或天敌控害作用增强时，可减少施药次数。若病虫有异常发展，或外来虫源、菌源突增时，可增加施药次数。

在蔬菜生产中，对用药量和一个生长季内的最多施药次数，已做出明确的限制，以抑制抗药性产生，保护天敌和防止蔬菜产品中农药残留超标（表 8）。合理选用药剂，适期、适量施药和提高喷药质量，都是药剂防治成功的保证，单一增加用药量或施药次数，并不能提高防治效果。

表8 部分农药用于蔬菜的使用规定

（摘自农业部农药检定所编《农药合理使用
准则实用手册》，格式有变动）

药剂通用名称（商品名称）	剂型和含量	适用作物（防治对象）	施药方法	每667平方米每次制剂施用量或稀释倍数（有效成分浓度）	一季作物最多施药次数	安全间隔期（天）
伏杀硫磷（佐罗纳）	35%乳油	叶菜（蚜虫、菜青虫、菜蛾）	喷雾	130～190毫升	2	7
喹硫磷（爱卡士）	25%乳油	叶菜（菜青虫、斜纹夜蛾）	喷雾	60～100毫升	2	24
氯氰菊酯（安绿宝）	10%乳油	叶菜（菜青虫、菜蛾）	喷雾	25～35毫升	3	小青菜2，大白菜5
		番茄（蚜虫、棉铃虫）			2	1
	25%乳油	叶菜（菜青虫、菜蛾）	喷雾	10～14毫升	3	3
顺式氯氰菊酯（快杀敌）	10%乳油	叶菜（菜青虫、菜蛾、蚜虫）	喷雾	5～10毫升	3	3
		黄瓜（蚜虫）			2	3
高效氟氯氰菊酯（保得）	2.5%乳油	甘蓝（菜青虫、蚜虫）	喷雾	26.7～33.3毫升	2	7
氟氯氰菊酯（百树得）	5.7%乳油	甘蓝（菜青虫）	喷雾	23.3～29.3毫升	2	7
氟胺氰菊酯（马扑立克）	10%乳油	叶菜（菜青虫）	喷雾	25～50毫升	3	14
溴氰菊酯（敌杀死）	2.5%乳油	叶菜（菜青虫、菜蛾）	喷雾	20～40毫升	3	2（适用于南方青菜和北方大白菜）

药剂通用名称 （商品名称）	剂型和含量	适用作物 （防治对象）	施药 方法	每 667 平方米每 次制剂施用量 或稀释倍数 （有效成分浓度）	一季作物 最多施 药次数	安全间 隔期（天）
氰戊菊酯（速 灭杀丁）	20% 乳油	叶菜（菜青 虫、菜蛾）	喷雾	15～40 毫升	3	12
顺式氰戊菊酯 （来福灵）	5% 乳油	叶菜（菜青 虫、菜蛾）	喷雾	10～20 毫升	3	3
甲氰菊酯（灭 扫利）	20%乳油	叶菜（菜蛾、 菜青虫）	喷雾	25～30 毫升	3	3
三氟氯氰菊酯 （功夫）	2.5% 乳油	叶菜（菜蛾、 蚜虫、菜青虫）	喷雾	25～50 毫升	3	7
醚菊酯（多来 宝）	10%悬浮剂	甘蓝（菜青 虫）		30～40 毫升		7
联苯菊酯（天 王星）	10% 乳油	大棚番茄（白 粉虱、螨类）	喷雾	5～10 毫升	3	4
鱼藤酮＋氰戊 菊酯（鱼藤氰）	1.3% 乳油	叶菜（蚜虫、 菜青虫）	喷雾	100～123 毫升	3	5
抗蚜威（辟蚜 威）*	50%可湿 性粉剂	叶菜（蚜虫）	喷雾	10～18 克	3	11
氟虫 腈（锐劲 特）	5%悬浮剂	甘蓝（菜蛾）	喷雾	16.7～33.3 毫升	3	3
定虫隆（抑太 保）	5% 乳油	甘蓝（菜青 虫、菜蛾）	喷雾	40～80 毫升	3	7
毒死蜱（乐斯 本）	48% 乳油	叶菜（菜青 虫、菜蛾）	喷雾	50～75 毫升	3	7

药剂通用名称 （商品名称）	剂型和含量	适用作物 （防治对象）	施药方法	每 667 平方米每次制剂施用量或稀释倍数（有效成分浓度）	一季作物最多施药次数	安全间隔期（天）
啶虫脒（莫比朗）	20％乳油	黄瓜（蚜虫）	喷雾	2 000～2 500 倍液（12～15 毫克/升）	3	2
伏虫隆（农梦特）	5％乳油	叶菜（菜青虫、菜蛾）	喷雾	45～60 毫升	2	10
苯丁锡（托尔克）	50％可湿性粉剂	番茄（红蜘蛛）	喷雾	20～40 克	2	7
阿维菌素（害极灭、爱比菌素、爱福丁）	1.8％乳油	叶菜（菜蛾）	喷雾	33～50 毫升	1	7
四聚乙醛（嘧达）	6％颗粒剂	叶菜（蜗牛、蛞蝓）	撒施	400～544 克	2	7
百菌清	45％烟剂	棚室黄瓜（霜霉病）	烟熏	110～180 克	4	3
	75％可湿性粉剂	番茄（早疫病）	喷雾	145～270 克	3	7
代森锰锌（大生、喷克）	80％可湿性粉剂	番茄（早疫病）	喷雾	167 克	3	15
甲霜灵＋代森锰锌（雷多米尔·锰锌）	58％可湿性粉剂	黄瓜（霜霉病）	喷雾	75～120 克	3	1
恶霜灵＋代森锰锌（杀毒矾）	64％可湿性粉剂	黄瓜（霜霉病）	喷雾	170～200 克	3	3
霜脲氰＋代森锰锌（克露）	72％可湿性粉剂	黄瓜（霜霉病）	喷雾	185.2～231.5 克	3	2

药剂通用名称 (商品名称)	剂型和含量	适用作物 (防治对象)	施药 方法	每667平方米每 次制剂施用量 或稀释倍数 (有效成分浓度)	一季作物 最多施 药次数	安全间 隔期(天)
腐霉利(速克灵)	50%可湿性粉剂	黄瓜(灰霉病、菌核病)	喷雾	45~50克	3	1
氟菌唑(特富灵)	30%可湿性粉剂	黄瓜(白粉病)	喷雾	15~20克	2	2
丁、戊、己二酸铜(琥胶肥酸铜、二元酸铜、DT杀菌剂)	30%悬浮剂	黄瓜(角斑病)	喷雾	200~233毫升	4	3
氢氧化铜(可杀得)	77%可湿性粉剂	番茄(早疫病)	喷雾	400~600倍液 (1283~1925毫克/升)	3	3
乙烯菌核利(农利灵)	50%可湿性粉剂	黄瓜(灰霉病)	喷雾	75~100克	2	4

* 适用于甘蓝

4. 合理混配或轮换用药　采用2种或2种以上的农药复配混用,可以1次施药,同时控制多种病虫的危害。混用的药剂间应不发生化学反应,保持各自的原药有效成分,或有增效作用,混配后不产生剧毒物质,有良好的物理性状为前提。一般说来,各种中性农药之间可以混用,中性农药与酸性农药可以混用,酸性农药之间也可以混用,但碱性农药不能随便与其他农药(包括碱性农药)混用。微生物杀虫剂(如Bt乳剂)不能同杀菌剂以及内吸性强的农药混用。

在防治实践中,多混用杀菌剂和杀虫剂,病虫兼治。但也常将2种杀菌剂,或2种杀虫剂复配使用,以兼治不同种类的病害或不同种类的害虫,或仅达到增效目的。农药混配可以现混现用,也可以使用定型的商品复配剂。

长期连续使用单一农药品种会导致害虫或病原物产生抗药性,大幅度降低防治效果。灰霉菌对甲基硫菌灵、苯菌灵、乙烯菌核利、腐霉利等多种杀菌剂,镰刀菌对多菌灵和甲基硫菌灵,疫霉菌、霜霉菌对甲霜灵、杀毒矾,白粉菌对三唑酮,昆虫对有机磷杀虫剂、菊酯类杀虫剂等都已产生不同程度的抗药性。为防止或延缓抗药性的产生,应避免长期使用单一药剂,限制药剂连续使用的次数,提倡轮换使用或混合使用不同类型的农药。此外,对于杀伤天敌,从而可能使害虫再猖獗的杀虫剂、杀螨剂等也要控制使用。

5. 确保农药使用的安全间隔期 最后一次施用农药的日期距离蔬菜采收日期之间,应有一定的间隔天数,即安全间隔期。设定安全间隔期的主要目的是减少蔬菜产品中农药残留,使之低于允许水平。安全间隔期的天数因药剂、施药方式、施药季节、植物或植物产品的种类而异。通常做法是夏季至少为 6～8 天,春秋季至少为 8～11 天,冬季则应在 15 天以上。对一些常用药剂的安全间隔期已有规定,参见表 8,未尽事宜请咨询当地农药管理部门。

6. 提高施药质量 施药人员要事先了解农药应用的基本知识,熟练掌握配药、喷药和药械使用技术。要合理确定作业路线、行走速度、喷幅和喷片孔径,喷药力求均匀与周到,将足够的药剂送达标靶部位,不要局部喷药过重,致使药液沿叶面流失,更不要漏喷,特别应注意叶片背面、植株内膛、茎秆基部等容易疏漏的部位。不同的病虫危害特点不同,重点用药部位也不同,对此应心中有数。

药械老化,性能低,出现跑冒滴漏现象,不仅喷药质量低下,农药利用率低,而且还可能污染环境,因而应及时更新和检修药械。

7. 防止药害 药剂使用不当,可使植物受到损害,这称为药害。在施药后几小时至几天,发生明显异常现象,为急性药害,在较长时间后才出现的称为慢性药害。明显的药害出现肉眼可见的症状,例如叶片边缘灼烧状变褐干枯,叶片上出现白色或褐色斑点,叶片皱缩畸形,叶脉失绿,果实变色、短小、畸形,甚至整株矮缩不长等。

药害可能是由多方面的原因所造成的。最常见的是药剂选用不当,植物敏感或施药时正处于敏感阶段。农药变质、杂质较多,添加剂、助剂用量不准或质量欠佳等因素也常常造成药害。贪图价格低廉,购买使用伪劣杀菌剂,往往出现药害。另外,农药的不合理使用,例如混用不当,用药量过大,喷布不均匀,重复喷药或 2 次施药之间间隔过短等,都有可能造成药害。有些药剂在环境温度过高、湿度过大或露水未干时施药可发生药害,应力求避免。有时施药不当,可能引发其他田块发生药害,例如施药时农药飘移到邻近田块敏感的作物上,或者使用过除草剂的喷雾器具未清洗干净就再次使用等。有些长效除草剂或其分解物残留在土壤中,可能使下茬作物发生药害。

为了防止药害,需仔细阅读农药说明书或在技术人员指导下用药。首先要正确选用药剂种类、剂型,避免用于敏感作物、敏感品种。要合理用药,不得随意混配农药,不得盲目加大用药量。要选择适宜的施药时间,不要在刮风、烈日或高温、高湿时施药。作物幼嫩叶片以及开花期、幼果期都容易发生药害,应特别注意。施药后要及时清洗药械和量杯、容器等物品。特别是盛装过除草剂的量杯、容器和喷雾器,必须充分清洗,可用热碱水或热肥皂水洗 2～3 次,然后再用清水洗净,才能再次使用。否则,很容易造成药害。

未曾用过的药剂,在使用前应做药害试验或少量试用观察。

8. 防止人、畜中毒 农药可通过皮肤、呼吸道或口腔进入人体,引起急性中毒或慢性中毒,按其对人、畜的毒害作用,可分为特剧毒、剧毒、高毒、中毒、低毒和微毒等级别。农药可经过口腔、呼吸道和皮肤等途径进入体内,如果超过正常人体的耐受限量就会引起中毒。防止人、畜中毒必须全面遵守国家制定的《农药管理条例》、《农药安全使用标准》、《农药合理使用准则》以及其他相关文件的规定,严禁违规用药。除了前面所介绍的禁止或限制使用高毒、高残留农药,以及规定合理的用药量、用药次数、安全间隔期以外,还要对施药人员进行安全用药教育,事先了解所用农药的毒性、中毒症状、解毒方法和安全用药措施,在农药贮放、搬运、分装、配药、施药、保管诸环节都要做好防护工作。在棚室内或在七八月份高温季节作业,发生中毒较多,因而棚室和高温季节尤应强调安全用药。

为了防止农药中毒,应做好全程防护工作。在贮放、搬运农药时,须防止农药泄漏外渗,应穿工作服,以免身体沾染农药。搬运完毕,应及时更换工作服,清洗手、脸。农药应单独存放,不得与食物和日用品混放,设专人保管,防止儿童及其他人员接触。贮存农药的地方应通风、防潮、防漏。

要使用安全的施药器械。在喷药前,应先检查使用的药械有无漏水,喷口是否畅通,接口是否坚固,以免作业中出现故障。调配农药时,应戴手套及口罩,严禁用手拌药。施药人员应是青壮年,老、幼、病、弱和经期、怀孕期、哺乳期的妇女不得施药。施药时要穿戴防护衣具（帽、口罩、眼镜、橡皮手套、塑料雨衣、长筒靴等）。不要在高温、大风条件下施药，施药时应顺风、退行，不能吸烟、喝水。施药人员连续喷药时间不能太长，1天不超过6小时，不要连续多日喷药。在施药过程中如出现乏力、头昏、恶心、呕吐、皮肤红肿等中毒症状，应立即离开现场，脱去被污染衣服，用肥皂清洗身体，中毒症状较重者应立即送医院治疗。在喷药中如果不慎沾上了药液应迅速用肥皂洗净。若进入眼部，应立即用食盐水洗净。

　　施药后，及时用肥皂清洗手脸和被污染的部位。被污染的衣物和药械应彻底清洗干净后再存放。不要直接在池塘、湖泊、江河中清洗喷药器械。清洗药械的污水应选择安全地点妥善处理，不准随地泼洒。装过农药的瓶、袋、桶、箱等要集中处理，剩余药剂要妥善保管。严禁随意把用剩的农药倒在池塘、湖泊、江河、井旁、河边、草地和房前屋后。

　　喷药后的作物应立警戒标志，蔬菜瓜果应插警戒红牌，禁止人、畜入内。施药后的作物不能马上采收，应按规定预留安全间隔期。

第三章 蔬菜苗期病害

蔬菜育苗期可遭受多种病原菌单独或复合侵染,发生苗期病害。其中有的主要危害根部和茎基部,称为苗期根病。有的主要危害子叶、真叶,称为苗期叶病。根病的危害尤其严重,从幼芽出土到第一片真叶出现前后,是最易感病的阶段,防治不力,往往大量死苗。引起苗期病害的病原物也可以分为 2 类,一类主要在芽、苗期侵染危害,另一类除了苗期外,在整个生育期都可发生,成株期危害更重。采用传统育苗方式的棚室、苗床冬春季苗病多发,采用无土栽培育苗设施,也不能幸免。本章介绍以苗期危害为主的猝倒病、立枯病和镰刀菌根腐病。

猝 倒 病

猝倒病是蔬菜苗期重要根病之一,全国各地均有分布。茄果类、瓜类、豆类、莴苣、芹菜、白菜、甘蓝等蔬菜芽、苗多发,严重时幼苗成片倒伏死亡。

【症 状】 幼苗接近地面的茎基部最先发病,初为水浸状,像被开水烫过一样,后变为黄褐色腐烂,可绕茎一周,使幼茎缢缩成"细脖"状,失去支撑能力而倒伏于地(彩 2)。在适宜条件下,从发病到倒苗,只需 1 天左右,似乎突然发生倒苗,所以称为猝倒病。倒伏的幼苗,叶片在一段时间内仍保持绿色,以后失水干枯。潮湿条件下,病苗及周围的床土上长出一层白色棉絮状物,为病原菌的菌丝体。病苗根部变深褐色,腐烂凹陷。病原菌还侵染萌动的种子和出土前的幼芽,造成烂种、烂芽。湿度高时,病苗表面及附近土表长出白色絮状菌丝。

【病原菌】 为多种腐霉菌,以瓜果腐霉 *Pythium aphanidermatum* (Eds.)Fitzp 最常见。腐霉菌属于卵菌,无性繁殖体是孢子囊及其产生的游动孢子,有性繁殖体是卵孢子。腐霉菌能在土壤中和病残体中长期存活。

【发病规律】 猝倒病病菌主要以卵孢子和菌丝体在病残体和土壤中越季,下茬温湿度条件适合时,产生游动孢子或直接产生芽管,侵染幼芽和幼苗。在终年温暖地区或保护地育苗时,这些病害可常年发生。猝倒病病菌可通过土壤、未腐熟的农家肥、灌溉水、雨水、农具等多种途径传播。

土壤菌量大,苗床高湿低温,光照不足,幼苗瘦弱是猝倒病发生的主要诱因。在重茬地做苗床,或利用旧苗床、旧床土,施用带有病残体且未充分腐熟的农家肥,都导致苗床土壤带菌量增大。

土壤湿度高有利于猝倒病病菌繁殖和向地表转移,猝倒病加重。发病往往从棚顶滴水处开始,逐渐向外扩展。高湿时幼苗扎根不好,徒长,茎叶柔嫩,也有利于发病。空气湿度高会使土表保持湿润,促使土层中下部的病原菌上升至土表活动。苗床立地条件不良,地势低洼,地下水位高,土壤黏重,排水不畅以及灌水不当,播种时底水不足,播种后经常浇水,或遇到连阴雨天气,通风散湿不够等都造成苗床湿度升高,有利于苗病发生。

试验表明,较高的温度最适于病原菌生长、繁殖和侵染,但实际上低温时苗病往往大发生,遭受冷害后发病更重。这是因为幼苗生长发育要求较高的温度,长期低于 15℃或忽冷忽热,使其生机受到削弱,抗病性剧降,而病原菌适应的温度范围较宽,低温时仍能侵染致病。

苗床光照弱,光照时间短,或遭遇连阴雨天气,幼苗见光少都造成幼苗徒长,幼茎纤弱,易被侵染,发病重。播种量太大,留苗过密或幼苗未行锻炼,也造成幼苗细弱,抗病性低。反之,光照充足,适时炼苗则幼苗粗壮敦实,抗病性强。

【防治方法】

1. 苗床准备 需选择地势高燥、背风向阳、便于排水、土质疏松肥沃且多年未种过蔬菜的无病地块做苗床,旧苗床需换用无病土壤。播种前应充分翻晒,耙平,铺上营养土,配制营养土所用的农家肥必须充分腐熟。

2. 土壤处理 苗床土壤需行药剂杀菌处理,旧苗床必须换用新土或施用药剂处理后才可使用。

常用的处理方法是施用药土。药土是用适宜的杀菌剂与细土,按一定的用量混合均匀后配成的,常用的有甲多药土等多种。甲多药土是按每平方米苗床25%甲霜灵可湿性粉剂5克和50%多菌灵可湿性粉剂5克的药量,加适量细土,混合均匀制成。用土量可根据施药要求和土壤种类,试用确定。有的地方按施用药土厚度1~1.3厘米计算,每平方米苗床需半干半湿的细土10~15千克,可随厚度变化适量增减。配制时先用药粉与少量细土混匀,然后再加入其余细土混匀。没有混匀的药土不仅药效会降低,而且还可能发生药害。

药土多用"下垫上盖"的方法使用,即在苗床浇好底水即将播种前,取1/3药土均匀撒在床面上作为垫土,厚度约为0.3厘米,播种后用其余2/3的药土覆土,当然垫土与盖土的厚度还可按品种不同和当地的作业习惯进行调整,也可以结合整地将药土均匀施于耕作层中,留部分药土盖种。施用药土的苗床要浇透底水,保持湿润,以避免药害。

用甲醛液进行土壤熏蒸,每平方米的床土用 40% 甲醛溶液 30 毫升,对水 80 倍喷洒床土,然后用塑料薄膜覆盖密闭,4~5 天后撤掉薄膜,将床土翻动放气 2~3 次,晾晒 15 天后播种。

绿亨 1 号(恶霉灵)处理,每平方米用药 1 克,对水 3 000 倍,均匀喷洒于苗床内,或将绿亨 1 号 1 克对细土 15~20 千克制成药土,将 1/3 药土撒在苗床内,余下 2/3 播种后盖土。此外,也可将定量药剂混入营养土,再装入育苗盘或育苗钵。每立方米营养土用 2~3 克绿亨 1 号,与 10~20 千克细土拌匀,再与营养土充分混拌均匀。也可对水 3~5 升,均匀喷布营养土,拌匀备用。

3. 种子处理 用于种子处理,防治卵菌病害的杀菌剂较多。绿亨 1 号拌种,每 1 千克种子用药 1~1.5 克,绿亨 2 号(80% 多·福·福锌可湿性粉剂)拌种用 3~4 克。拌种方法有干拌和湿拌 2 种。干拌是将药剂加少量过筛细土混匀后,再加入种子充分拌匀。湿拌是用少量水将种子均匀湿润,然后加入所需药量拌匀。拌种最好用拌种桶,每次拌种量不超过半桶,每分钟 20~30 转,正、倒转各 50~60 次,拌后随即播种,不需闷种,以防药害。

4. 育苗期管理 育苗期管理应因地制宜,采取措施培育壮苗。只有科学地调控温度,做好水肥管理,使温度适宜,光照充足,水分、营养适宜,幼苗光合作用强,并经一定的低温锻炼,才能培育出抗病性强的壮苗。管理不良会造成湿度偏高,光照不足,夜间温度过高,昼夜温差小,幼苗徒长;或者造成长期低温,生长受抑,出现老化苗。

育苗期管理需根据各种蔬菜的生长习性和环境要求,采取对应措施,现以辣椒冷床育苗为例加以说明。辣椒在浸种催芽后播种,应严格控制播种量。苗床过密时应及时间苗。辣椒苗期一般要求土温保持在 16℃ 以上,气温保持在 20℃～30℃之间,但依幼苗发育阶段不同而有所调整。寒冷地区早春育苗最好采用酿热温床、电热温床。一般说来,出苗阶段要保持较高温度,白天为 25℃～30℃,夜间 18℃～20℃,促使出苗整齐。齐苗后适当通风降温,白天 22℃～25℃,夜间 15℃～18℃,防止幼茎徒长。由 1 片真叶顶心到 3 片真叶长出为小苗期,应增加光照,提高地温,促进根系发育。3 片真叶期前后要进行分苗,分苗前 3～4 天,应降低温度,白天多放风,锻炼幼苗。分苗后 1 周内,保持较高地温,适温 18℃～20℃,不低于 16℃,白天气温 20℃～25℃,夜间 15℃～18℃,促进根系恢复生长。幼苗新叶开始生长后,逐步适当通风降温,特别要降低夜温,防止徒长。定植前 10～15 天开始炼苗,白天气温降至 15℃～20℃,夜温最低降至 10℃ 左右,不高于 15℃,白天逐步揭开覆盖物,加大通风量。

水分管理要精细。播种前浇透底水,分苗前不需再灌水,只薄薄地覆几次湿细土,以防止苗床板结并弥合床面裂缝。在加温温室中育苗,蒸发量大,若床土过干,必须灌水,可在晴天上午用喷壶轻浇。如果苗床湿度大,需撒盖干细土或干草木灰吸潮。

通常分苗后幼苗长出新根之前不再浇水,以利于缓苗。新叶开始生长后适当浇水,但浇后要及时中耕松土和放风,防止苗床湿度过大。苗期还应根据长势追肥,可喷多元微肥或 0.1%～0.2% 磷酸二氢钾。

应尽量延长苗床光照时间,保持苗床薄膜、玻璃清洁,增强光照。雨雪天气要及时扫除苗床薄膜上的积雪,防止雨水和融化雪水漏入苗床。薄膜上凝结的水珠,也要及时擦干,防止落至床面。连续阴雨天和下雪天湿度大,光照弱,幼苗生长不良,易生苗病,只要幼苗不受冷害,也要适度掀开覆盖物,尽量接受光照。为了放出苗床的湿气,连阴天也应放风,但通风口要小,时间要短,次数要多。

早期发现病株后,要及时拔除,覆以细干土或草木灰,降低床土湿度,同时加强通风和光照,并施药防治。拔下的病苗要集中销毁。病害难以控制的苗床可提早分苗。分苗和移栽时要严格检苗,剔除病苗。

5. 苗期药剂防治 防治猝倒病在发病初期可及时喷药。可选用 75％百菌清可湿性粉剂 800 倍液,或 25％甲霜灵可湿性粉剂 800 倍液,或 40％乙磷铝可湿性粉剂 300 倍液,或 64％杀毒矾可湿性粉剂 500～600 倍液,或 58％甲霜灵·锰锌可湿性粉剂 500 倍液,或 72.2％普力克水剂600～800 倍液,或 30％恶霉灵水剂 600 倍液喷雾,一般每 7～10 天喷 1 次,连续喷 2～3 次,注意茎基部及其周围地面要喷到。现在防治卵菌病害的商品制剂很多,使用前要了解其有效成分和作用特点,选择不同的药剂轮换使用。

另外,在发生初期或已见死苗时,还可用绿亨 1 号 3 000～4 000 倍液,或绿亨 2 号 600～800 倍液,进行土壤喷洒或灌根,抑制病害扩展。

立 枯 病

立枯病是由丝核菌引起的重要病害,几乎能够侵染各种蔬菜,发病比猝倒病略晚,主要危害大苗。立枯病分布很广,不仅在北方冬、春季育苗时发生,而且还在南方夏秋高温多雨季节暴发流行,造成大量死苗。

【症　状】　病苗幼茎基部产生椭圆形褐色病斑,可绕茎一周,病部缢缩腐烂,有时其上方膨大,形成上大下小的棒槌状。病苗幼根腐烂,呈深褐色或黑色。潮湿时病斑上出现少许褐色蛛网状菌丝体,以后还形成小菌核。病苗白天萎蔫,夜间恢复,以后随病情加重而枯死。因为病苗较大,发病后保持直立而不倒伏,被称为立枯病(彩3)。但在适温高湿情况下,发病较早,甚至在出土前烂死,此时幼茎柔嫩,腐烂症状发展快,病苗倒伏烂死。

【病原菌】　为立枯丝核菌 *Rhizoctonia solani* Kuhn,该菌不产生无性孢子,仅有菌丝体和菌核。菌核不定形、近球形,黑褐色,直径 0.5～1 毫米。有性阶段为瓜亡革菌 *Thanatephorus cucumeris*(Frank)Donk。立枯丝核菌寄主范围广泛,包括蔬菜、农作物、林业植物、牧草、花卉等,但由不同作物得到的菌株,致病性有差异。立枯丝核菌发育适温24℃,最高 40℃～42℃,最低 13℃～15℃。

丝核菌除了侵染幼苗,引起立枯病外,还能在成株期继续危害,引起根部、根茎部腐烂(彩3),甚至能够进一步向植株上部扩展,引起叶腐病。

【发病规律】　立枯病病菌以菌丝体或菌核在土壤和病残体中越冬,条件适合时产生侵染菌丝,侵入幼苗。立枯病病菌的菌核在土壤中存活时间较长,菌丝体也可依靠有机质腐生,在终年温暖地区或保护地育苗时,可常年发生侵染。病原菌可通过土壤、未腐熟的农家肥、灌溉水、雨水、农具等多种途径传播,种子也可能带菌。立枯病在高温、高湿条件下发生严重,床温变化幅度大,床温过高或过低,发病也重。病原菌对温度的适应性较强,而在低温条件下,由于种子发芽出苗时间延长,幼苗柔弱,抗病性降低,致使发病加重。立枯病菌病虽然适于在干湿适度的土壤中活动,但高湿有利于菌核萌发,且幼苗扎根不好,徒长,发病增多。苗床或育苗盘湿度升高或遇到连阴雨天气等,有利于发病。

【防治方法】 防治立枯病需抓好苗床准备,土壤处理,种子处理,育苗期管理和苗期药剂防治参见猝倒病部分,不再重复。下面仅在药剂应用方面作一些补充。

种子处理可选用 40%拌种双可湿性粉剂,或 75%卫福可湿性粉剂,或 50%扑海因可湿性粉剂等制剂拌种,用药量为种子重量的 0.4%。还可用绿亨 1 号处理种子,详见猝倒病的防治。黄瓜、甜椒等用 30%倍生(苯噻氰)乳油 1 000 倍液浸种 6 小时,然后带药液催芽播种。

土壤处理可用 70%土菌消可湿性粉剂,每 667 平方米苗床用药 1.5～2 千克,混合 40～80 千克细土,做成药土使用。绿亨 1 号的用药方法同猝倒病。

还可在发病初期选择喷淋 20%甲基立枯磷乳油 1 200 倍液,或 5%井冈霉素水剂 800 倍液,或 28%多井悬浮剂 800 倍液,或 15%恶霉灵水剂 450 倍液,或 50%扑海因可湿性粉剂 1 000～1 500 倍液,或 30%倍生乳油 1 200 倍液等。7～10 天防治 1 次,连续防治 2～3 次。此外,也可用绿亨 1 号 3 000～4 000 倍液进行土壤喷洒或灌根。

根 腐 病

镰刀菌侵染引起的根腐病,是苗期常见病害,瓜类、豆类、茄果类以及其他蔬菜都有发生,严重时局部或成片死苗。采用传统方法育苗的苗床,易遭受环境胁迫,根腐病多发。采用新法无土育苗时,根腐病发生也较多,仍需采取防治措施。

【症　状】　病原菌侵染引起烂种、烂芽、根腐、茎基部腐烂等一系列症状。病苗胚根和幼根初呈水浸状,后变褐腐烂,病部略膨肿,有时变暗红色,无根毛或根毛很少。变色腐烂部位可扩展到茎基部,但茎基部并不缢缩(彩 3)。症状较轻时根部、茎基部有局部淡褐色、红褐色或深褐色坏死斑块,严重时整体溃烂,皮层腐烂殆尽,残留黑褐色维管束,呈丝麻状。病苗地上部分萎蔫,叶片发黄枯死。高湿时在根部或地表处生淡红色霉状物。

【病原菌】　由镰刀菌 *Fusarium* spp. 侵染引起,其中包括茄病镰刀菌、串珠镰刀菌、燕麦镰刀菌等多种。镰刀菌产生分生孢子、厚垣孢子。有的种类还产生有性态子囊壳和子囊孢子。寄主范围广泛,对环境的适应性强。

【发病规律】　病原菌主要以菌丝体、厚垣孢子随病残体在土壤中越季,也可在土壤中长期腐生。种子带菌情况因寄主和镰刀菌种类不同而异。镰刀菌的菌丝、厚垣孢子、分生孢子等还可以污染其他栽培基质、营养液、灌溉水、肥料、工具等,菌源广泛。病原菌多从伤口侵入致病,病苗产生的分生孢子,随气流、雨水、灌溉水、农事操作等途径分散传播,进行再侵染。

连作田土壤带菌量高,发病重,而新苗床很少发病。高温高湿的环境有利于发病。发病程度与土壤含水量相关,地下水位高或土壤黏重,田间积水时,土壤持水量高,透气性差,发病重。播种后和幼苗期遇到雨雪连阴天气,长时间低温寡照,地温较低,菜苗长势弱,病苗、死苗增多。施用未腐熟的有机肥料,地下害虫多,伤根多,也是发病诱因。

【防治方法】　苗床准备、育苗期管理等参照猝倒病防治部分。

种子可用 50％多菌灵可湿性粉剂或 70％甲基硫菌灵可湿性粉剂拌种,用药量为种子重量的 0.3％~0.4％,也可用 50％多菌灵可湿性粉剂 700 倍液浸种 10 分钟。

土壤处理可用 50％多菌灵可湿性粉剂(或 70％甲基硫菌灵可湿性粉剂)1 份与 50 份细干土混匀,制成药土施用,也可用绿亨 1 号药土。用塑料钵或纸钵育苗,可将药剂加入营养土中。通常选用肥沃洁净田园土,按 3∶2 的比例,将其与充分腐熟的有机肥混合均匀,每立方米营养土中掺入 50％多菌灵可湿性粉剂(或 70％甲基硫菌灵可湿性粉剂)80 克,过筛后装入育苗钵中。

在发病初期向幼苗基部选择喷淋 50％多菌灵可湿性粉剂 600 倍液,或 70％甲基硫菌灵可湿性粉剂 800 倍液,或 15％恶霉灵水剂 450 倍液,或 50％扑海因可湿性粉剂 1 000~1 500倍液等,隔 7~10 天 1 次,连续防治 2~3 次。

无土栽培的非土壤基质使用前应消毒灭菌。通常采用蒸汽灭菌法,将基质放入灭菌箱中(体积 1~2 立方米),密闭,通入热蒸汽,温度 70℃~90℃,保持 15~30 分钟。还可用 40％甲醛的 40~50 倍液处理,按基质数量用适量药液均匀喷洒,然后用塑料薄膜覆盖 24 小时以上。使用前揭去薄膜将基质风干 2 周左右,使残留药物完全发散。砾石、沙子可用漂白剂(次氯酸钠或次氯酸钙)消毒,在水池中配制有效氯含量 0.3％~1％的漂白粉药液,浸泡基质半小时以上,然后用清水冲洗。

无土栽培所用栽培床以封闭式为宜,且高于地面,贮液池要加盖,以防环境中病菌污染。营养液要按期更换。

第四章 棚室茄果类蔬菜病害

茄果类蔬菜是棚室栽培的大宗品种,栽培时间长,茬口类型复杂,病虫害问题突出。以番茄为例,栽培茬口有秋冬茬(秋季定植、初冬上市),冬春茬(初冬定植、春节前后上市),早春茬(深冬定植、早春上市),春提早(终霜前 30 天左右定植、初夏上市),秋延后(夏末秋初定植、国庆节前后上市)和一大茬(采收期 8 个月以上)等。冬季番茄处于低温、寡照、高湿时期,灰霉病、菌核病、早疫病、晚疫病等发生严重。春季番茄以灰霉病发生最早,在 3~4 月份就达到发病高峰期,随后早疫病、晚疫病、叶霉病以及病毒病陆续发生,直至秋季。此外,枯萎病、溃疡病、细菌性斑点病,西北地区的白粉病、南方高温地区的青枯病都是需要严密防范的病害问题。辣椒(甜椒、青椒)、茄子的栽培模式和病害发生态势与番茄类似,详见表 9。

表 9 棚室茄果类蔬菜主要侵染性病害

蔬菜种类	严重而普遍的病虫害	较严重或较普遍的病虫害
番 茄	灰霉病、晚疫病、叶霉病、早疫病	菌核病、枯萎病、白粉病、细菌性溃疡病、病毒病
辣 椒	灰霉病、疫病、白粉病、炭疽病、病毒病	褐斑病、菌核病、枯萎病、细菌性疮痂病
茄 子	灰霉病、黄萎病	菌核病、褐纹病、绵疫病

棚室茄果类蔬菜茬口安排与病虫特点,因地区、季节而有所不同,需要加强病虫监测,了解发生动态,制定科学的防治方案,及时采取防治措施。

茄果类灰霉病

灰霉病是茄果类蔬菜最常见的病害,番茄发生最严重。棚室栽培的,在冬季和早春低温多湿条件下发病普遍。苗床期大发生可能造成缺苗或毁床,结果期发病一般减产20%左右,严重时减产50%～60%或更高,果实贮运期发病损失也很重。

【症　状】　幼苗和成株期都可发病,病原菌侵染植株各部位,以果实受害最重。

小苗的下胚轴变褐腐烂,使植株倒伏。子叶由叶缘开始变黄,水浸状腐烂,变软下垂,进而扩展到心叶和幼茎,使整个幼苗萎缩倒伏。大龄幼苗茎上产生梭形病斑,发展后可绕茎一周,使幼茎腐烂变细,植株萎蔫折断。

成株叶片多由叶缘产生"V"字形病斑,也可在叶面上生成近圆形病斑。初期病斑水浸状,边缘不清晰,以后变为黄褐色或灰褐色,生有不清晰的浅黄色轮纹,严重时病叶干枯(彩4)。茎和枝条上多从伤痕处,或接触病花瓣的枝杈处生成灰白色至褐色的病斑,可绕茎一周,由病斑部位折断,上部枯死。严重时小枝大量枯死。

发病茎叶表现水浸状褐色腐烂,产生灰色霉状物,有时还产生黑色粒状小菌核,据此可与类似病害区分。

花瓣上先产生黄褐色或褐色斑点,以后整朵花褐变腐烂而凋萎,密生灰色霉层。果实多从青果残留的花瓣、花柱、花托等处开始发病,果面形成不规则形水浸状大斑,灰白色至灰褐色,表面光滑,果肉腐烂(彩4)。以后发展到半个或整个果实,表皮破裂,表面密生灰白色或灰褐色霉状物(彩4)。病果内部或表面可产生黑色米粒状菌核。幼果发病后大量软腐脱落。

番茄果实还发生另一种特殊症状，果面产生隐约可见的外缘淡绿色、中部灰白色的圆形病斑，病斑直径 1 厘米左右（彩 5），严重时病果畸形。

【病原菌】 为灰葡萄孢 *Botrytis cinerea* Pers.，是一种病原真菌。该菌在植物发病部位产生大量分生孢子梗和分生孢子，形成肉眼可见的灰色霉层，因而这种病害叫做灰霉病。灰葡萄孢能侵害的植物多达数百种，其中包括 20 余种重要蔬菜。

【发病规律】 病株遗留在地表和土壤中的残茎、败叶、落果等病残体中有大量菌丝体和菌核，可以传染下一茬寄主作物。种子中间夹杂的菌核与病残体也能传病。在温度和湿度适宜时，由病残体长出分生孢子和菌丝，接触并侵入植株，菌核萌发后也产生菌丝体而侵入。植株上的伤口是灰霉病菌侵入的主要门户。病原菌还从开败的花瓣侵入，产生花腐，进而蔓延到花柱和果实。

植株发病后产生分生孢子，扩大传播范围，不断发生再侵染，灰霉病病菌得以在露地与棚室之间，以及棚室各茬蔬菜间辗转侵染。在棚室内，病原菌也有多种传播途径：第一，苗床发病，随移栽苗带病入棚；第二，植株发病部位产生病原菌的分生孢子，随气流、灌溉水传播；第三，病花着落在叶片上或者病花、病叶与健康茎叶接触而传病；第四，通过蘸花、抹果等农事操作人为地传播病花、病果上的病原菌。

棚室内灰霉病流行动态随地区和茬口而有所不同。以东北地区冬春茬节能日光温室为例，番茄叶片灰霉病发病过程可分为 3 个阶段：定植后 3 月初至 4 月上旬为始发期，4 月上旬至下旬为上升期，4月下旬至5下旬为发病高峰期。第一层果在3月末，即番茄定植后20～25天开始发病，4月中旬至5月初为盛发期。以后温室开始大放风，病情下降。第二层果在4月上中旬开始发病，在4月下旬至5月初达到高峰期，以后温度上升，温室开始大通风，第一、第二层果病情下降。灰霉病的发生与番茄叶位、果位关系密切。从3月初至3月中旬，灰霉病主要发生在第一至第五叶位，由3月中旬至4月上旬，扩展到第六至第九叶位，同期第一穗果较重。从4月上旬至4月中旬，灰霉病发展到第十至第十二叶位，第二穗果发病较重。4月中旬至5月上旬，灰霉病上升到第十三叶位以上，第三穗果也开始发病，5月上旬以后，随着温度上升，病情不再发展。

北京地区冬季加温温室在1月中旬为盛发期，半加温温室和春大棚3月中下旬至4月下旬为盛发期。

影响棚室灰霉病发病程度的因素很多，诸如菌源数量、栽培措施、环境因子和品种抗病性等因素的变化，都有重要作用。

前作蔬菜灰霉病严重，遗留病残体多，土壤未进行消毒，菌源充足，则发病早而重。棚室种植的高效蔬菜多是灰霉病的寄主，棚室往往多年使用，不易轮作，棚内积累的病菌越来越多，成为灰霉病逐年猖獗的重要原因。另外，灰霉病病菌可以在衰老的叶片、凋萎的花器以及伤果、落果上腐生一段时间，再行侵染，若不及时清除，有利于当季再侵染。在苗床和棚室中植株密度过大，施用未腐熟有机肥或氮肥施用过量，棚室的表面积尘过多，光照不足等条件下，都会造成植株徒长、衰弱，导致严重发病。田间操作不当，造成较多伤口，发病也多。

低温、高湿和光照不足是灰霉病大发生的主要环境因素。灰霉病是低温病害，病原菌生长发育和侵染的适温虽为18℃～23℃，但低至0℃～10℃仍能发病，气温低于15℃的时间越长，发病越重。温度超过31℃，灰霉病病菌就不能产生孢子。孢子萌发和侵入都需有水滴存在，高湿度适于发病。有研究表明，每天90％以上高湿时间达到8小时以上，灰霉病病菌就能够完成侵染。凡是有利于温度降低、湿度升高的环境因素和栽培措施都能促进灰霉病流行。

　　北方冬春棚室栽培的蔬菜长期处于低温高湿环境中，灰霉病发病最重。一旦遇到寒流、大风或者连阴雨的天气后，棚室中温度剧降，湿度升高，光照不良，植株衰弱，抗病性降低，有利于灰霉病流行。棚室灌水后遇到连续阴雨天气，无法通风散湿，或者半加温、加温棚室停火后温度下降，湿度升高都导致灰霉病大发生。

　　以东北地区冬春日光温室为例，在5月上旬以前，日平均温度均在20℃以下。从3月初到5月初，平均相对湿度均在80％以上，每天相对湿度高于90％的时间平均12小时以上，低于70％时间在6小时以下。在4月下旬，白天温度上升到30℃以上，温室开始通风，湿度逐渐降低，但因昼夜温差大，棚内仍维持较高湿度，夜间结露时间过长。5月上旬以后，温室下层两侧开始通风，湿度才急剧下降，灰霉病停止发展。由此可见，控制灰霉病，必须从优化温室环境，采取多种方法降低温室湿度。在低温期，可夜间短期加温，以降低湿度，缩短结露时间。采用全膜覆盖、膜下滴灌、合理通风等措施，也都能降低湿度，减轻发病。

　　【防治方法】

　　1. 采取减少菌源的措施　提倡与非寄主作物倒茬，若难以实行,则收获后应彻底清洁田间,清除前茬遗留的病残体,并进行深翻。

前作发病严重的苗床和棚室,使用前用有效药剂对地面、棚顶、棚面、墙面等处均匀喷药灭菌。也可用硫黄熏蒸消毒,每 100 立方米空间用硫黄 0.25 千克、锯末 0.5 千克混合后分成几堆,点燃熏蒸 1 夜。当年使用的架材可一并放入棚内处理。

在夏天高温期可进行高温土壤消毒。方法是每 667 平方米施用石灰 100 千克,加稻草 500 千克,均匀施于地面。然后深翻 60 厘米,起高垄 30 厘米,垄沟灌水至饱和,覆盖地膜,将棚室密闭 10～15 天。育苗用无病土壤或苗床土壤消毒灭菌。

早期发现病苗、病株或病花、病果后,在灰霉长出前及时拔除或摘除,携出棚外销毁,以减少再侵染。番茄蘸花后 10～15 天(幼果直径在 1 厘米左右),摘除残留花瓣和柱头。操作时,用一只手的食指和拇指捏住番茄的果柄,另一只手轻微用力即可摘除残留的花瓣和柱头。

2. 加强栽培管理 因地制宜地调控棚室内的温湿度,进行生态防治。北方冬春季棚室实行变温控病,即在上午温度开始升高时先放风 1～2 小时,排出湿气,然后密闭棚室,使气温上升到 32℃～35℃,闷棚 2 小时,然后再放风,使气温降低,保持在 20℃～25℃,湿度降低到 60%～70%。晚间密闭棚室,降温到 13℃～15℃。阴雨天要坚持短时间通风,以降低湿度。如果外界最低气温超过 12℃～13℃,则整夜都可放风。

棚室采用垄作地膜覆盖栽培,采用膜下暗灌技术。发病后要适当节制灌水,尽量在晴天上午补水,灌水后闭棚提温,中午或下午再放风排湿。果菜类在晴天早春浇膨果水,浇水后立即闭棚升温,高温闷棚 1 小时后放风排湿。只要植株表面不形成水膜,就可以显著减少灰霉病病菌侵染的机会。

3. 生长期施药防治 可用喷雾法、粉尘法、烟雾法或其他方法施药。定植前几天,在苗床对移栽苗喷药,做到带药定植。定植后,加强病情监测,在发病前或发病始期适期施药。茄果类重点抓住开花期和果实膨大期用药,特别注意保护果实。番茄、茄子蘸花后 3～4 天,开始喷药,防止柱头、幼果发病。

(1)喷雾法施药 可选喷的药剂详见表 10,可根据当地灰霉菌抗药性状态和发病情况选用。第一次喷药后,间隔7～10 天再次喷药,连续 2～3 次,或根据病情发展情况确定喷药时间和次数。浇水前要先喷药。

表 10 防治灰霉病的常用杀菌剂

制剂名称	参考喷药液浓度	备 注
50%速克灵(腐霉利)可湿性粉剂	1 500 倍液(棚室喷洒消毒用 500 倍液)	二甲酰亚胺类杀菌剂,高温、高湿条件下以及苗期用药应降低浓度,防止药害,灰霉菌容易产生抗药性,注意轮换用药(不宜与扑海因、农利灵轮换,可用甲霉灵、多霉灵代替)
50%农利灵(乙烯菌核利)可湿性粉剂	1 000～1 500 倍液(棚室消毒用 400～500 倍液)	二甲酰亚胺类杀菌剂,有保护作用和触杀作用,持效期 10～14 天,与苯并咪唑类药剂无交互抗药性
75%百菌清可湿性粉剂	600～800 倍液	取代苯类保护性杀菌剂
50%扑海因可湿性粉剂	1 000～1 500 倍液	内酰脲类广谱杀菌剂

制剂名称	参考喷药液浓度	备　　注
45%特克多(噻菌灵)悬浮剂	800～1 200 倍液	硫化苯并咪唑类内吸杀菌剂,与多菌灵等苯并咪唑药剂有交互抗药性
50%多菌灵可湿性粉剂	500 倍液	苯并咪唑类广谱内吸杀菌剂
70%甲基硫菌灵可湿性粉剂	800～1 000 倍液	硫脲基甲酸酯类内吸杀菌剂,在植物体内转化为多菌灵起作用
65%甲霉灵(硫菌·霉威)可湿性粉剂	800～1 500 倍液	甲基硫菌灵和乙霉威的复配杀菌剂,具有保护和治疗作用,有内吸性,不能与碱性物质混用,每 7 天喷 1 次,连续喷药 3 次
50%多霉灵(多·霉威)可湿性粉剂	1 000～1 500 倍液	有效成分为多菌灵和乙霉威,具有保护和治疗作用,有内吸性,不能与碱性物质混用
40%施佳乐(嘧霉胺)悬浮剂	1 500 倍液	苯胺嘧啶类内吸杀菌剂,对抗药性菌有效,棚室用药剂量过高有药害,施药后需通风,空气相对湿度低于65%、气温高于 28℃ 时停止施药
25%阿米西达悬浮剂	1 500 倍液	甲氧基丙烯酸酯类内吸性杀菌剂
2%武夷霉素水剂	150 倍液	广谱抗生素

此外，据上海等地的试验，用 25％敌力脱乳油 2 000～2 500倍液，在成株期用药，防效好于速克灵与农利灵，认为番茄早期可使用速克灵烟雾剂或农利灵粉尘剂防治，中期（坐果期）使用敌力脱，还能兼治其他病害。

选用生物源农药特立克（每克含 1.5 亿木霉菌活孢子）600～800 倍液或 1.5％多抗霉素 150 倍液，在发病初期喷雾。

（2）粉尘法或烟雾法施药　当棚室内湿度高时，不宜喷雾，可采用粉尘法或烟雾法（熏烟法）施药。

粉尘法施药可选用 5％百菌清粉尘剂、10％速灭克粉尘剂或 6.5％万霉灵（乙霉威）粉尘剂，用药量按每 667 平方米每次 1 千克折算，在傍晚关闭棚室后或早晨用丰收 5 型（或丰收 10 型）手摇喷粉器施药。喷药人员要做好人身防护，佩戴口罩和风镜，防止粉尘进入眼睛或吸入体内。施药后至少需静止 1 小时，方可开棚进行农事操作。每 7～10 天用药 1 次，连续防治 2～3 次。

烟雾法施药可用 10％速克灵烟剂，用药量按每次每 667 平方米用药 200～250 克折算，每 7 天施药 1 次。傍晚日落后关闭棚室，室内均匀布点，放置烟剂纸盒，由里向外用暗火逐个点燃，施药人员立即离开现场，密闭棚室过夜。还可选用 45％百菌清烟剂、15％克霉灵烟剂、3％噻菌灵烟剂或 50％农利灵烟剂等。

（3）药液蘸花　在番茄、甜椒、茄子等蔬菜进行蘸花处理时，可在蘸花药液中，加入 0.1％的 50％速克灵可湿性粉剂、50％灭霉灵可湿性粉剂、50％扑海因可湿性粉剂、50％农利灵可湿性粉剂、50％多菌灵可湿性粉剂或其他对灰霉病有效的药剂，预防灰霉病病菌从花器侵染。如用防落素稀释液 1 000 毫升，则可加入 50％灭霉灵可湿性粉剂 1 克，混合均匀后用于蘸花。另外,用保果灵 1 号可湿性粉剂效果也好,每克药对热水 0.5 升充分搅拌,冷却后用于蘸花。

长期多次使用同一类专化性杀菌剂,灰霉病病菌就会产生抗药性,若再继续使用同类药剂,就会发现药效降低或无效。国内有些地方已发现抗多菌灵(苯并咪唑类药剂)、抗甲基硫菌灵(属苯并咪唑类药剂)和抗速克灵(二甲酰亚胺类药剂)的灰霉病病菌。在田间防治实践中,若发现常用药剂防治灰霉病的药效突然下降,就要想到病菌可能产生了抗药性,预防抗药性产生的主要方法是轮换使用不同类别的药剂。内吸杀菌剂乙霉威(3,4-二乙氧苯基氨基甲酸异丙酯)可防治对苯并咪唑类药剂、二甲酰亚胺类药剂的抗药性菌,现多用于复配剂,例如与甲基硫菌灵复配成 65% 甲霉灵可湿性粉剂,与多菌灵复配成 50% 多霉灵可湿性粉剂等,需严密注意双抗灰霉菌的产生动态。现在防治灰霉病的商品制剂很多,需要在搞清其有效成分的前提下选用。

茄果类菌核病

菌核病是北方棚室冬春茬蔬菜主要病害之一,辣椒、茄子、番茄常见发病,但严重程度相差很大,因棚室特点和管理水平而异。一般零星发生,严重的可以毁棚。

【症　状】　苗期和成株期都可发病,主要鉴别特征是发病部位软腐,潮湿时产生灰白色棉絮状菌丝体和黑色坚硬的鼠粪状菌核。在病茎髓部、病果果面和果内空腔中,更易产生菌核。

辣椒苗期发病较多,在幼茎靠近地面的部位,产生水浸状黄褐色病斑,扩大后色泽加深,可环绕幼茎一周,软腐,通常无恶臭,干燥后呈灰白色。高湿时长出白色棉絮状菌丝。病苗立枯状死亡或由病斑处折断倒伏。病叶叶缘水浸状,发展成为淡褐色病斑,最后腐烂脱落。成株常在茎秆上或枝条分杈处,产生褐色水浸状病斑,并迅速扩大。病斑处皮层软腐,木质部也变褐色。干燥后表皮破裂,纤维外露。常造成整个植株或1～2个分枝凋萎死亡。病茎表面和内部可生黑色鼠粪状菌核。果实多从蒂部开始发病,生褐色病斑,有时出现深褐色与浅褐色相间的轮纹,病部向果面扩展,果实全部或部分软腐,果内生菌丝团和菌核。

茄子幼苗茎基病部初浅褐色水渍状,软腐,湿度大时,长出白色棉絮状菌丝,干燥后呈灰白色,病部缢缩,茄苗枯死。成株先从主茎基部或侧枝5～20厘米处开始发病,初呈淡褐色水渍状病斑,稍凹陷,渐变灰白色,湿度大时也长出白色絮状菌丝,病茎表面及内部形成黑色菌核。病茎表面易破裂,纤维呈麻丝状外露,髓部消解。病枝和整株枯死。叶片生褐色水浸状圆斑,有时具轮纹,病部长出白色菌丝,干燥病斑破裂。花器水渍状湿腐,脱落。果柄腐烂,果实脱落。果实端部或向阳面初现水渍状斑,褐腐,稍凹陷,斑面先后长出白色菌丝体和菌核。

番茄主要茎部和果实受害,茎部呈暗绿色至灰白色软腐,病茎变空,内外均可着生絮状菌丝和黑色菌核,果实暗绿色软腐,后变黄褐色,水烫状,长出浓密的白色菌丝团,生出黑色菌核。病株萎蔫枯死。

【病原菌】 由子囊菌门的核盘菌 *Sclerotinia sclerotiorum* (Lib.) de Bary 引起。核盘菌能危害 400 多种植物,国内已知寄主有 171 种,其中包括各类蔬菜。

【发病规律和防治方法】 参见第五章瓜类菌核病部分。

茄果类细菌性青枯病

青枯病是南方高温高湿地区茄果类蔬菜重要病害,近年有向北发展的趋势。棚室栽培主要侵害秋延后或秋冬茬,发生虽不普遍,但需要警惕。

【症　状】　多在开花期以后显症,有突发性。最早仅枝条顶部嫩叶萎蔫,仅个别枝上1片或几片叶片褪绿变淡。初期茎叶局部萎蔫下垂,傍晚还可恢复,病势加重后永久萎蔫,发展快时,2~3天内全株叶片萎蔫,不变色(彩5)。病株幼叶脱落,出现顶枯或枝枯。较大的植株叶片褪绿变黄,后期叶片变褐枯焦。茎部外表症状通常不明显,有时生水浸状褐色条斑。维管束变黄色或褐色,髓部和皮层组织也变色。在病茎的横切面上,可溢出污白色菌脓。病株根部变褐腐烂。低温高湿或品种较抗病时,病株茎上能生出不定根和气生根。病果表面正常,内部变褐色,后期病果水浸状,易脱落。

【病原菌】　为一种称为茄劳尔氏菌 *Ralstonia solanacearum* 的细菌。其寄主范围很广,达200余种栽培植物和杂草,包括茄科蔬菜、马铃薯、烟草等重要作物。青枯病菌具有多个致病性不同的生理小种。

【发病规律】　青枯病是土壤传播的系统侵染病害,病菌能在土壤中长期存活,病田土壤、病残体、带菌肥料和田间多年生杂草寄主都能带菌传病,成为初侵染源。在生长季节,病原菌主要随雨水、灌溉水传播,引起再侵染。病原菌通过根和茎基部的伤口侵入,在植株体内系统扩展。植株上由农事操作、害虫和线虫危害所造成的伤口多,发病重。微酸性土壤、黏重土壤有利于发病。高温高湿的天气适于青枯病流行,连阴雨后骤晴,气温剧升,发病增多。

【防治方法】

1. **栽培防治** 与十字花科或禾本科非寄主作物实行 3 年以上轮作,禁止茄科作物相互接茬种植。根据抗病性鉴定结果,选用适合当地的抗病、轻病品种。番茄已有丰顺、C396、粤星、红百合、多宝、粤宝、夏星、玉石、抗青 19 号等抗病品种。提倡合理灌溉,降低土壤湿度。酸性土壤可结合整地施基肥,每 667 平方米施熟石灰粉 100 千克,调节为微碱性。零星发病田要拔除病株,病穴灌 2% 甲醛液或 20% 石灰水消毒。

2. **药剂防治** 在显症始期适时喷淋 72% 农用链霉素可溶性粉剂 4 000 倍液,或 14% 络氨铜水剂 300 倍液,或 50% 琥胶肥酸铜可湿性粉剂 500 倍液,或 77% 可杀得可湿性微粉剂 500 倍液等,每 7～8 天喷 1 次,连喷 3～4 次。还可用上述药剂灌根,每穴灌药液 250～500 毫升,隔 10～15 天灌 1 次,连灌 2～3 次。

番茄晚疫病

晚疫病是棚室番茄的重要病害,各地都有发生,常减产 20%～30%,严重时毁棚。棚室栽培为病原菌周年循环提供了良好条件,发病逐年加重。

【症　状】 晚疫病病菌侵染叶、茎、果实等不同器官,在幼苗期和成株期都可发病,但以成株期的叶片和青果受害较重。

幼苗叶片初生暗绿色水浸状病斑,叶柄和幼茎黑褐色腐烂,茎基部缢缩,幼苗萎蔫或倒伏。

成株期下部叶片先发病,从叶尖、叶缘开始,病斑初为暗绿色水浸状,边缘不明显,逐步变为褐色。在高湿条件下,叶背沿病健交界处生出白色霉状物。干燥时病叶暗褐色,干枯脆裂(彩5)。叶柄和茎部病斑水浸状,褐色,凹陷,后变为黑褐色,软化腐烂,发病部位以上的枝叶萎蔫枯死(彩6)。青果上初生油浸状暗绿色病斑,后变为棕褐色至黑褐色的略凹陷斑块,边缘波线状,病果质地坚硬,湿度大时也生出白霉,并迅速腐烂(彩6)。

【病原菌】 为致病疫霉 *Phytophthora infestanse* (Mont.)de Bary,是一种卵菌。除番茄外,还侵染马铃薯。在温度 16℃~22℃,相对湿度接近 100% 时,适于孢子囊形成。叶片表面有露水,孢子囊才能萌发和侵入。在 6℃~15℃(适温 10℃~13℃),孢子囊萌发产生游动孢子,经 3~5 小时即可侵入;高于 15℃(适温 20℃~24℃),孢子囊直接萌发,产生芽管,经5~10 小时后侵入。侵入后温度 20℃~23℃ 时,菌丝在马铃薯体内扩展最快,潜育期最短;超过 30℃,病原菌活动严重受抑。有人指出,只要连续 48 小时保持相对湿度 75% 以上,气温 10℃ 以上,就会发生侵染。

【发病规律】 晚疫病病菌在各茬番茄之间辗转侵染,周年发病。病原菌还可随棚室内外的病残体在土壤中越季,侵染下一茬番茄。邻近露地栽培的番茄和马铃薯病株,也是重要菌源。

棚室内先出现少数病株,称为"中心病株",中心病株多发生在低洼处或滴水处,条件适宜时病株产生大量病原菌的孢子囊,经气流、灌溉水传播,进行再侵染,发病区域扩大,几次再侵染后,可造成全棚发病。

低温高湿是晚疫病的主要发病诱因。棚室白天气温不超过 24℃,夜间不低于 10℃,早晚雾大露重,或遭受连阴雨,相对湿度长时间在 75%～100%,晚疫病就会流行。3～4 月份遇到春寒天气,阴天多,日照少,发病加重。在栽培管理方面,若偏施氮肥、基肥不足,或者密度过大、株行间郁闭、光照减弱、通风不良,以及浇水过多、湿度增大等情况,发病都趋于严重。

【防治方法】

1. 种植抗病、耐病品种 已育成的抗病、耐病品种有中蔬 4 号、中蔬 5 号、强丰、佳粉 10 号、佳粉 17 号、沈粉 1 号、中杂 4 号、圆红、渝红 2 号、双抗 2 号等。晚疫病病菌具有不同的小种,同一品种在各地的发病情况有可能不一致。即使是抗病品种,也要尽量避免大面积单一化栽培。

2. 栽培防治和生态调控 首先要搞好棚室卫生,清除棚室内外病株残体。重病棚室应换种非茄科作物。棚室附近(300～500 米以内)不要栽培露地番茄和马铃薯。

实行高畦覆地膜栽培,定植前覆盖地膜,在地膜上定植,以提高棚内温度,降低湿度。定植时要把苗四周和膜之间用土盖好。盛果期地温升高后,撤除地膜。避免大水漫灌,浇水后适时通风。栽植密度适宜,不要过密,及时整枝,适当摘除植株下部老叶、黄叶,改善通风透光条件。采用配方施肥技术,氮、磷、钾合理配合,防止偏施氮肥,造成幼苗徒长。监测发病情况,发现中心病株后,及时拔除,并喷药封锁。

晴天日间适时通风散湿,夜间闭棚保温,雨天、阴天不通风。缓苗期温度保持在白天 28℃～30℃,夜间 12℃以上,生长期白天 25℃～28℃,夜间 10℃左右,相对湿度维持在45%～55%。

3. 药剂防治 做好病情测报,及早发现中心病株,发现后立即在发病处及其周围喷药,间隔 7～10 天喷 1 次,连喷 3～4 次。检查中心病株时,在上层叶片通常只能发现个别或少数病斑,但在下层叶片找到较多病斑。有时造成棚室发病的菌源来自棚外,发病初期就出现较多零星分散的病斑,发生于上部叶片,无明显中心病株,在这种情况下,需立即全面喷药。

喷雾适用的商品制剂很多,应在搞清其有效成分的前提下选用。常用的有甲霜灵系列杀菌剂、铜制剂、有机硫杀菌剂以及一些新型杀菌剂,表 11 列出了其中部分品种,可供参考。

为降低棚室湿度,可用粉尘法或烟雾法施药。5%霜脲·锰锌粉尘剂、5%百菌清粉尘剂或 10%防霉灵粉尘等,每次每 667 平方米用药 1 千克,于傍晚棚室封棚前施药,过夜即可。7～8 天施药 1 次,连续 3～4 次。烟雾法施药可选用 45%百菌清烟剂,每次每 667 平方米用药 250 克,傍晚施药。还可用疫霉净烟剂(百菌清+增效剂),晚疫病一旦发生可选用治疗型疫霉净烟剂,每次每 667 平方米用药量皆为 250 克。

表 11　防治番茄晚疫病的杀菌剂

制 剂 名 称	使用方法和参考用药浓度	药 剂 特 点
25%甲霜灵可湿性粉剂	用 800～1 000 倍液喷雾	苯基酰胺类内吸杀菌剂,长期单一用药,病原菌易生抗药性
58%甲霜灵·锰锌可湿性粉剂	用 400～500 倍液喷雾	甲霜灵与代森锰锌的混剂,具保护和内吸治疗作用
40%三乙磷酸铝(乙磷铝、疫霉灵)可湿性粉剂	用 300 倍液喷雾	有机磷内吸杀菌剂

制 剂 名 称	使用方法和参考用药浓度	药 剂 特 点
64%杀毒矾可湿性粉剂	用 500 倍液喷雾	恶霜灵与代森锰锌的混剂,具保护、治疗、铲除活性,可内吸传导
72%克露(霜脲·锰锌)可湿性粉剂	用 600~800 倍液喷雾	霜脲氰与代森锰锌混剂,具保护与内吸治疗作用
69%安克·锰锌可湿性粉剂	用 800 倍液喷雾	烯酰吗啉和代森锰锌混配剂,烯酰吗啉是吗啉类高效、低毒、内吸杀菌剂。每季作物用药不多于 4 次
72.2%普力克(霜霉威)水剂	用 800 倍液喷雾	氨基甲酸酯类内吸杀菌剂
80%代森锰锌可湿性粉剂	用 500 倍液喷雾	有机硫广谱保护性杀菌剂
66.8%霉多克可湿性粉剂	用 800~1 000 倍液喷雾	主要成分是丙森锌和缬霉威,有保护、治疗和铲除作用
86.2%铜大师(氧化亚铜)可湿性粉剂	用 1 200~1 600 倍液喷雾	无机铜杀菌剂,以保护作用为主
50%甲霜铜可湿性粉剂	用 500~600 倍液喷雾	甲霜灵与琥胶肥酸铜复配剂
77%可杀得(氢氧化铜)可湿性粉剂	用 500~750 倍液喷雾	无机铜杀菌剂,有保护作用
波尔多液	用配比 2∶1∶100 或 1∶1∶160~200 的药液喷雾	无机铜制剂,有保护作用,碱性。需现配现用

晚疫病病菌易于产生抗药性。长期单一使用甲霜灵一类药剂,已经出现了抗药性菌株,药剂防治效果下降。为防止或延缓抗药性晚疫病病菌产生,应轮换、交替使用化学成分不同,且无交叉抗药性的药剂。例如甲霜灵与铜制剂轮换、交替使用。也可以选用含有多种有效成分、较难产生抗药性的混剂,例如甲霜灵·锰锌、乙磷铝·锰锌、杀毒矾、克露等。

番茄叶霉病

叶霉病是棚室番茄的主要病害之一,一旦发生,很快蔓延成灾。感病品种一般染病减产 20%～30%,严重的达 50% 以上,甚至毁棚。

【症　状】　主要危害叶片,严重时也危害茎、花和果实。叶片正面出现淡黄或淡绿色病斑,边缘不清晰。在叶片背面对应位置,初生灰白色霉状物,后变成灰褐色或紫褐色茸状霉层,中部密集,边缘稀疏(彩 6)。在高湿条件下,有时叶片正面也生有霉状物。病株的下部叶片先发病,逐渐向上部叶片蔓延,严重时全株叶片卷曲干枯,病株枯死。此时可能与晚疫病的后期症状混淆,造成误诊。

幼茎、果柄上也可产生类似病斑,严重时枯死,幼果脱落。果实甚少发病,田间适宜时,果实从蒂部发病,向周围扩展,形成圆形黄褐色病斑,略凹陷而发硬。有时果面上形成黑色不规则形斑块,果实硬化,表面密生紫褐色霉层。

【病原菌】　番茄叶霉病病菌 *Fulvia fulva* (Cooke) Ciferri 只危害番茄。在蔬菜病害的病原菌中,番茄叶霉病病菌的致病性分化最频繁,也最复杂,存在许多生理小种。这给抗病育种和抗病品种的使用带来很大困难。

病原菌菌落生长和孢子萌发的温度范围为 4℃～32℃，适温 20℃～25℃。相对湿度 95% 以上，适于病原菌分生孢子产生和萌发，相对湿度 90% 以下不萌发。

【发病规律】 叶霉病主要随病残体在土壤中或地表越季，棚室薄膜、支柱、架材上也粘附病原菌的分生孢子。番茄种子表面和种皮中也可能带菌传病。当季病株产生的分生孢子随气流飞散，或随农事操作而传播，发生多次再侵染，病情加重。

棚室栽培的番茄在晚秋、冬季和春季都可发病，以晚秋和春季最重。北方春大棚在 5～6 月份，秋延后栽培在 9～10 月份是发病高峰期。如果冬季棚室内温度偏高，叶霉病可提前流行。棚室内高湿重露是最重要的发病因素。栽植密度高，浇水不当，通风过晚，或遭遇连阴雨时，棚室湿度高，发病多。结果期脱肥，植株衰弱，发病加重。

【防治方法】

1. 种植抗病、耐病品种 对叶霉病的抗病育种工作很有成效，已育成的抗病、耐病品种较多，目前保护地种植的番茄品种大多数抗叶霉病，其中包括中杂 7 号、中杂 8 号、中杂 9 号、双抗 7 号、毛粉 802、佳粉 10 号、佳粉 15 号、佳粉 17 号、佳红、申粉 3 号、苏保 1 号、皖粉 1 号、鲁粉 2 号、辽粉杂 3 号、沈粉 3 号、红杂 25 号、早丰、东农 707 等。

由于叶霉病病菌有多个生理小种，各地小种区系并不一致，叶霉病病菌还不断发生变异，产生致病性更强的新小种，因而抗病品种在不同地区、不同年份的表现可能不同。新小种的出现还会使抗病品种失效，成为感病品种。例如，1987年后在北京市推广了抗叶霉病的番茄品种双抗 2 号，但 3 年以后，就因出现新小种而感病。近年含 Cf-5 抗病基因的番茄品种佳粉 15 号和中杂 9 号等也有发病,这表明出现了能侵染 *Cf*-5 基因番茄的新小种。

2. 加强棚室管理　重病棚室应停种番茄,换种瓜类或其他蔬菜 3 年以上,以降低土壤中菌源基数。为消除初侵染菌源,棚室(包括架材)在使用前应进行消毒。消毒方法有多种,可用有效药剂喷洒,也可用硫黄粉熏闷,还可施用 45％百菌清烟剂。

播种前用 52℃～55℃温水浸种 20 分钟。苗床选用无病虫壤土,清除各种作物病残体。播前用多菌灵或万霉灵等药剂进行苗床消毒。

生长期间加强棚内温湿度管理,预防高湿低温,适当控制浇水,尽量减少浇水次数,浇水后及时通风降湿,连阴雨天和发病后控制灌水,减少结露时间。要合理密植,及时整枝打杈,清除棚膜上的灰尘,以利于通风透光。实施配方施肥,避免氮肥过多,适当增加磷、钾肥。

高温闷棚对抑制病原菌有一定作用。选择晴天中午时间,密闭棚室,使温度升高到 30℃～33℃或更高,保持 2 小时左右,然后逐步通风降温。

3. 药剂防治

(1)喷雾法施药　发病前应喷药保护,初见病症后及时摘除病叶,全面防治。喷雾要细致周到,叶背面需着药。有效药剂品种较多,可根据具体情况选用。一般每隔 7～10 天喷 1次,连续喷 2～3 次农药。

老品种化学农药可选用 50％多菌灵可湿性粉剂 500 倍液,或 70％甲基托布津可湿性粉剂800～1 000 倍液,或 50％扑海因可湿性粉剂 1 500 倍液,或 70％代森锰锌可湿性粉剂1 000倍液等。新品种可选用 50％多霉灵可湿性粉剂 800～

1 000倍液,或65％甲霉灵可湿性粉剂1 000倍液,或10％世高水分散粒剂1 200～1 500倍液,或40％福星乳油6 000～8 000倍液,或40％百可得可湿性粉剂3 000倍液等。

生物源药剂可用2％武夷霉素水剂150倍液喷雾,4～5天后再喷1次,以后按7天间隔,再喷2次。也可选择喷施10％宝丽安800倍液,或47％加瑞农可湿性粉剂800～1 000倍液等。加瑞农是由春雷霉素与氧氯化铜混配而成,具有保护作用和治疗作用,可用于防治叶霉病,兼治炭疽病、白粉病、早疫病、霜霉病以及细菌病害。

据甘肃农业大学试验,在番茄成株期用25％敌力脱乳油2 000～3 000倍液喷雾2～3次,对叶霉病的防治效果优于推广药剂,兼治早疫病、灰霉病、白粉病等真菌病害。

敌力脱(丙环唑)为三唑类广谱内吸杀菌剂,持效期长,在蔬菜上应用,需注意使用浓度和施药生育期,安全用药。对番茄的用药浓度不要高于2 000倍,2 000倍仅有轻微药害,持续5～7天;用1 500倍液,药害症状持续10～15天,用1 000倍液,药害重,持续20～25天。在成株期、坐果盛期开始施用较好,药液尽量不要喷在生长点上。

(2)粉尘法和熏烟法施药 傍晚时喷撒粉尘剂或释放烟剂防治。常选用的有5％加瑞农粉尘剂、5％百菌清粉尘剂、6.5％万霉灵粉尘剂、7％叶面净粉尘剂、10％敌托粉尘剂等,每次每667平方米用1千克,45％百菌清烟剂每次每667平方米用250～300克,皆在发病初期施用,7～10天1次,连续防治2～3次。

附记 :辣椒叶霉病是棚室辣椒生产中出现的新病害,有加重发生的趋势。棚室中植株栽植过密,田间郁闭,高湿高温或干湿交替时发病迅速而严重,温室白粉虱等虫害发生多的棚室,发生加重。据报道,寿光长羊角椒、中蔬 4 号、中蔬 5 号、苏椒 5 号等品种发病轻,荷兰彩椒如白公主、紫贵人等品种发病较重。

番茄早疫病

早疫病是常见病害,分布非常广泛,可周年发生,严重危害露地和棚室番茄。

【症状】 危害叶、茎、果实。苗期生病引起病苗倒伏,或在幼苗的茎基部生暗褐色病斑,稍凹陷,可环切幼茎,病苗立枯。成株期叶片发病初呈水浸状暗绿色病斑,扩大后成为圆形、椭圆形、不规则形的病斑,边缘黑褐色,中部灰褐色,有同心轮纹,病斑边缘多具浅绿色或黄色晕环,潮湿时病斑上长出黑色霉层。病叶一般由植株下部向上发展,严重时病叶上多个病斑汇合,叶片干枯脱落。

茎部病斑多着生在分枝处和叶柄基部,长梭形或椭圆形,深褐色,略凹陷,也有轮纹和晕环,着生黑色霉状物,病斑有时龟裂,严重时绕茎一周,造成断枝或上部茎叶枯死(彩7)。青果染病,始于花萼附近,形成近圆形、椭圆形、不规则形褐色或黑色斑块,凹陷,有同心轮纹,密生黑色霉层,病果较硬,提早变红,后期开裂。

【病原菌】 为茄链格孢 *Alternaria solani* Sorauer,是一种病原真菌。除番茄外,还侵染茄子和马铃薯,引起相似症状。

该菌生长温度为 1℃～45℃,26℃～28℃最适,分生孢子在 28℃～30℃,35～45 分钟后萌发,在 2℃ 或 35℃ 几乎不萌发。病原菌侵入番茄需有水膜存在,适温为 24℃～29.4℃,

在 15℃以下,32℃以上不侵入。

【发病规律】 病原菌主要随病残体就地越季,棚室周围露地番茄、马铃薯、茄子等发病,也提供初侵染菌源。番茄种子可以带菌。

病苗和移栽后的病株可产生大量分生孢子,通过气流、灌溉水以及农事操作而传播,从气孔、伤口侵入或穿透表皮直接侵入,在适宜条件下,潜育期仅 2～3 天。在一个生长季节中,可发生多次再侵染。高温高湿条件下发病重,流行速度快。一般在结果初期发病增多,盛果期高发。北方大棚 5～6 月份为发病高峰期。棚室管理不良,湿度高,结露重以及环境郁闭时病重。基肥不足,结果过多,后期脱肥,植株衰弱时病情加重。

【防治方法】

1. 种植抗病、轻病品种 品种之间发病严重程度有明显差异,应选择种植抗病的或发病较轻的品种。据甘肃农业大学鉴定,佳粉 1 号、红杂 25 号、95-A5、中杂 4 号、陇番 8 号、A33、佳红、兰番 3 号、95-B5 等品种抗病。

2. 栽培防治 清洁棚室环境,清除病残体,减少菌源。种子温汤浸种,加强育苗期管理,培育无病壮苗,定植时剔除病苗、弱苗。施足充分腐熟的有机肥,控水栽培,及时摘除植株下部老叶、黄叶。调整好棚室内温湿度,早春番茄定植初期,闷棚时间不宜过长,防止棚室内湿度过大、温度过高。坐果期叶面喷施 0.2%磷酸二氢钾、0.3%尿素等。

3. 药剂防治 粉尘法施药,于发病初期喷撒 5%百菌清粉尘剂,每次每 667 平方米 1 千克,每 9 天 1 次,连喷 3～4次。烟雾法可选用 45%百菌清烟剂或 10%速克灵烟剂,每667 平方米每次 200～250 克。常规喷雾法施药,可选用 50%

农利灵可湿性粉剂1000倍液,或50%扑海因可湿性粉剂1000倍液,或75%百菌清可湿性粉剂600倍液,或70%代森锰锌可湿性粉剂500倍液,或58%甲霜灵·锰锌可湿性粉剂600倍液,或64%杀毒矾可湿性粉剂500倍液,或65%多果定可湿性粉剂1000倍液,或47%加瑞农可湿性粉剂800~1000倍液等。育苗期开始用药,定植后定期喷药保护,发病初期全面防治。茎秆病斑可用刀片刮除,再涂药保护。

番茄枯萎病

枯萎病是重要的土传维管束病害,可引起番茄成片枯萎死亡。我国南方各地和北方保护地都有发生,连作田块严重。

【症　状】　多在开花期以后显症,病株矮小,中下部叶片先表现萎蔫,有时一侧发病,造成半边凋萎。叶片变小,出现黄褐色斑块,往往半边枯黄,下部叶片大量脱落。茎基部生暗褐色坏死条斑,茎基部和根部皮层软腐,易剥落,高湿时病部表面生有少量粉红色霉。剖秆检查,可见维管束变褐色(彩7)。后期整株枯黄死亡。

【病原菌】　为尖孢镰刀菌番茄专化型 *Fusarium oxysporum* f. sp. *lycopersici* (Sacc.) Snyder et Hansen,是一种病原真菌。该菌有3个生理小种,小种1和小种2引起番茄维管束变褐,通常出现半身茎叶黄化的枯萎症状,小种3多在冬春低温条件下的保护地番茄上发生,表现根腐症状。小种1是主要小种,我国只有小种1分布。

【发病规律】　病原菌在土壤中、病残体中、未腐熟的有机肥中越季传病,种子也带菌。在田间或棚室中,病原菌孢子随灌溉水、雨水传播,带菌植物残屑、土粒等随气流或灌溉水传病。病原菌从根部伤口或自然裂口侵入或由根毛直接侵入，通过维管束导管在病株体内蔓延，造成系统发病。病田连作，施用未腐熟有机肥，土壤黏重板结、偏酸性、高湿或地下害虫多发都有利于发病，环境高温高湿加重症状表现。

【防治方法】

1. 种植抗病、耐病品种 这是控制枯萎病的根本措施，我国已培育出早丰、毛粉 802、西粉 1 号、西安大红、霞粉、苏抗 5 号、苏抗 11 号、苏保 1 号、渝抗 4 号、蜀早 3 号、中杂 9 号、强丰、满红、强力米寿以及其他抗病、耐病品种。

2. 使用无病种子 不由病区引种，可疑种子可进行温汤浸种，或用 50％多菌灵可湿性粉剂 300 倍液浸种 60 分钟。

3. 药剂防治 无病土壤育苗或苗床土壤施药处理，发病初期用药液灌根，详见瓜类枯萎病。

番茄细菌性溃疡病

番茄的危险性病害，引起幼苗死亡，成株茎叶枯萎，产量降低。即使结果，果实也皱缩畸形，布满病斑，完全丧失商品价值。溃疡病还是世界性检疫病害，我国也将该菌列为全国农业植物检疫性有害生物，实施植物检疫。

【症　状】 溃疡病是维管束病害，番茄被侵染后产生系统症状，叶片、茎枝、果实等陆续发病。发生再侵染后，在植株各部位产生多数局部病斑。

幼苗发病时，先从叶片的叶缘部位开始，逐渐萎蔫，叶柄失水下垂，幼茎和叶柄上有褐色凹陷坏死斑，往下伸展，严重时直至茎基部，剖茎可见维管束变色。严重时幼苗矮化或枯死。

成株最初仅个别或少数低位复叶发病,其一侧或部分小叶边缘向上卷缩,叶柄下垂,进而扩展到其他小叶,整个复叶变青褐色萎蔫,类似缺水症状,其余枝叶生长正常。有时类似症状也出现在上位复叶上。病情发展较缓慢,逐步枯萎。随着病情发展,在主茎、侧枝上或叶柄上出现褐色条斑,下陷,向上、下扩展,延及一节至数节,病斑开裂后露出黄褐色至红褐色的髓腔,形成典型溃疡症状。剖茎检查,可见维管束变褐色,皮层分离,木质部有黄褐色或红褐色线条。病茎略变粗,弯折拐曲。以后病茎髓部变成空洞,病枝条或全株萎蔫,但叶片多不脱落,青枯至变褐枯死(彩 7)。雨后或高湿时,病茎中溢出污白色菌脓。

病原菌通过维管束侵染果柄,进而侵染胎座和果肉,幼果发病后皱缩、畸形、不发育,果实内的种子很小,变黑色,不成熟。正常大小的果实感病后外观正常,少数种子变黑或有黑色小点,仍可发芽。

病原菌发生再侵染后,在叶片、茎枝、果实等部位形成许多微小的灰褐色、褐色病斑。在暴风雨后或在喷灌条件下,发生较多。果实表面出现白色圆形小点,直径 1 毫米以下(彩 8),扩大后病斑直径可达 3~5 毫米,其中央褐色而粗糙,略微隆起,边缘乳白色,这就是典型的"鸟眼"斑,易于鉴别(彩 8)。

【病原菌】 为密执安棒形杆菌密执安亚种 *Clavibacter michiganensis* subsp. *michiganensis* (Smith) Davis *et al.* ,是一种病原细菌,可侵染多种茄科植物。

病原菌革兰氏染色阳性,生长温度 1℃~33℃,适温 25℃~27℃,适宜 pH 值为 7,在 53℃时 10 分钟致死。

【发病规律】 病原细菌在种子内外和病残体上越季,成为下茬发病的主要初侵染源。病原细菌在病田土壤中可随病残体存活 2～3 年。病土育苗,产生大量病苗。远距离传播主要靠带菌种子、种苗、果实调运而实现。种子带菌率虽然甚低,但传病效率很高,由带菌种子造成远距离传病的实例,屡见不鲜。

病原细菌主要从根部伤口侵入,也可从植株地上部分的微伤口和气孔侵入,还可从叶片和果实上的毛状体侵入。侵入后,通过输导组织在植株体内系统扩展,直至进入果实和种子。再侵染则通过风、雨、灌溉水、昆虫、农具和农事操作时人手传播。再侵染主要在茎、叶、果实等部位产生局部病斑。例如,风雨或喷灌时从病叶上滴下的带菌水滴污染果实,产生鸟眼状病斑。但通过分苗、移栽、整枝、绑蔓、摘心等农事操作造成的伤口侵入,则仍产生系统侵染。

病地连作,使用带菌种子或秧苗,是溃疡病发生的主因。农事操作不当,造成较多伤口,加重发病。溃疡病病菌侵染番茄的温度范围为 10℃～32℃,适温 24℃～25℃,棚室温度不是限制因子。番茄生长期间灌水不当,大水漫灌或喷灌,环境高湿,结露时间加长,都有利于病害蔓延。

【防治方法】

1. 实行检疫 严禁从病区调运种子、种苗,在番茄生长期进行产地检疫,一旦发现病情,需及时铲除。

2. 种子处理 用 1‰ 盐酸液浸种 5～10 小时,或用 1.05% 次氯酸钠液浸种 20～40 分钟,浸种后用清水冲洗掉药液,稍晾干后催芽。高温处理可用 55℃ 温水浸种 30 分,或 70℃ 干热灭菌 72 小时。

3. 病地全面防治,尽早扑灭 老病区实行综合防治,及早扑灭病情。病地换种非茄科作物 3 年以上,彻底清除棚室内外病株残体,清除田间茄科杂草。

苗床换用新土,在播前 20 天左右,将床土耙松,每平方米用 40％甲醛溶液 30 毫升,加水 3～4 升,浇到苗床上,随后用塑料布覆盖 5 天,揭去塑料膜,将床土耙松,使药剂散发,半个月后再播种。苗床框架、覆盖物、架材、用具等皆用 40％甲醛溶液 30～50 倍液浸泡或喷布消毒。

　　生长期间一旦发现病株及时拔除烧毁,病穴灌药处理或埋生石灰覆土消毒。自发病前或发病初期定期喷药防治,有效药剂可选用 77％可杀得可湿性微粉剂 600 倍液,或 50％琥胶肥酸铜可湿性粉剂 500 倍液,或 47％加瑞农可湿性粉剂 800 倍液,或 72％农用链霉素可溶性粉剂 4 000 倍液等。亦可用农用链霉素或新植霉素药液灌根。还可喷布 5％加瑞农粉尘剂,每次每 667 平方米喷 1 千克。

番茄细菌性叶斑病

　　是我国番茄的一种新病害,仅分布在局部地区。棚室番茄有发病,危害严重。病原菌已列为全国农业植物检疫性有害生物。

　　【症　状】　危害叶片、叶柄、茎、果柄、果实等部位。叶片上初生黑色小点,直径仅 1 毫米左右,后扩大成为黑褐色近圆形病斑,直径 2～3 毫米,有油渍状光泽,边缘有黄色晕圈(彩8)。后期病斑相连成片,单个病斑也可能扩大成为直径 5～7毫米的黑褐色大斑,病叶黄枯。开花坐果期在茎秆和果柄上也产生类似黑色斑点,果柄发病可造成早期落果。果实上也产生类似的黑褐色病斑,近圆形,略凹陷,大小不等,表面平滑(彩 9)。病果完全丧失商品价值。

　　本病不形成疮痂状病斑,与细菌性疮痂病有明显区别。

【病原菌】 为丁香假单胞番茄致病变种 *Pseudomonas syringae* pv. *tomato* (Okabe) Young *et al.*，为一种病原细菌。

【发病规律】 新发病棚室初侵染菌源来自带菌种子和病秧苗。种子带菌是本病远距离传播的主要途径。病原菌经由植株上的微伤口或气孔、皮孔侵入。老病地病原菌主要在病残体中越季。棚室发病后，病原菌随气流和灌溉水分散传播，引起再侵染。农事操作也可传病。

适温（20℃上下）高湿是重要发病诱因。据甘肃地区观察，春夏发病重于秋冬，温棚重于露地，新棚重于旧棚，棚前重于棚后。灌水多，且串灌、漫灌等有利于病害扩展。

【防治方法】 首先应严格检疫，不从病区引种，一旦发现，需在检疫人员指导下立即铲除。老病地需综合防治，限期扑灭。防治措施有种子处理、加强管理以及及时喷药等。种子处理可用1％盐酸液浸种10～20分钟，取出洗净后晾干备用，也可用47％加瑞农可湿性粉剂拌种，用药量为种子重的0.4％。病地不得重茬栽植，灌溉宜采用高垄地膜滴灌。发病时期及时喷药，有效药剂有新植霉素和其他防治细菌性病害的常用药剂，参见番茄细菌性溃疡病。

番茄病毒病

世界上有30余种病毒可以侵染番茄，我国至少有13种，其中以番茄花叶病毒（ToMV）、黄瓜花叶病毒（CMV）、马铃薯X病毒（PVX）分布最普遍。棚室有不同程度的发生，秋季较重。番茄斑萎病毒在国外危害辣椒甚重，我国已列为全国农业植物检疫性有害生物。

【症　状】　番茄病毒病害的症状主要有 3 种类型。

1. 花叶型　叶片褪绿,出现黄绿相间或深浅相间的斑驳,有的形成网状花叶,叶片皱缩(彩 9)。病株略矮,新叶小,结果小,果实花脸状。重病株落花落果,早衰死亡。

2. 蕨叶型　病株黄化矮缩,顶部叶片缢缩卷曲呈条状或线状,严重时枝芽丛生(彩 9)。中下部叶片向上卷曲成筒状,节间缩短,逐渐坏死枯焦。花瓣增大,花冠增厚,结果小而畸形。

3. 条斑型　病株中上部叶片散生黄褐色、黑褐色的坏死病斑,有的沿叶脉生出褐色短条斑,叶柄变褐。茎秆和枝条上出现暗绿色到黑褐色的油渍状坏死条斑,略下陷,长短、形状不一,后期开裂,病茎质脆易折断,严重的枝条或整株变褐枯死(彩 10)。花序和果柄上着生褐色坏死小斑,大小形状不一,严重的花、果早落。果实上多形成不同形状的褐色斑块,变色仅及表层组织,不深入到果肉内部,病部凹陷而成为畸形僵果。

【病原物】　花叶型主要由黄瓜花叶病毒和马铃薯 X 病毒复合侵染所致,蕨叶型主要病原为黄瓜花叶病毒,条斑型病原为番茄花叶病毒和马铃薯 X 病毒。各种病毒都有若干致病特点不同的株系。黄瓜花叶病毒寄主范围很广,危害多种蔬菜、经济作物和杂草。马铃薯 X 病毒危害多种茄科蔬菜。番茄花叶病毒还可侵染烟草。同一地区不同茬口的主要病毒可能不同,例如北京地区春季保护地番茄以番茄花叶病毒为主,秋棚番茄黄瓜花叶病毒占优势。

【发病规律】　黄瓜花叶病毒由带毒蚜虫传毒,番茄花叶病毒和马铃薯 X 病毒主要由机械接触传毒,番茄花叶病毒还可由带毒种子与病株残体传播。棚室发病的毒源广泛 ,包括棚室栽培的蔬菜、露地越冬蔬菜、杂草寄主等。一般春季大棚番茄前期发病轻，进入 5 月份以后，蕨叶和花叶开始增多，秋延后番茄发病比春大棚严重，主要为蕨叶型和条斑型。前茬蔬菜发病重，棚室内外毒源植物多，蚜虫多发，整枝、打杈、绑架等作业以及植株相互摩擦造成较多伤口，都加重发病。秋茬播期早，定植苗龄大，植株生长势弱，棚室昼夜温差小，温度偏高等也有利于病毒病发生。

【防治方法】

1. **选用抗病品种**　番茄抗病品种较多，中蔬、中杂、苏抗系列新品种以及西粉 3 号、毛粉 802、苏保 1 号、霞粉、早丰等品种，高抗番茄花叶病毒，中抗(耐)黄瓜花叶病毒。桃太郎、齐研矮黄、皖粉 1 号、皖粉 2 号、佳粉 17 号等品种也抗病。可根据栽培时期以及当地病毒种类选用。

2. **选用无病种子和种子处理**　种子在播前用清水浸泡 4 小时，然后放入 10%磷酸三钠溶液中浸 20 分钟，捞出后用清水冲洗干净后催芽播种。干燥种子还可以用 70℃干热处理 2～3 天。

3. **加强栽培管理**　收获后及时清除病残株和棚室内外杂草，搞好棚室附近露地蔬菜病毒和蚜虫防治。适期播种，培育无病壮苗。在番茄分苗、定植、绑蔓、打杈前先喷 1%肥皂水加 0.2%～0.4%的磷酸二氢钾或 1：20～40 的豆浆或豆奶粉，预防接触传染。农事操作中手和工具应进行消毒。

4. **防治蚜虫**　棚室张挂防虫网，防止传毒蚜虫进入，或挂银灰色塑料膜条、镀铝聚酯反光幕避蚜。发现蚜虫及时喷药防治。

5. **喷施防病毒制剂**　苗期或发病初期喷布 20%病毒 A 可湿性粉剂 500 倍液，或 1.5%植病灵乳剂 1 000 倍液。

辣椒疫病

疫病是辣椒最重要的真菌病害,危害根、茎、枝、叶和果实,常引起大面积死株,南北各省普遍发生。大棚辣椒发病也相当严重,春大棚甜椒尤其严重,一旦发病,迅速扩展,损失常达 20%～30%,屡有全棚绝产。

【症　状】　苗期和成株期都可发生,成株期受害最重。幼苗根和茎基部发病,茎基部变为水浸状,暗绿色,以后病部变褐软腐,缢缩成蜂腰状,病苗折倒,但有时也呈立枯状死亡。

成株多在茎基部和枝杈处发病,最初产生水浸状暗绿色病斑,以后扩展成为长条形黑褐色斑,可环绕茎秆一周。病斑部位皮层腐烂,缢缩,与周围健康组织分界明显,发病部位以上的叶片枯萎。根部被侵染后变褐色,皮层腐烂,植株青枯死亡。病部表面可产生稀疏的白色霉状物(彩10)。

叶片上病斑暗绿色,水浸状,形状不规则,边缘不明显,迅速扩展后使叶片枯缩脱落,出现秃枝。天气干燥时,病斑变褐色而停止扩展。花、蕾受害后变黄褐色,腐烂脱落。果实多由蒂部首先发病,最初出现暗绿色水浸状病斑,稍凹陷,病斑扩展后,全果变褐软腐,脱落。病果表面可产生稀疏的白色霉状物。病果干缩后,多挂在枝梢上不脱落。

【病原菌】　为辣椒疫霉 *Phytophthora capsici* Leonian,是疫霉属的一种病原卵菌。该菌产生有性繁殖体卵孢子、无性繁殖体孢子囊和游动孢子,有些菌株还产生厚垣孢子。该菌生长最适温度为 25℃～27℃,最低 10℃,最高 37℃。产生孢子囊以 26℃～28℃最适。辣椒疫霉寄主范围较广,除辣椒外,还可以危害番茄、茄子、黄瓜、南瓜、甜瓜等。

【发病规律】 病原菌的卵孢子可存活 3 年以上,主要以卵孢子在土壤中或在病残体度过不种植辣椒的季节。温湿条件适宜时,卵孢子萌发,产生游动孢子,侵入辣椒的根部、茎基部或叶部。伤口有利于病菌侵入。在辣椒生长期间,病株陆续产生孢子囊和游动孢子,随灌溉水扩散传播,发生多次再侵染,病原菌还可通过农事操作而传染,引起叶、枝、果发病。

棚室中最初仅少数植株发病,形成传病中心,很快向周围扩展,侵染邻近植株。在适宜条件下,由开始发病到全田植株枯萎,只需 5～7 天。

各地因辣椒栽培方式、生育期和环境条件不同,发病时期也不一致。气温和水分状况是影响疫病发生的最重要的环境因素。日均温 16℃ 以上开始发病,27℃～30℃ 最适,33℃～35℃ 受抑制。土壤含水量达到 40% 以上,有利于侵染发病。灌溉失当,大水串灌,适于病原菌繁殖、传播和侵染。

辣椒连作,或与番茄、茄子复种时,土壤中积累菌量多,发病重。试验表明,当 1 克土壤中病原菌数目分别为 0、1、6 和 25 个时,对应的幼苗病死率为 0、10%～22%、37%～53% 和 76%～88%。辣椒比甜椒抗病能力强,品种间发病程度也有差异,但生产上还缺乏高度抗病的品种。

【防治方法】 防治辣椒疫病要在搞好栽培防治的基础上,重点实施药剂防治。

1. 种植抗病、耐病品种 已育成的抗病、耐病品种辣椒中有苏椒 5 号、湘研 2 号、湘研 3 号、湘研 5 号、碧玉、哈椒杂一号、皖椒 3 号、陕 8212、七寸红等,甜椒中有中椒 5 号、中椒 7 号、中椒 8 号、中椒 12 号、中椒 13 号、甜杂 6 号等。

2. 采用栽培防治措施 避免连作,可与豆类、绿叶菜、十字花科蔬菜、葱蒜类蔬菜等倒茬。要用新土或药剂消毒的土壤育苗。

提倡高垄栽培,垄沟内覆盖地膜。有的地方采用以下栽培模式,高垄底宽90厘米,顶宽50厘米,沟底宽20厘米。高垄两侧上部双行栽苗,适宜栽植高度为植株易于吸水且灌水时水不超过根颈。沟内铺膜,膜上扎孔灌水。定植前灌水泡垄,垄沟潮润时在沟内铺膜,膜与垄底贴实。沿沟底和两侧1/3高处各扎1孔,孔距和株距相当,孔径0.3～1.5厘米。浇水时不使植株基部接触水。

加强棚室管理,通风透光。减少灌水次数,选择晴天的上午浇水,小水细灌,隔行浇水,尽量避免植株基部接触水,最好采用软管滴灌法。浇水后提温降湿,避免高温高湿。田间出现零星病株后,要控水防病。秋延后栽培前期以控制温度上升为主,后期以保温为主。

要增施农家肥,追肥要注意氮、磷、钾配合施用。增施钾肥可增强抗病能力,提高产量。黏重土壤要施入农家肥和细炉灰,加以改良,增加其通透性和渗水能力。

在始发期,要及时发现和拔除中心病株,携出棚外销毁,收获后彻底清理病残体,集中销毁。

3. 药剂防治　现在用于防治疫病的药剂种类较多,施药方法也较灵活,可根据当地发病规律和防治要求选用药剂与用药时期。当地没有用过防治的药剂,应先试验或试用。甲霜灵是防治疫病的主要药剂之一,由于长期单用,有些地方疫霉菌已产生了抗药性,因而应当交替使用不同药剂。

(1)**药剂土壤处理**　用25％甲霜灵可湿性粉剂或40％乙磷铝可湿性粉剂处理土壤,按每平方米苗床8克的用药量,与适量细土混拌均匀做成药土,取总量1/3的药土施入苗床内,2/3的药土播种后覆盖。有的地方还用70％土菌消可湿性粉剂(每公顷用药 15～30 千克)或 72％克露可湿性粉剂(每公顷用药 30～40 千克)拌药土处理土壤。

(2)药剂灌根、浸根　苗期可选用 25％甲霜灵可湿性粉剂 500～700 倍液,或 64％杀毒矾可湿性粉剂 400～500 倍液,或 98％恶霉灵可湿性粉剂 2 000 倍液灌根 1～2 次。商品制剂绿亨 1 号 3 000～4 000 倍液,在发病前或发病初期灌根,每株用量为 100～150 毫升。

定植前选用 25％甲霜灵可湿性粉剂 500 倍液,或 64％杀毒矾可湿性粉剂 500 倍液浸根 10 分钟,每穴浇 50～100 毫升坐窝水。

定植缓苗后和开花盛期等阶段发现病株,可选用 25％甲霜灵可湿性粉剂 500 倍液,或 64％杀毒矾可湿性粉剂 500 倍液,或 36％ 霜霉威水剂 300 倍液,或 72.2％普力克水剂 500～600 倍液,或 72％克露可湿性粉剂 500～600 倍液,或 69％安克·锰锌可湿性粉剂 1 000～1 200 倍液,或 70％土菌消可湿性粉剂 1 500 倍液灌根,每株灌药液 150～250 毫升,视病情 10～15 天 1 次,连灌 2～3 次。

(3)喷雾施药　苗期可选用 72.2％普力克水剂 500～600 倍液,或 72％克露可湿性粉剂 500～600 倍液,或 70％土菌消可湿性粉剂 1 500 倍液喷雾,或 69％安克·锰锌可湿性粉剂 1 000～1 200 倍液喷雾。

田间出现零星病株后,也可交替使用甲霜灵、乙磷铝、杀毒矾、普力克、土菌消或其他药剂对地面、茎基部和枝叶喷雾,预防再侵染,每 7～10 天 1 次,连喷 3 次。生物源药剂 4％农抗 120 瓜菜烟草型 500～600 液也用于喷雾。

在疫病防治上,以前一直用甲霜灵类,现已产生了很强的抗药性,故应选择作用机制不同的药剂轮换使用。

辣椒白粉病

白粉病主要危害叶片，造成早期落叶，缩短结果期，降低果实产量。我国南、北辣椒产区都有发生，近年棚室栽培的辣椒有发病增多趋势。

【症　状】　幼嫩叶片和老熟叶片都可受害，多从植株下部老叶开始发病。病叶正面产生形状不规则的黄绿色病斑，边缘不清晰，后变为褐色坏死斑（彩10）。病叶背面密生白色或灰白色粉状物，严重发病时，叶片两面都布满白粉（彩11）。病叶黄化，枯死，脱落。在棚室栽培条件下，有的叶表面粉状物稀薄不显，但叶片黄化脱落，易误认为是由其他原因造成的。

【病原菌】　为鞑靼内丝白粉菌 *Leveillula taurica*（Lev.）Salm.，是一种病原真菌，在病叶上所见到的粉状物是无性分生孢子（称为粉孢子）和菌丝。该菌有明显的寄生专化性，侵染辣椒的菌系还可危害茄子、番茄等植物。

【发病规律】　在棚室条件下以及在广东、云南等全年都可种植辣椒的地方，白粉病病菌在各茬辣椒间辗转危害，终年发生。在冬季寒冷的地方，病菌必须安全越冬后，方有可能侵染下一季辣椒。现在还不知道其确切的露地越冬场所，有人推测很可能在多年生杂草上越冬。分生孢子在干燥条件下能存活几个月，也有可能随辣椒病叶在地表越季。

在发病季节，分生孢子随气流分散传播，降落在叶片上，发芽后从叶片的气孔侵入，也可直接穿透叶表皮而侵入。在适宜条件下，潜育期短，很快表现症状并产生分生孢子，以后分生孢子飞散进行再侵染。

大多数真菌病害的发生需要高湿条件,白粉病与此不同,空气湿度低至 30％时也能发病。一般说来,空气相对湿度 52％～75％,气温 20℃～25℃,有利于白粉病发生。30℃以上高温可加快症状表现,昼夜温差大时发病加重。大棚辣椒春季发病较多,在灌水少、稍干燥或干湿交替条件下,容易发病。

【防治方法】

1. 种植抗病品种 辣椒品种间抗病性有明显差异,应选种抗病品种或发病较轻的品种。据报道,湘研 4 号、湘研 5 号、通椒 1 号、茄椒 2 号、保加利亚尖椒等品种较抗病。

2. 加强田间管理 棚室收获后及时清除病残体。种植前用硫黄粉熏蒸灭菌,或用杀菌剂喷洒棚室内部表面灭菌,可选用的药剂有 43％菌力克悬浮剂 8 000 倍液,或 10％世高水分散粒剂 8 000 倍液,或 40％福星乳油 6 000 倍液。生长期加强温湿度管理,合理灌水,防止湿度过低和空气干燥。

3. 药剂防治 在发病始期喷施三唑类杀菌剂、硫黄制剂等有效药剂,一般需连续用药 2 次以上,间隔 7～15 天。可选用 20％三唑酮乳油 2 000 倍液,或 25％敌力脱乳油 4 000 倍液,或 10％世高水分散粒剂 8 000 倍液,或 40％福星乳油 6 000～8 000 倍液,或 50％硫黄悬浮剂 500 倍液(仅有保护作用),或 40％多·硫悬浮剂 200 倍液,或 50％甲基硫菌灵可湿性粉剂 1 000 倍液等。生物源药剂可选用 2％农抗 120 水剂 200 倍液,或 2％武夷霉素水剂 200 倍液等。

棚室中还可使用 6.5％甲霉灵粉尘剂或 5％百菌清粉尘剂,每 667 平方米用药 1.5～1.8 千克,也可使用 45％百菌清烟剂或 15％速克灵烟剂防治。

辣椒炭疽病

炭疽病在苗期和成株期都能发生,果实受害最重,暖湿地区大量发病,贮运期间病情还能进一步发展,直至腐烂殆尽。采用塑料薄膜冷床育苗,苗期发病有加重的趋势,需要防范。

【症　状】　叶片上最初生成水浸状褪绿斑,以后扩大为近圆形或不规则形病斑,边缘深褐色,中间灰白色,后期在病斑上产生轮状排列的小黑粒点。在适宜的天气条件下,可能发生急性症状,叶片烫伤状萎蔫,易脱落。茎部形成梭形、不规则形黑色病斑,纵裂凹陷,有时病部缢缩,易折断。

成熟期和近成熟期的果实发病,果面上初生水浸状褪绿斑,很快扩大为圆形、近圆形黑褐色病斑。病斑大小不一,甜椒果面上病斑直径可达到 2 厘米以上,病斑明显凹陷,周边果皮有细小皱纹。病斑上密生黑色小粒点,排列成同心轮状,潮湿时病斑表面生有粉红色至淡红色胶质物,病果大部腐烂或烫伤状皱缩,干燥时病果干缩(彩 11)。

【病原菌】　主要为辣椒炭疽菌 *Colletotrichum capsici* 和胶孢炭疽菌 *C. gloeosporioides*,两者都是炭疽菌属的病原真菌。病斑上的小黑粒点是病原菌的分生孢子盘,淡红色或粉红色黏质物是分生孢子团。病原菌还能侵染包括番茄、茄子在内的多种作物。

【发病规律】　病菌主要在病残体和种子中存活,成为下一季辣椒的初侵染菌源。炭疽病病菌主要从伤痕侵入辣椒,也可以直接穿透植株表皮而侵入。温度适宜时,侵入后 3～5 天就表现症状,此后病斑上产生大量分生孢子。孢子随空气流动、水滴飞溅、昆虫取食或农事操作而分散传播,着落在植株上,又发生新的侵染。在一个生长季节中,能反复发生多次侵染,病情发展很快。

病原菌侵染辣椒的温度范围较宽,最适温度为 25℃～27℃。空气相对湿度高于 95％ 最适于侵染,低于 70％,即使温度适宜也不发病。塑料薄膜苗床育苗时,若通风不及时,膜内高温高湿,光照不足,辣椒苗密度过大或徒长时,炭疽病病菌大量侵染茎叶,造成死苗。揭膜过早或揭膜后遇到阴雨降温,都会导致苗期炭疽病大发生。

【防治方法】 品种间抗病性有明显差异,新品种要经过抗病性鉴定,证明确实是抗病的优良品种。从外地引入或购买的抗病品种,应当先少量试种,再确定是否扩大种植。在无病地区留种,选留无病种子。市购种子应进行温汤浸种或者药剂消毒。温汤浸种时,先将种子浸入 55℃ 热水中,并不断搅拌使水温降低到 30℃～40℃,再继续浸 12 小时,然后催芽播种。药剂消毒可以用 1％ 硫酸铜溶液浸种 5 分钟,种子捞出后用清水反复冲洗,将种子表面残留的药液洗净,再催芽播种。也可以用 1％ 次氯酸钠溶液浸种 5～10 分钟,再经清水充分冲洗。还可用 50％ 多菌灵可湿性粉剂 500 倍液,浸种 1小时。拌种可用 25％ 施保克可湿性粉剂或 25％ 炭特灵(溴菌腈)可湿性粉剂,用药量为种子重量的 0.3％～0.4％。

重病田应换种瓜类或豆类 2～3 年,以减少田间菌源。生长期间要采取降低田间湿度和减轻果实日烧病的栽培措施。发病初期要及时清除病果、病叶。苗期发病地区要科学管理苗床,控制好苗床内温、湿度,合理通风,切忌通风时间过早或过猛。

田间发病始期选喷 70％ 代森锰锌可湿性粉剂 500～700倍液,或 50％ 多菌灵可湿性粉剂 600 倍液,或 80％ 炭疽福美可湿性粉剂 800 倍液,或 70％甲基硫菌灵可湿性粉剂 1 000 倍液,或 25％施保克可湿性粉剂 2 000 倍液,或 25％炭特灵可湿性粉剂 600～800 倍液,或 40％百科乳油 2 000 倍液,或 30％倍生乳油 2 000 倍液,或 2％加收米水剂 800 倍液,或 6％乐必耕(氯苯嘧啶醇)可湿性粉剂 1 500 倍液,或 25％敌力脱乳油 1 000 倍液等,以后间隔 7～10 天喷 1 次,连喷 1～3 次。

辣椒褐斑病

从苗期开始发生,主要危害成株中下部叶片,大发生时也侵害上部叶片。棚室辣椒后期发生,各地轻重不一。

【症　状】　叶片上初生白色小斑,直径 2～3 毫米,以后扩展为灰褐色的圆形、近圆形病斑,直径 10～15 毫米。成熟病斑中央有一环纹,边缘深褐色,略似蛙眼,有的病斑周缘还有黄色晕圈(彩 11)。湿润时病斑中心有一层黑褐色霉层。病斑多时,叶片变黄脱落。

【病原菌】　为辣椒尾孢 *Cercospora capsici* Heald. et Wolf.,是一种病原真菌。该菌在病斑上产生分生孢子梗和分生孢子。

【发病规律】　田间病残体传带的病原菌是主要初侵染菌源,种子也能带菌。在辣椒生长期间,病原菌的分生孢子随气流、灌溉水、昆虫、农事操作而传播,发生多次再侵染。病原菌的分生孢子在叶面有露水或高湿条件下萌发,主要通过气孔侵入。高温高湿适于叶斑类病害发生发展,前茬遗留病残体多,椒田低凹积水或栽植密度高,郁闭高湿,植株脱肥,生长势弱等因素都有利于发病。

【防治方法】　辣椒生长后期,下部叶片有少数叶斑发生,不需采取特别的防治措施,可在防治其他病害时予以兼治。若品种高感,当季发病早、来势猛,叶斑病有进一步发展的趋势时,需防治。发病前或发病初期喷施杀菌剂,可选用的有效药剂有70%代森锰锌可湿性粉剂600～800倍液,或75%百菌清可湿性粉剂500～600倍液,或14%络氨铜水剂300～400倍液,或50%多菌灵可湿性粉剂800～1 000倍液,或70%甲基硫菌灵可湿性粉剂800～1 000倍液,或64%杀毒矾可湿性粉剂500倍液,或50%敌菌灵(防霉灵)可湿性粉剂500倍液,或6%乐必耕可湿性粉剂1 500倍液,或80%福星乳油8 000倍液等,一般每7～10天喷药1次,连续用药2～3次。

此外,辣椒还发生灰叶斑病、匍柄霉叶枯病、白星病、链格孢早疫病等多种叶斑类病害,可一并防治,参见番茄早疫病。

辣椒细菌性疮痂病

疮痂病危害辣椒叶、茎和果实,造成大量落叶、落花和落果,露地和保护地都能发生,减产率高达20%～30%。

【症　状】　幼苗和成株都能发病。病苗子叶上产生水浸状银白色小斑点,后变为暗褐色凹陷病斑,严重时叶片脱落,植株死亡。

成株叶片上先产生黄绿色水浸状小斑,随后扩展为圆形、近圆形或不规则形黄褐色病斑,直径为0.1～0.5厘米,边缘深褐色,中间浅色,有不整齐形疮痂状隆起(彩12)。重病叶片由叶尖、叶缘变黄干枯并脱落。此外,幼叶受害后沿叶脉生有水浸状病斑,可相互连接成条斑,叶片卷缩畸形。

茎秆上初生水浸状褪绿斑,纵向扩展,形成褐色不规则条斑,后木栓化隆起,开裂,呈疮痂状。叶柄和果柄上的病斑与茎部相似。茎秆、叶柄、果柄受害后常造成落叶、落花和落果。严重时全株叶片脱落,变成光杆。

果实表面也产生水浸状褪绿斑点,后变为直径0.1～0.3厘米的近圆形黑褐色病斑,稍隆起,疮痂状。初期病斑周围常有黄绿色晕圈,边缘有裂口,潮湿时病斑上有菌脓溢出,干燥后残留一层发亮的薄膜。

【病原菌】 为一种称为甘蓝黑腐黄单胞疮斑致病变种*Xanthomonas campestris* pv. *vesicatoria*(Doidge)Dye 病原细菌,还能侵染番茄、黄花烟草、马铃薯、枸杞等作物。该菌有6个小种,我国已知有2个,即番茄小种1和辣椒—番茄小种3,后者能侵染辣椒和番茄,分布很广。

【发病规律】 种子和病残体带菌传病。种子表面和种皮内都带菌,种子表面附着的病原细菌在干燥状态下可存活16个月以上,异地调种导致远距离传病。病原细菌由辣椒植株的气孔、伤口、害虫食痕等处侵入。在发病田,细菌还随风雨、灌溉水、昆虫、农事操作和植株间互相接触而扩大传播,发生多次再侵染。

高温、高湿是最重要的发病条件。20℃～25℃为发病适温,20℃以下和30℃以上发病轻。在结露或降雨以后,叶面、果面有一层水膜,空气相对湿度高达90%以上,有利于病原细菌侵入。长期低湿高温可抑制发病。低凹、密植、土壤偏酸性、管理粗放时病重。

【防治方法】 病田忌重茬,要与非茄科蔬菜、大豆、水稻或谷类作物等轮作2～3年。育苗应在无病地或3年内没有种过辣椒、番茄的地块进行。播种前要进行温汤浸种或药剂消毒,温汤浸种可用55℃热水浸泡种子10分钟,种子消毒的常用药剂为硫酸铜和链霉素。温室、大棚要加强通风，防止高温高湿。要及时收集病叶、病果、病株，携出田外，深埋或烧毁。收获后和定植前更要彻底清除病残体。辣椒品种间抗病性和发病程度有差异，应根据抗病性鉴定结果或农技部门的推荐选用抗病、轻发病品种。现已知甜椒 02、9701 尖椒（辽宁）高度抗病，辽椒 2 号尖椒（辽宁）抗病，晋尖椒 1 号（山西）和尖椒 6 号（山西）中度抗病，德国 6 号（大连），汉椒 1 号（武汉），098（江苏），种都 8 号（四川），中椒 8 号、11 号、13 号（中国农科院）等发病轻。发病初期及时喷施防治，适用药剂参见番茄细菌性溃疡病。

辣椒病毒病

辣椒的病毒病害是由多种病毒复合侵染而引起的一类重要病害，各地棚室和露地辣椒都有发生。辣椒全株受害，减产幅度 30%～70%，重病田绝收。病株果实变小而畸形，品质和商品价值大幅降低。

【症　状】　侵染辣椒的病毒种类多，症状复杂，常见的有下述 4 类。

1. 花叶和斑驳　叶面、果面出现不规则的褪绿，形成无一定形状但轮廓清晰的浓绿、淡绿、黄绿和失绿部分，相间和交错分布，这种症状称为"花叶"。若各类变色部分轮廓不甚清楚，则称为"斑驳"。出现花叶和斑驳的叶片往往皱缩不平，形成疱斑，有时叶缘内卷，叶脉扭曲（彩 12）。严重的生长缓慢，植株矮小，果实少而小。

2. 黄化　病叶均匀地褪绿，变为黄色。严重时上部叶片全部黄化，大量落叶。

3. 坏死 枝杈顶端幼嫩部分变褐枯死,称为"顶枯"。枝条和叶柄上还可产生褐色条斑状坏死,沿枝条上下扩展。叶片和果面上则产生形状不规则的褐色坏死斑,例如环斑、环纹、蚀纹、橡叶纹、闪电纹等(彩12)。发生坏死的植株往往严重落叶、落花、落果。

4. 畸形 叶片增厚,细小狭窄,叶面皱缩(彩13)。植株节间缩短,矮小,枝叶丛生呈丛簇状。严重矮化的株高不及健康植株的一半(彩13)。结果少,病果短小而畸形。

由于多种病毒的复合侵染,田间植株变化复杂。早期病株和轻度病株只出现轻微花叶、斑驳或变色,以后出现坏死、畸形、矮化等复杂症状。由于病毒株系、辣椒品种和环境条件的不同,即使同一种病毒的症状也表现出很大的不同。虽然症状可作为诊断病毒病害的依据,但不能简单地由田间症状推断病毒种类。

【病原物】 寄生辣椒的病毒多达38种,国内已知种类较少。分布最广泛、危害最严重的有黄瓜花叶病毒、烟草花叶病毒、马铃薯Y病毒。此外,还有马铃薯X病毒、烟草蚀纹病毒、苜蓿花叶病毒、蚕豆萎蔫病毒等。番茄斑萎病毒在国外危害辣椒甚重,我国已列为全国农业植物检疫性有害生物。

1. 黄瓜花叶病毒 在辣椒上引起系统花叶、蕨叶、丛枝、顶枯、矮化等症状,有时叶片上生不规则线状斑、橡叶纹、褐色坏死环斑,茎部生条斑。果实表现褪绿,畸形,产生坏死环斑等症状。寄主范围广泛,自然寄主有67科470种植物,其中包括瓜类、豆类、茄果类、白菜类、绿叶菜类蔬菜以及烟草、向日葵、花生、花卉等重要经济植物。由蚜虫传毒。

2. 烟草花叶病毒 引起辣椒花叶,褪绿,矮缩,产生坏死枯斑、顶枯、落叶等症状。寄主范围非常广泛,由汁液接触传毒,种子和病残体也带毒。

3. 马铃薯 Y 病毒(*Potato virus Y*, PVY) 辣椒产生轻花叶至重花叶症状,叶片皱缩,植株矮化,结果减少,有的株系引起沿脉坏死。寄主广泛,主要寄生茄科植物,引起马铃薯、烟草、番茄、辣椒等作物严重发病。由蚜虫传毒。

4. 番茄斑萎病毒(*Tomato spotted wilt virus*, TSWV) 侵染辣椒,引起花叶、坏死、矮化、落叶等症状。叶片上生特征性的褪绿或坏死环斑。寄主范围广泛,达 46 科 237 种,包括番茄、烟草、花生、莴苣、花卉等。由蓟马传毒。

5. 苜蓿花叶病毒(*Alfalfa mosaic virus*, AMV) 辣椒叶片表现花叶症状,大片脉间组织变亮黄色或白色,有时出现叶脉坏死。叶片不畸形,植株略矮。寄主广泛,主要侵染苜蓿和豆科作物。由蚜虫传毒。

6. 烟草蚀纹病毒(*Tobacco etch virus*, TEV) 辣椒表现花叶症状,沿叶脉有暗绿色条带,叶片和果实畸形扭曲,植株矮小。还侵染烟草、番茄等植物,由蚜虫传毒。

7. 蚕豆萎蔫病毒(*Broad bean wilt virus*, BBWV) 侵染辣椒产生系统花叶、茎部坏死、顶枯、萎蔫等症状。寄主范围很广,包括多种蔬菜和杂草,由蚜虫传毒。

【发病规律】 病毒是专性寄生物,离不开活的寄主植物,病毒自身并不能主动运动,传播方式有生物介体传播和非生物介体传播 2 类,不同种类的病毒有不同的传播方式。

生物介体传播是指病毒进入其他生物体体内,借其活动而传播。侵染辣椒的黄瓜花叶病毒、马铃薯 Y 病毒、苜蓿花叶病毒、烟草蚀纹病毒、蚕豆萎蔫病毒等都以多种蚜虫为传毒介体,其中主要是桃蚜、菜缢管蚜和棉蚜。蚜虫在有病植株上取食时,病毒粒体进入其体内,以后蚜虫再在健康植株上取食,其体内的病毒又进入健康植株,引起发病。

机械传播(汁液摩擦传播)是主要的非介体传播方式。田间病株与健株之间接触和摩擦,造成许多微小伤口,病毒由此侵入。人体、动物体、工具和农机具等接触病株或带毒的物品(病残体、烟叶、烟丝等),被病毒污染后,再接触健康植物也能传毒。烟草花叶病毒和马铃薯 X 病毒主要进行机械传播。蚜传的黄瓜花叶病毒和马铃薯 Y 病毒等也可以进行机械传播。种子传毒也是一种非介体传播方式,有利于提供初侵染毒源和远距离传毒。烟草花叶病毒可污染种皮,种子传毒率较高。也有人证实辣椒种子可以传带黄瓜花叶病毒,但在大多数情况下,种子不传毒或传毒率很低,不起重要作用。

侵染辣椒的主要病毒寄主范围都较宽,在棚室和南方温暖地区,终年都有毒的寄主植物生长,可以在多种植物间辗转传播,周年危害。

北方冬季寒冷,黄瓜花叶病毒和马铃薯 Y 病毒等主要在棚室蔬菜或多年生杂草上存活,春季由蚜虫传播到露地辣椒上,随着蚜虫的迁移而扩散。烟草花叶病毒的抗逆力较强,土壤、肥料中的病残体,带毒种子,带毒的烟叶、烟丝,棚室内的越冬寄主植物等都可以成为初侵染源。

近年棚室栽培的辣椒发病都相当严重,但各地病情消长过程,依栽培时期和环境条件不同而有相当差异。冬春茬棚室辣椒多于后期发生,秋延迟辣椒苗期就多有发生。

在棚室、育苗地、定植田连作茄科作物,辣椒与其他寄主植物间作、套种,棚室周围有多量病毒和蚜虫的寄主植物等情况下,毒源数量激增,辣椒发病加重。蚜虫发生早,数量多,带毒率高,迁移时间早,都有利于病毒病早发,重发。一般温度较高,日照较多,干旱少雨的年份发病重;阴雨日多,降水充沛的年份发病较轻,因为阴雨寡照不利于传毒蚜虫的发生和迁飞。

施肥不当,特别是偏施氮肥时,植株生长旺而弱,吸引蚜虫取食传毒,发病较重,而氮、磷、钾肥配合使用,合理施肥,可减轻病毒危害。辣椒品种之间抗病性有明显差异,有些虽不抗病,但症状表现较轻,产量损失也较小,具有耐病性。

【防治方法】 防治辣椒病毒病害应因地制宜,采取以种植抗病、耐病品种,栽培防病和喷药防蚜等为主要环节的综合措施。

1. 选用抗病、耐病品种 各地已选出一批抗病、耐病的品种或一代杂种,可供选用,见表12。当前的抗病品种主抗烟草花叶病毒,中抗或耐黄瓜花叶病毒。

表 12 部分抗(耐)病毒的品种和一代杂交种

类 型	品 种 名 称
辣 椒	中椒6号、中椒10号、中椒13号、湘研3号、湘研5号、湘研9号、湘研10号、苏椒2号、苏椒3号、苏椒5号、苏椒6号、皖椒3号、碧玉、云丰、辽椒4号、吉椒3号、津椒3号、津椒8号、西杂7号、哈椒杂1号、陕8819
甜 椒	中椒2号、中椒3号、中椒4号、中椒5号、中椒7号、中椒8号、中椒10号、中椒11号、中椒12号、农大40、农发、农乐、甜杂1号、甜杂2号、甜杂3号、甜杂6号、苏椒4号、吉椒1号、吉椒2号、辽椒3号、津椒2号、紫星1号

2. 种子处理 种子先用清水浸种几小时,再用10%磷酸三钠溶液浸20～30分钟,清水淘洗干净后再催芽播种。此法可减少污染种子的烟草花叶病毒。

3. 栽培防病 避免寄主作物连作和间、套作,清除棚室内外病残体和杂草,搞好棚室周围露地蔬菜和其他作物的蚜虫防治。适期播种,使苗期或结果期避开蚜虫迁移高峰期。净土育苗,培育壮苗,增施磷、钾肥,小水勤浇,避免缺肥缺水。幼苗期遇高温干旱要及时洒水增墒降温,覆盖黑色遮阳网,降低地温和防蚜。农事操作先在健株进行后再在病株进行,以减少传毒。操作前和接触病株后用肥皂水洗手。

4. 及时防治蚜虫 及时消灭传毒蚜虫,防止病毒扩展,具体方法参见本书蚜虫部分。

5. 药剂防治 现已有几种市售病毒抑制剂或钝化剂,可供使用。病毒 A 通过抑制核酸和脂蛋白的合成而起到抗病毒的作用。发病初期喷施 20%病毒 A 可湿性粉剂 500 倍液,隔 7 天喷 1 次,共喷 3 次,有明显防效,可使病株恢复。也可喷 1.5%植病灵乳油 1 000 倍液,或 1%抗毒剂 1 号水剂200～300 倍液。

茄子黄萎病

黄萎病是主要土传病害之一,严重危害多种蔬菜作物。棚室栽培的蔬菜,因寄主作物连作、菌量积累等原因,黄萎病增多,以茄子受害最为严重。

【症　状】 黄萎病病菌侵染根和茎部,使维管束腐烂变褐。植株叶片自下而上逐步变黄萎蔫,有时病株仅一侧枝条发病。黄萎病的症状常因蔬菜种类、品种或菌系不同而有变化。发病轻的仅叶尖、叶缘变黄,或叶脉间出现黄色斑驳,变色部分略成掌状,病株不枯死,矮化不明显。严重的叶片变黄皱缩,萎蔫下垂脱落,病株矮化或枯死。

茄子黄萎病多在坐果后开始表现症状,多由下部叶片开始变黄,以后中上部叶片陆续表现症状。也有的植株仅1~2个侧枝表现症状。发病叶片叶缘先变黄,或叶脉间变黄,黄斑部分不断扩大和汇合,以致全叶变黄(彩13)。早期病叶晴天中午萎蔫,早晚尚可恢复,以后不再恢复,叶缘上卷,叶片枯萎下垂(彩14)。严重时全株叶片脱光,仅剩茎秆。剖检病株根、茎,可见维管束变褐色。

黄萎病症状常出现在半边叶片或半边植株上,然后再发展到全叶或整株,因此有人称为"半边疯"。

【病原菌】 病原菌为大丽轮枝孢 Verticillium dahliae Klebahn,是一种病原真菌。该菌寄主范围广泛,引起茄科蔬菜、十字花科蔬菜、莴苣、瓜类、棉花、马铃薯、向日葵、豆类、草莓等多种作物的黄萎病。在茄科蔬菜中,茄子发病最重,番茄次之。病原菌的休眠体是微菌核。病原菌发育适温19℃~24℃,最高30℃,最低5℃。菌丝、微菌核死亡温度为60℃,10分钟。

【发病规律】 黄萎病为土传病害,病原菌的微菌核抗逆性强,在土壤中可存活多年。带菌病残体、带菌种子等都能传病。带有微菌核和菌丝体的土壤或病残体,也可随风雨扩散。栽植带菌幼苗,是黄萎病传入棚室的重要途径。

黄萎病病菌主要从根部伤口侵入,也可以直接从幼根的表皮和根毛侵入致病。黄萎病与枯萎病、青枯病一样,都是土壤传播的系统侵染病害,所谓"系统侵染"是指病原菌的一种特定的侵染方式,系统侵染的病原菌一旦侵入后,病原菌的菌体或所产生的毒素,能随植株的维管束系统,转移扩散到各个部位,导致全株发病。

茄子苗期发病少,多在门茄坐果后出现病株,进入盛果期后病株增多。温度 20℃～25℃,湿度高,土壤 pH 值 6～8 时,病原菌生长良好,有利于发病。温度低于 15℃,虽然不利于病原菌生长,但在低温下寄主受到削弱,根部伤口也不易愈合,发病加重。土壤含水量在 10% 以下,病原菌不能生长,15% 以上,随含水量增高,发病率增高,病株株高明显降低。低温高湿,光照不足,发病早而重。黏土发病较重,其次为壤土,沙田地较轻。使用未腐熟的有机肥以及线虫与黄萎病复合侵染,均加重发病。

【防治方法】 防治黄萎病应以无病栽培、种植抗病品种和嫁接抗病砧木为主要方法,发病地及时采取药剂防治等补救措施。

1. 选用抗病、轻病品种 吉茄 1 号、黑又亮、长野郎、冈山早茄、辽茄 3 号、熊岳紫长茄、齐茄 1 号、丰研 1 号、海茄、长茄 1 号、长茄 3 号、鲁茄 1 号、齐杂茄 2 号、沈茄 2 号和龙杂茄 2 号等品种抗病或发病轻。

2. 无病栽培

(1)轮作 与非寄主作物实行 3 年以上轮作,与葱蒜类蔬菜轮作效果好,茄科作物不宜相互接茬种植。

(2)土壤消毒 北京市农林科学院植保环保所针对棚室重茬茄子地,提出了日光高温土壤消毒法,可使 5～20 厘米耕层地温达到 40℃ 以上。该法在夏季空茬期间进行,病田拉秧后清洁田园。每 667 平方米施用石灰 100 千克,碎稻草 500 千克,再翻耕土壤 60 厘米左右,使石灰与碎稻草均匀分布于耕层中。然后起高垄 30 厘米。每天浇水使垄沟中始终充满水。铺盖地膜,四周用土压紧,密闭温室 15 天(闷棚)。

播种前床土消毒,用棉隆处理土壤。每平方米用 40% 棉隆 10～15 克与 15 千克过筛细干土充分拌匀,撒在床面上,后耙入土中,深约15厘米,拌后耙平浇水,覆地膜,使其发挥熏蒸作用,10天后翻动床土1～2次,然后播种,否则会产生药害。定植田土壤也可用棉隆按上述方法处理,或每667平方米用50%多菌灵可湿性粉剂2千克喷施地面,再耙入土中。也可在定植前施用多菌灵药土,即每667平方米用50%多菌灵可湿性粉剂5千克,加细土100千克,拌匀制成毒土,均匀施入定植沟内。

(3)种子处理 播种前种子用55℃温水浸种15分钟,待水温降至30℃时浸种6～8小时,取出晾干后催芽播种。可用50%多菌灵可湿性粉剂500倍液浸种1小时,或60%防霉宝(多菌灵盐酸盐)可湿性粉剂600倍液浸种1小时。还可用种子重量0.2%的50%福美双可湿性粉剂拌种。

(4)合理栽培 茄子适时定植,10厘米深处地温15℃以上开始定植。合理灌溉,茄子生长期间小水勤浇,防止积水,不用过冷井水浇灌。酸性土壤可调节为微碱性。门茄采收后,开始追肥或喷施过磷酸钙。零星发病时要拔除病株,病穴灌2%甲醛液或20%石灰水消毒。

3. 生长期药剂防治 发现个别植株发病,可灌根防治。选用60%防霉宝可湿性粉剂500倍液,或50%多菌灵可湿性粉剂500～1000倍液,或50%斑枯宁悬浮剂400倍液,或50%苯菌灵可湿性粉剂1000倍液,或50%甲基硫菌灵可湿性粉剂800倍液,或50%混杀硫悬浮剂500倍液,或50%琥胶肥酸铜可湿性粉剂350倍液,或70%代森锰锌可湿性粉剂600倍液,或30%苗菌敌可湿性粉剂600倍液等药剂,每株灌150～250毫升药液,7天后重复灌1次。

苗菌敌即30%多·福可湿性粉剂,由多菌灵和福美双复配而成,广谱、低毒、高效、有内吸性。混杀硫为甲基硫菌灵和硫黄的复配剂,斑枯宁为多菌灵与硫黄复配剂。

4. 嫁接防病 茄子嫁接是采用野生茄科植物作为砧木,将茄苗嫁接在砧木上的一项技术。茄子经常受到土传病害的危害,造成产量降低和品质下降。嫁接后的茄子可以有效地防止黄萎病和其他土传病害,例如枯萎病、青枯病、根结线虫病等,大幅度提高了产量。

目前普遍使用的砧木品种有赤茄、托鲁巴姆、CRP、安阳AYQ、耐病 vf 等。

赤茄抗枯萎病,对黄萎病中度抗病,适于与各种茄子品种嫁接,应用广泛。嫁接苗生长健壮,结果早,品质好,具有较强的耐寒和耐热能力。播期比接穗品种提早 7 天左右。

托鲁巴姆的嫁接苗同时高抗黄萎病、枯萎病、青枯病和根结线虫。但托鲁巴姆的种子小,休眠性极强,发芽困难,需用生长调节剂或进行变温处理。前期幼苗生长缓慢。只有当植株长有 3～4 片真叶后,生长才比较正常。因此,采用托鲁巴姆做砧木时,需要比接穗苗提早 25～30 天播种。

CRP 也能抵抗多种病害,根系发达,植株生长势强,但茎叶密生长刺,嫁接时难以操作,需要比接穗提前 20～25 天播种。其嫁接苗适于保护地栽培,品质优良,总产量高。

安阳 AYQ 抗上述 4 种病害,根系发达,播期需提前 3～5天。

耐病 vf 是日本的一代杂交种,主要抗枯萎病和黄萎病。种子发芽容易,可与各类茄子嫁接,成活率高。播期比接穗苗提早 3 天即可。嫁接苗生长旺盛,耐高温干旱,果实膨大快,品质优良,前期产量和总产量均较高。

茄子砧木的价格高,发芽率低(特别是托鲁巴姆),因此应采取各种方法来进行种子处理,以提高发芽率,降低育苗成本。目前普遍采用的有3种催芽处理方法：①浸泡处理，将种子浸泡48小时，苗床浇足底水，均匀播种，盖土后覆膜保墒保温；②变温处理，将种子浸泡48小时，装入布袋，放入恒温箱中，30℃8小时，20℃16小时，反复变温处理。每天用清水冲洗1次种子，8天后出芽；③生长调节剂处理，每升水加100～200毫克赤霉素，浸泡种子24小时，再用清水浸泡24小时。然后将种子置于温箱中进行变温处理，4～5天即可出芽。

嫁接适宜时间主要决定于砧木苗茎的粗度，当砧木茎粗3～5毫米，接穗有5～7片真叶时为最佳嫁接时期。嫁接部位一般是在砧木第二和第三片真叶之间的节上。

茄子嫁接采用劈接法和斜切接法。劈接法在砧木苗长有5～6片真叶时进行。先将砧木苗保留2片真叶，切除以上部分，然后由砧木断面中心线垂直向下切入1～1.5厘米深。接穗苗切除下端，保留1叶1心，削成斜面长1～1.5厘米的楔形，大小与砧木切口相当，立即将其插入砧木切口中，对齐密合，用嫁接夹固定。

斜切接法对砧木和接穗大小的要求与劈接法相同。嫁接时，用刀片在砧木第二片真叶上方的节间向上斜切，去掉上端，做成呈30°角的斜面，斜面长1～1.5厘米。取接穗苗，上部保留2～3片叶，用刀片削成与砧木相反的斜面，去掉下部，斜面长度也为1～1.5厘米。将2个斜面迅速贴合到一起，对齐，用夹子固定。

嫁接最好在温室或大棚里进行，尽量避免污染。嫁接时使用的剃须刀必须锐利，一般每片刀嫁接150株左右就要更换。操作人员的手和嫁接刀具，要用酒精或高锰酸钾溶液消毒，以免病菌交叉感染。消毒后的手和刀片要等到晾干后才可接触切口,因为切口蘸水或蘸药液后难以愈合。

嫁接苗假植在塑料小拱棚或温室的苗床内,伤口愈合期要保持适宜温、湿度,白天 23℃～26℃,夜间 17℃～20℃,相对湿度要在 95%左右,并要在 3～4 天内完全遮光,随后早晚见光。湿度不足时,不能直接喷水,因而需浇足底水,不通风,以地面给水的办法提高湿度。如遇下雨,棚内湿度过高,应及时放风排湿,否则伤口易腐烂。6～8 天后,已度过嫁接愈合期,开始通风,逐渐增大通风量,转入正常管理。嫁接苗成活后及时去掉砧木萌芽。

茄子褐纹病

褐纹病是茄子的常见普发病害,棚室内也有发生,造成烂果,影响产量。

【症　状】 幼苗茎基部出现褐色梭形凹陷斑,严重时幼苗猝倒或立枯。成株果实易发病,果实产生褐色圆形小斑点,扩大后成为形状多样的褐色凹陷斑,生有许多黑色小粒点(病原菌的分生孢子器,彩 14),排列成轮纹状,病斑扩大后,可波及整个果实,病果后期落地软腐,或留在枝上,干腐成僵果。叶片初生苍白色小点,扩大后呈近圆形至不规则形病斑,边缘深褐色,中央浅褐色或灰白色,有轮纹,散生黑色小点,病斑易破碎穿孔。茎部病斑梭形,边缘深紫褐色,中间灰白色,上生许多黑色小点,病斑多时汇合成数厘米的斑块,后期病部干腐,皮层脱落,露出木质部,容易折断。

【病原菌】 为茄褐纹拟茎点霉 *Phomopsis vexans*(Sacc. et Syd.)Harter,是一种病原真菌。

【发病规律】 病原菌在田间病残体上越季,成为主要初侵染菌源,种子也能带菌传病。在茄子生长期间,病原菌的分生孢子随气流、灌溉水、昆虫、农事操作而传播,发生多次再侵染。病原菌的分生孢子在叶面有露水或高湿条件下萌发,主要通过气孔侵入。高温高湿适于病害发生发展,温度以25℃～30℃最适,病原菌侵染需85%以上的相对湿度或有水膜。棚室多在棚膜漏雨处和放风口附近形成病窝。前茬遗留病残体多,地面低凹积水或栽植密度高,郁闭高湿,植株脱肥,生长势弱等因素都有利于发病。

【防治方法】 实行2～3年以上轮作,选用抗病品种,长茄较圆茄抗病,白皮茄、绿皮茄较紫皮茄抗病。使用无病种子,播种前,种子用55℃温水浸15分钟或52℃温水浸30分钟。苗床需每年更换无病新土,还可在播种时施用多菌灵可湿性粉剂与福美双可湿性粉剂制成的药土。生长期间加强栽培管理,施足基肥,增施磷、钾肥,适当控制灌水,加强放风排湿,降低棚内湿度。发现病株后立即喷药,可选用75%百菌清可湿性粉剂600倍液,或58%甲霜灵·锰锌可湿性粉剂500倍液,或64%杀毒矾可湿性粉剂500倍液,或70%乙磷铝·锰锌可湿性粉剂500倍液,或50%苯菌灵可湿性粉剂800倍液,或72%普力克水剂800倍液等,视天气和病情隔10天左右喷1次,连续防治2～3次。

第五章　棚室瓜类蔬菜病害

瓜类蔬菜是设施栽培的一类重要蔬菜，包括黄瓜、西葫芦、冬瓜、丝瓜、瓠瓜、苦瓜、南瓜等。黄瓜栽培面积最大，茬口多样，可以全年种植。北方棚室黄瓜有早春茬、秋延后茬和越冬一大茬等，后者秋季播种，元旦开始上市，一直可以收获到翌年6～7月份。黄瓜和其他瓜类蔬菜的病虫害较多，苗期有猝倒病、立枯病，冬春低温高湿发生灰霉病和菌核病，整个生育期还发生枯萎病、疫病、霜霉病、炭疽病、蔓枯病、白粉病、细菌性角斑病等。霜霉病发展很快，在1～2周内就可流行成灾，白粉病在较干旱的地区已经成为日光温室栽培的毁灭性病害。枯萎病、疫病等土传病害随着瓜类连作增多，菌量积累，逐年加重。西葫芦的病毒病也相当普遍而严重。

甜瓜和西瓜也是棚室栽培的重要作物。甜瓜有厚皮甜瓜与薄皮甜瓜。所谓厚皮甜瓜，实际上包括网纹甜瓜、硬皮甜瓜、冬甜瓜等变种，是各国设施栽培的主要作物之一。我国甜瓜、西瓜的棚室栽培发展很快，栽培模式多样。以长江下游地区为例，西瓜、甜瓜保护地栽培以大、中棚多膜覆盖为主，部分为小环棚双膜覆盖和一层地膜覆盖栽培，连栋大棚和温室栽培也有发展。西瓜以冬、春播夏收为主，甜瓜以冬播春收为主，其次是西瓜的夏播秋收和小面积的秋播冬收。各地的重要病害有霜霉病、白粉病、枯萎病、蔓枯病、疫病、炭疽病、细菌性软腐病等。在一般情况下，苗期猝倒病、立枯病多发，中后期易生霜霉病、白粉病、蔓枯病、灰霉病等，连作西瓜易感枯萎病，连作甜瓜蔓枯病和细菌性软腐病加重。局部地区甜瓜菌核病从苗期至成熟期都可发病。

鉴于棚室瓜类蔬菜与甜瓜、西瓜的病害相同或相似,本章一并介绍,不再按作物种类区分。

瓜类霜霉病

瓜类霜霉病是黄瓜和甜瓜的毁灭性病害,各地棚室普遍发生,病株一般减产 15%～25%,严重的减产 40%以上。霜霉病还危害西葫芦、南瓜、丝瓜、西瓜以及其他葫芦科作物。

【症　状】　该病在整个生育期都可发生,主要危害叶片。初发病时,叶背出现水浸状淡黄色的小斑点,病斑逐渐扩大,因受叶脉限制而成为多角形水浸状黄色病斑,在潮湿条件下病斑表面长出灰黑色、紫灰色的霉层(病原菌的孢囊梗和孢子囊)。叶片正面病斑初期褪绿,逐渐变成灰褐色至黄褐色坏死斑(彩14)。发病严重时,多个小病斑汇合成为不规则大病斑。霜霉病多在生长季的中后期发生,病叶由植株下部向上部发展,严重时全株叶片枯死。抗病品种叶片上生较小的褐色枯斑,圆形或多角形,病斑上不生霉状物,或仅产生稀疏的霉状物。

【病原菌】　为古巴假霜霉 *Pseudoperonospora cubensis* (Berk. et Curt.) Restov. ,是一种病原卵菌。霜霉病病菌为活物寄生菌,仅能在生活植株上寄生,有致病性分化现象。我国黄瓜霜霉病病菌菌株间有致病性强弱差异,但尚无明确区分的生理小种。

【发病规律】　霜霉病病菌周年在各种寄主间辗转危害,秋季露地发病植株提供菌源,侵染棚室瓜类作物,春季棚室菌源侵染露地瓜类作物。在当地没有冬季发病寄主的地方,春夏季发病的菌源是随气流来自外地的孢子囊。

病原菌孢子囊产生适温为15℃～20℃,相对湿度低于60%不产生,高于83%大量产生。孢子囊萌发适温15℃～22℃。孢子囊萌发产生游动孢子,游动孢子萌发生出芽管而侵入寄主。孢子囊的萌发与侵入,都需要叶面保持水滴或水膜3小时以上。叶面干燥则孢子囊不能萌发,经2～3天死亡。霜霉病始发气温15℃～16℃,20℃～24℃最适于病害流行,高于30℃或低于15℃,发病受抑制。孢子囊随气流、农事操作分散传播,发生多次再侵染,在适宜条件下,病情发展很快,1～2周内就可使瓜秧枯黄。据甘肃省靖远地区调查,10月上旬育苗的一大茬黄瓜,多在12月下旬发病,1月下旬病情激增,2月下旬至3月份为发病高峰期,正值产瓜盛期。

棚室通风不良,湿度过大,温度调节不好,昼夜温差大,叶面结露时间长,有利于霜霉病发生和流行。行间铺麦草或地膜,实行滴灌的,棚室湿度较低,发病较轻。秋季育苗早,接受露地病株菌量多,发病重,有的甚至在苗期就严重发病而毁苗。

【防治方法】

1. 种植抗病品种　可供选用的黄瓜抗病品种较多,例如津优系列、津杂系列、津春系列、中农系列、龙杂黄2号、龙杂黄3号、新4号、碧春、温棚2号、甘丰2号、夏丰1号、早丰1号、北京黄瓜301、长春密刺、山东密刺以及其他。许多品种还兼抗其他病害,例如津杂1号、津杂2号抗霜霉病兼抗白粉病;津杂3号、津杂4号高抗霜霉病兼抗枯萎病,津杂4号还兼抗白粉病。中农系列品种也兼抗霜霉病和白粉病。但是,适于棚室栽培的免疫或高抗品种较少,多数抗病品种都有不同程度的发病。

2. 栽培防病 育苗温室与生产棚室分开,秋季适期晚播,错开露地发病时期,搞好苗床防治,防止带病入棚。大棚尽量选用无滴膜,透光性能好,不结露。采用高垄地膜覆盖栽培技术,膜下暗灌,或行间铺撒干草。遇到连阴雨天气或发生霜霉病后,需控制浇水。要加强通风,降低空气湿度。结瓜后及时摘掉下部老黄叶,早期摘除病叶。黄瓜生长中后期,长势减弱,可根外喷施0.2% 磷酸二氢钾溶液或者喷施尿素、白糖和水(0.5:1:100)的混合液,补施二氧化碳气肥,提高植株抗病能力。

依据当地当茬实际情况,实施变温管理,调控棚室温湿度,减少叶面结露,创造适宜瓜类生长而不利于发病的环境条件。例如,有的地方在早晨拉开草苫后,放顶风、腰风,排湿0.5～1小时,降低棚内湿度,然后紧闭风口,上午升温到28℃～32℃,中午和午后再度放风,使温度下降到 20℃～25℃,相对湿度降到60%～70%。前半夜温度控制在18℃～20℃,后半夜在 12℃～15℃。浇水应在晴天上午进行,浇后闭棚,使温度上升至35℃～40℃,1小时后缓慢放风。

有的地方在黄瓜霜霉病迅速增长的情况下,实行高温闷棚,杀死病原菌。温度高于30℃,病原菌活力削弱,高于42℃致死。该法在晴天上午关闭大棚温室门窗和通风口,使棚室内的温度上升到45℃(不低于42℃,最高不能超过48℃),保持2小时,然后通风,放风量由小到大,不可过急,使棚室温度逐渐下降,恢复正常。闷棚前1天或当天早上喷药,浇水,以增加棚内湿度,确保安全。闷棚时要观测气温,事先将温度计挂在棚内上、中、下3个部位,闷棚时每10～15分钟观测1次,以植株生长点高度的温度为准。如果发现黄瓜生长点处小叶萎缩抱团,就表明温度过高,要及时小放风。高温闷棚后,若病斑黄白色,边缘整齐,霉层干枯,周围组织鲜绿色,就表明有效。高温闷棚不当可能灼伤生长点,顶梢弯曲下垂,通风后干枯死亡,在植株较弱,土壤含水量较低时更危险。高温闷棚植株营养消耗大,削弱长势,未坐住的小瓜和雌花脱落,7～10天内不能正常结瓜。闷棚后要浇1次水,并追肥补充营养。

3. 药剂防治　霜霉病常发地区,菌量较大,棚室应在发病前施药预防。一旦发现中心病株,应立即喷药,连续防治。可选用有效的单一成分药剂有25%甲霜灵可湿性粉剂800～1 000倍液,或75%百菌清可湿性粉剂600～800倍液,或40%乙磷铝可湿性粉剂250倍液,或72%普力克水剂800倍液,或66.8%霉多克可湿性粉剂800～1 000倍液等。可选用有效的复配剂有72%克露可湿性粉剂600～800倍液,或58%甲霜灵·锰锌可湿性粉剂500～700倍液,或69%安克·锰锌可湿性粉剂600～800倍液,或64%杀毒矾可湿性粉剂500倍液等。棚室中还可施用5%百菌清粉尘剂、5%霜霉清粉尘剂、6.5%万霉灵粉尘剂、7%防霉灵粉尘剂、5%霜克粉尘剂或5%霜霉威粉尘剂等,每次每667平方米用药1千克。

霜霉病菌对药剂较易产生抗药性,导致防治失败。目前在北方部分地区,对甲霜灵、恶霜灵、乙磷铝等药剂的抗药性病菌出现频率很高,需换用有效成分不同的药剂。为了延缓病原菌抗药性的产生,必须轮换使用有效成分不同,且无交叉抗药性的药剂。

瓜类白粉病

白粉病危害各种瓜类作物,发生普遍。现已成为棚室栽培黄瓜、西葫芦、甜瓜的重要病害,多在生长季的中、后期发生。一旦发病能迅速蔓延,若防治不及时,就会造成叶片焦枯,植株早衰,严重减产。

【症　状】　主要危害叶片,也危害叶柄和茎蔓,果实很少发病。发病初期叶片正面和叶片背面产生白色近圆形粉状斑点(彩15),以后逐渐扩大并相互连接成片,甚至整个叶片覆盖一层白色粉状物,后期粉状物变为灰白色(彩15),病叶变黄褐色或黑褐色枯焦,但不脱落。叶柄和茎蔓染病,同样长出白色粉状物,严重时叶柄、茎蔓萎缩枯干。病部的白色粉状物为病原菌的菌丝体、分生孢子梗和分生孢子。有的地方后期在白粉丛中还会出现黑色小粒点,即病原菌的闭囊壳。

【病原菌】　多种白粉菌可以侵染瓜类,主要为二孢白粉菌 *Erysiphe cichoracearum* DC. 和单丝壳白粉菌 *Sphaerotheca fuliginea* (Schlecht.) Poll。两菌的寄主范围宽广,除葫芦科植物外,还寄生于豆类、茄果类、绿叶菜类以及其他多种蔬菜和观赏植物。白粉菌是活物寄生菌,只能在活植株上存活。白粉菌有明显的致病性分化,存在许多生理小种。

【发病规律】　在棚室栽培条件下,白粉病可辗转侵染各茬作物,常年发生。白粉菌还可从温室传到露地,侵染露地栽培的作物或杂草,然后又由露地传入棚室。白粉菌的分生孢子随气流传播,不仅可以在单个棚室内扩散,而且在一个较大的地理范围内,也存在菌源交流。有的地方秋季病株上可能产生病原菌的闭囊壳,闭囊壳随病残体越冬,翌年春季子囊孢子成熟,随气流分散,侵染寄主植物。

白粉病病菌对温度要求不严格,分生孢子萌发温度在 10℃～30℃,最适温度为 20℃～25℃,对湿度的适应范围也较广,空气相对湿度 25％～100％时都可萌发,以 80％～90％最适宜。白粉病田间流行温度 16℃～24℃,相对湿度 45％～75％。棚室郁闭,通风不良,光照不足,昼夜温差大,干湿交替,或遇阴雨天气,最易诱发白粉病。

在栽培管理中,如密度过大,氮肥过多,灌水过量,植株徒长柔嫩,发病加重。土壤缺水,植株抗病性降低,也有利于发病。

【防治方法】

1. 选用抗病品种 目前对瓜类白粉病菌生理小种分化研究不够,对各种致病菌的分布范围也不甚清楚。因而在进行品种抗病性鉴定时,所用菌种多就地采样扩繁,对品种抗病性的地域适应性则由区域试验或异地示范来确定。现有抗霜霉病黄瓜品种大都兼抗白粉病。津杂 1 号、津杂 2 号、津杂 4号、津春 1 号、津春 2 号、津春 3 号、津春 4 号、津春 5 号、津研2 号、津研 4 号、津优 1 号、津优 3 号、中农 2 号、中农 4 号、中农 5 号、中农 7 号、中农 8 号、中农 13 号、中农 1101、龙黄杂 5号、农大春光 1 号、鲁黄瓜 1 号、鲁黄瓜 10 号、夏青 4 号、满园绿、碧春、春香等对白粉病都有不同程度的抗(耐)病性。小西葫芦品种长蔓西葫芦、阿太一代、早青 1 号等较抗病。甜瓜品种龙甜 1 号、娜依鲁网纹甜瓜、伊丽莎白等较抗病。

2. 棚室熏烟消毒 在播种或幼苗定植前,每 100 平方米用硫黄粉 200～250 克,锯末 500 克,密闭棚室,于晚上点燃后熏闷 1 夜,翌日早上打开门窗通风,数日后播种或定植。黄瓜生长期间,硫黄粉可减量一半熏烟。熏烟时室温保持在 20℃

上下，气温超过 35℃，不宜施药，以免发生药害。另外，还可用 45％百菌清烟剂熏烟，每次每 667 平方米用药 200～250克。

3. 加强栽培管理 加强肥水管理，施足基肥，适时追肥，适量灌水，增施磷、钾肥，防止开花结瓜后缺肥早衰。保持棚室内通风透光良好，防止植株徒长。

4. 药剂防治 田间初现病株时，及时喷药防治。可选用 2％农抗 120 水剂 200 倍液，或 2％武夷菌素水剂 200～300倍液，或 50％硫黄悬浮剂 500 倍液，或 40％灭病威（多菌灵·硫黄）悬浮剂 600 倍液，或 40％福星乳油 8 000 倍液，或 10％世高水分散粒剂 1 000～1 500 倍液，或 43％菌力克悬浮剂8 000 倍液，或 2％加收米水剂 500 倍液，或 30％特富灵可湿性粉剂 1 500～2 000 倍液，或 25％粉锈宁可湿性粉剂 1 500倍液喷雾，交替使用，每 7～10 天用药 1 次，连续防治 2～3次。另外，还可用 0.1％～0.2％的小苏打（碳酸氢钠）溶液喷雾。用 5％百菌清粉尘剂或 5％加瑞农粉尘剂喷粉，每次每667 平方米用药 1 千克。

在发病前或初发期还可用 15％克菌灵烟剂（速克灵与百菌清的复配剂）熏烟，每 667 平方米用药 250～300 克，间隔7～10 天施药 1 次，连用 3～4 次。

瓜类灰霉病

灰霉病是棚室冬春茬黄瓜和其他瓜类的常见病害，主要危害花和幼果，低温高湿条件下发病严重，在瓜果贮运期还可继续发病。近年来棚室西葫芦生产发展很快，灰霉病严重危害西葫芦和南瓜，有加重发生的趋势。

【症　状】　花、幼瓜及嫩茎最易受害。病菌多从开败的花瓣、柱头侵染，病花变褐腐烂，密生灰色霉状物，后由病花向幼瓜发展。幼果多从果蒂处开始发病，形成不规则形水浸状大斑，变灰白色至灰褐色，表面光滑，果肉腐烂。其上产生灰色霉层（彩15），有时病果表面或内部长出黑色米粒状小菌核。茎秆发病则茎部数节腐烂，瓜蔓折断，植株枯死。病花落到叶片上可引发叶片发病，形成水浸状病斑，后变灰褐色，病斑形状不规则，沿叶缘发生时，形成楔形大斑，出现同心轮纹和灰色霉状物（彩16）。

【病原菌】　为灰葡萄孢 *Botrytis cinerea* Pers.，是一种病原真菌。该菌寄主范围很广，其中包括各类蔬菜。

【发病规律和防治方法】　参见第四章茄果类灰霉病。

瓜类疫病

疫病是黄瓜、西葫芦、南瓜、甜瓜、西瓜等瓜类作物的毁灭性病害，易大面积流行。棚室内多造成死苗、死秧，对瓜类生产威胁很大。

【症　状】　该病主要危害茎基部，也侵染叶片、茎蔓和果实。茎基部初生水渍状暗绿色病斑，迅速扩展，造成茎基部软腐，明显缢缩，病株茎叶萎蔫青枯，但病茎维管束不变色。有时主根腐烂，也造成地上部青枯。叶片发病，出现暗绿色水渍状病斑，很快扩展成黄褐色大斑，近圆形或不规则形，边缘不明显，高湿时可造成全叶腐烂，干燥时病斑青白色，易破裂。叶柄、瓜蔓发病，症状与茎基部相同，造成局部茎叶萎垂。果实上生暗绿色、灰褐色近圆形水浸状病斑，略凹陷，软腐，发展后大半个或整个果实变色软腐（彩16）。高湿时，各发病部位都长出一层稀疏的白色霉状物。

幼苗从嫩尖染病，出现暗绿色水渍状萎蔫，病部明显缢缩，病部以上的叶片干枯，呈秃尖状。子叶发病，出现不规则形水浸状褪绿斑，萎蔫腐烂。茎基部发病，缢缩腐烂，病苗倒伏。

疫病与枯萎病的区别在于疫病茎基部维管束不变色，在后期病部长出稀疏灰白色霉层。

【病原菌】 主要为掘氏疫霉 *Phytophthora drechsleri* Tucker，是一种病原卵菌。该菌最适生长温度26℃～29℃，最高温度36℃～37℃。主要侵染瓜类和一些观赏植物，不侵染茄果类蔬菜。

此外，辣椒疫霉 *Phytophthora capsici* Leonian 和烟草疫霉 *P. nicotianae* Breda de Hann 也可侵染瓜类，引起疫病。这2种疫霉菌寄主范围广泛，还能引起茄果类蔬菜严重发病。

【发病规律】 病原菌以菌丝体、菌丝膨大体以及卵孢子随病残体在土壤中、未腐熟粪肥中越冬，条件适宜时病原菌侵染寄主。初侵染病株产生孢子囊和游动孢子，通过灌溉水和风雨传播，进行再侵染，使病害迅速蔓延。高温高湿有利于疫病的发生发展，发病适温28℃～30℃，往往在连阴雨后暴晴或不当灌溉后发病。南方瓜类疫病在梅雨季节5月中下旬和6月上旬为发病高峰期，北方则在6～8月份。棚室栽培的，多在春、秋温度较高时发病。

瓜田地势低洼、排水不良、土质黏重或大水漫灌、串灌，特别是瓜田畦面被水淹没后，疫病就会大发生。瓜田连作，施用未腐熟的有机肥，追施化肥时伤根严重，都有利于疫病发生。

【防治方法】

1. 选用抗病、耐病品种 抗疫病的黄瓜品种有早青2

号、82 大雌性系、大衍 8303、92-29、92-13、87-2、龙杂黄 2 号、龙杂黄 6 号、中农 1101、中农 4 号、中农 5 号、中农 13 号、津春 3 号、津杂 3 号、津杂 4 号、早青 2 号、长春密刺等。82 大雌性系还兼抗枯萎病、霜霉病、炭疽病和细菌性角斑病。甜瓜耐病品种有金道子(薄皮甜瓜)、VA435、红蜜脆、香黄等。

2. 嫁接防病 可用黑籽南瓜做砧木,嫁接黄瓜。

3. 栽培防病 与非瓜类作物轮作 3～4 年。采用高垄栽培,垄面覆地膜或麦草,膜下暗灌。做好通风透光,降低田间湿度。合理灌水,苗期少浇水,结瓜后浇水也不宜过勤,雨前不浇水。早期发现病株后,立即拔除销毁,并喷药保护周围健株。收获后及时清除田间病残株并销毁。

4. 药剂防治 在发病前或发病初期喷药防治,中心病区可用药液灌根,重病田还可用药剂进行土壤处理。有效药剂参见第四章辣椒疫病。

瓜类枯萎病

枯萎病是瓜类作物的主要土传病害,病原菌在土壤中积累,发病逐年加重。初发病的田块,仅见个别植株死亡,一般病田出现多个点片状发病中心,重病田几乎全部植株枯死而绝产。棚室栽培的黄瓜、甜瓜、西瓜、苦瓜等发病重。

【**症 状**】 苗期和成株期都可发病,但主要在开花坐果以后陆续显症。在发病初期植株下部叶片褪绿,萎蔫下垂,中午明显,早晚尚能恢复。几天以后叶片黄褐色枯萎,不能再恢复正常,直至发展到全株叶片,整株枯死(彩 16)。有时症状只在茎的一侧发展,造成半边凋萎。病株茎基部一侧往往有长条形凹陷病斑,潮湿的情况下,茎基部纵裂成麻丝状,会长出粉红色或白色的霉状物,有时还有少红褐色胶质物(病原菌的黏分生孢子团)。纵剖病茎,可见维管束变黄褐色。有的病株根部变褐腐烂,易拔起。

【病原菌】 侵染瓜类,引起枯萎病的病原菌是尖孢镰刀菌的几个专化型。

1. 黄瓜专化型 (*Fusarium oxysporum* f. sp. *cucumerinum* Owen) 严重侵染黄瓜和甜瓜,轻度侵染西瓜、冬瓜等,不侵染葫芦。

2. 西瓜专化型 [*F. oxysporum* f. sp. *niveum* (E. F. Smith) Snyd. et Hans.] 主要侵染西瓜,也可侵染甜瓜,很少侵染黄瓜,不侵染西葫芦。

3. 甜瓜专化型 (*F. oxysporum* f. sp. *melonis* Snyd. et Hans.) 主要侵染甜瓜,也可侵染黄瓜。

4. 葫芦专化型 (*F. oxysporum* f. sp. *lagenariae* Matuo et Yamamoto) 侵染葫芦。

在专化型内部,因各地菌株间致病性不同,还可以区分出不同生理小种。例如,黄瓜专化型国外有生理小种1号、2号和3号。我国黄瓜枯萎病病菌的致病性与美国、以色列和日本等国家的不同,命名为生理小种4号。西瓜专化型有生理小种0号、1号和2号。小种1号普遍存在,目前主要针对小种1号进行抗病育种,小种2号的分布范围很小,可能成为未来抗病育种的目标,小种0号感染无抗性基因的品种,在育种上没有实际意义。

【发病规律】 枯萎病是土壤传播的系统侵染病害,所谓系统侵染是指病原菌的一种特定的侵染方式,系统侵染的病原菌一旦侵入后,病原菌的菌体和所产生的毒素,能随植株的维管束系统,转移扩散到各个部位,导致全株发病。枯萎病病菌以厚垣孢子和菌丝体在土壤中长期存活,可在带菌土壤、粪肥、病株中以残体越季,成为下一季发病的初侵染菌源。种子也能带菌传病,带菌种子和种子间夹杂的土壤、病残体碎片等是远距离传播的主要载体。带菌土壤和病原菌在田间还可随雨水、灌溉水、昆虫、农具等传播。

病原菌从根部伤口或穿透根部表皮直接侵入,侵染菌丝在根部薄壁组织中扩展并进入维管束,堵塞导管或削弱其输导功能,病株萎蔫。病田连作,土壤菌量增高,发病加重。土壤黏重、偏酸性,田间低洼积水,大水漫灌或灌水次数多,土壤含水量高,透气性差等因素都有利于发病,土壤干旱则加重病株枯死。梅雨期降水多,随后持续晴天,气温骤升时发病增多。棚室倒茬困难,瓜类往往连作,且高温高湿,有利于枯萎病发生,在土壤中盐类浓度较高,根部线虫危害较多时,发病加重。

国内对甜瓜发病的调查表明,连作田发病重于轮作田,有机肥不腐熟,土壤过分干旱或质地黏重是枯萎病发生的重要条件。轮作 3 年的发病率最低。发病重的田块,农户采取的轮作措施大多是 1～2 年的小轮作,且瓜类迎茬,菌量仍有积累。苗床育苗的在移栽时伤根,伤口较多,发病率高于纸筒育苗和营养钵育苗。甜瓜开花前后田间持水量对病情发展影响很大,如果这一时期 0～20 厘米土层土壤含水量在 15％～25％,且有降水过程,则病情发展减慢,且病株能长出新根,若含水量低于 10％,且持续干旱,病株干枯死亡。棚内湿度高、温度低有利于病菌侵染,空气相对湿度在 90％以上、温度为24℃～25℃时,发病率最高。土壤中速效氮含量越高,发病越重。

【防治方法】 防治枯萎病要侧重预防,一旦发病,要采取综合措施,将病情扑灭在点片发生阶段之前。发病后的药剂防治只用作辅助措施。

1. 选用抗病品种 中国农业科学院蔬菜花卉所以抗霜霉病的雌性系 371G 为母本、抗枯萎病的自交系 476 为父本进行杂交育种,选育出了抗枯萎病黄瓜品种中农 5 号和中农 7 号。广东省农业科学院经作所和植保所用 82 大雌性系及自交系 56 等抗枯萎病材料配制杂交组合,选育出了早青 2 号、夏青 4 号等抗枯萎病的黄瓜品种。此外,其他单位筛选鉴定出的津杂 3 号、津杂 4 号、龙杂黄 2 号、龙杂黄 3 号、龙杂黄 6 号、津研 2 号、津研 6 号、津春 1 号、中农 5 号、中农 13 号、中农 202、鲁春 1 号、湘黄瓜 1 号、湘黄瓜 2 号等品种都抗枯萎病并兼抗其他病害。西瓜抗病品种有郑抗 1 号、郑抗 2 号、郑抗 3 号、西农 8 号、京抗 2 号、京抗 3 号、京欣 2 号、丰乐 5 号、庆发 8 号、庆红宝、豫西瓜 4 号、华农宝、庆农 2 号、庆农 5 号、武陵红、密桂、圳宝、花蜜、重茬绿霸王、美国绿帝王等。甜瓜抗病品种有西域 1 号、新蜜 15 号、广州蜜瓜、龙甜 1 号、龙甜 2 号、伊丽莎白等。

2. 嫁接防病 黄瓜的最佳嫁接砧木是黑籽南瓜和圆瓠瓜,与黄瓜的嫁接亲和力强,抵抗枯萎病和疫病。西瓜嫁接常用砧木有瓠瓜、超丰 F1、野生西瓜"勇士"、南砧 1 号、葫芦等。甜瓜嫁接可用南瓜,包括土佐系列南瓜一代杂种。

3. 实行轮作 与非瓜类作物轮作 3～5 年,茬口最好选择小麦、玉米等谷类作物,葱、蒜等蔬菜作物。

4. 土壤处理 夏季进行棚室土壤日光消毒,每 667 平方米用 1 000 千克稻草,切成 4～6 厘米长的小段,均匀撒在地面上,再均匀撒上 100 千克石灰,深翻土地 25 厘米以上,然后覆盖地膜,浇足水,密闭棚室 15～20 天。地表土温达到

60℃～70℃,可杀死枯萎病菌和土壤线虫。苗床土壤可用药剂处理,参见第三章蔬菜苗期病害部分。

5. 种子处理 黄瓜种子用 55℃温水浸种 10 分钟,然后催芽播种。药剂处理可用 70%甲基硫菌灵 500 倍液,或 50%多菌灵可湿性粉剂 1 000 倍液浸种 40 分钟。也可用种子重量 0.2%～0.3%的 70%甲基硫菌灵可湿性粉剂,或 50%多菌灵可湿性粉剂拌种。

6. 栽培防病 选用无病新土采用营养钵育苗,以避免起苗时伤根。播前平整好土地,施用充分腐熟的肥料,适当中耕,提高土壤透气性。采用高垄栽培和膜下浇水的栽培技术,严禁大水漫灌、串灌。适时追肥,增施磷、钾肥,提高作物的抗病性。

7. 药剂防治 发现病株后,立即拔除,病穴及邻近植株用药液淋浇灌根。可选用有效药剂有 50%多菌灵可湿性粉剂 500 倍液,或 70%甲基托布津可湿性粉剂 800 倍液,或 10%宝丽安可湿性粉剂 600 倍液,或 88%枯必治(水合霉素)可溶性粉剂 1 500 倍液,或 70%土菌消可湿性粉剂 1 500 倍液,或 10%世高水分散粒剂 3 000 倍液,或 25%敌力脱乳油 1 500倍液,或 45%特克多悬浮剂 1 000 倍液等,每株用药液 200～250 毫升。发病前或发病初期还可用绿亨 1 号 3 000～4 000 倍液灌根,每株 100～150 毫升。

瓜类蔓枯病

蔓枯病是甜瓜、西瓜、黄瓜的常见病害,危害严重,西葫芦、南瓜、冬瓜、丝瓜等也有不同程度的发生。日光温室和大棚栽培的厚皮甜瓜,冬春季多发,若防治不及时,病株死亡率可达 30％～40％，造成大片死秧。

【症　状】　瓜类作物在整个生育期都可发病，危害植株地上部分，茎蔓和叶片受害最重。茎蔓发病，多在茎基部或茎节处产生水渍状深绿色病斑，后扩展成黄褐色至红褐色不规则形病斑，可长达几厘米，病斑表面密生黑色小粒点，并分泌出乳白色至红褐色胶状物（彩 17）。后期发病茎蔓枯死，灰白色，皮层纵裂，可使上部茎叶萎蔫枯死或茎折、死秧（彩 17）。叶片发病后出现圆形或不规则形大型病斑，病斑直径 10～35毫米，少数病斑更大，有的病斑自叶缘向内发展，呈"V"字形或半圆形。病斑灰褐色至红褐色，边缘色泽较深，病斑上有同心轮纹，后期密生黑色小粒点，即病原菌的分生孢子器。干燥时病斑灰白色，易破碎。

蔓枯病与枯萎病有明显区别，蔓枯病从茎蔓表面向内部发展，皮层腐烂，维管束不变色，病部生有黑色小粒点，并有红褐色胶状物。

【病原菌】　无性世代为瓜类壳二孢 *Ascochyta citrullina*（Chester.）Smith，有性世代为 *Didymella bryoniae*（Auersw.）Rehm.，是一种子囊菌。菌丝体生长温度 5℃～35℃，最适温度 25℃。分生孢子在 5℃～40℃萌发，最适温度26℃～30℃。

【发病规律】　病原菌主要以分生孢子器和子囊壳随病残体在土壤中或未腐熟的粪肥中越季，种子也能带菌传病。病残体中病原菌存活时间随环境不同而有变化，在潮湿土壤中存活 3 个月，在干燥土壤中存活 8 个月以上。病原菌在种子中存活 18 个月以上。病原菌越季后，释放分生孢子或子囊孢子进行初侵染。种子带菌直接引起幼苗发病。病株产生分生孢子，随灌溉水、气流、雨水或农事操作传播，从气孔、水孔或伤口侵入,多次发生再侵染。

高温高湿有利于发病。对于露地栽培的瓜田,降水次数和降水量是蔓枯病流行的主导因子。南方梅雨季节,气温30℃以上,是发病高峰期,北方夏秋两季多发。瓜田浇水过多,排水不良,或植株密度高,植株旺长,高湿郁闭的发病重,连年重茬的地块,偏施氮肥的地块发病也重。

棚室冬春季光照弱,通风透气不良,或灌水偏多,土壤含水量过大时发病重。日本学者认为,甜瓜蔓枯病在高温(25℃～30℃)、多湿(空气相对湿度 85％以上)和日照不足(阴雨连续多日)等条件具备时,发生严重。叶蔓茂密或植株长势衰弱,施肥和整蔓造成较多伤口时,病病增多。

甜瓜品种间抗病性差异明显,一般薄皮甜瓜抗病性较强,厚皮甜瓜较感病,厚皮网纹类明显感病。

【防治方法】

1. 使用无病种子　选用无病种子或从无病株上选留种。黄瓜种子处理可用 55℃的温水浸种 15 分钟,也可用种子重量 0.3％的 50％多菌灵可湿性粉剂或 50％扑海因可湿性粉剂拌种。

2. 栽培防病　病田与非瓜类作物实行 2～3 年的轮作。生长期及收获后及时清除病残体销毁,搞好棚室卫生。施足充分腐熟的基肥,适当增施磷、钾肥,生长中后期及时追肥,避免脱肥。采用高垄地膜覆盖栽培,膜下灌水,严禁大水漫灌,浇水后及时通风,降低棚室内空气湿度。在通风换气也不能有效降湿时,可采用临时加温等方法除湿。整枝、打蔓须在晴天进行,以利于伤口愈合,在打侧蔓时基部应留有少半截,避免病原菌由伤口进入,直接向主蔓蔓延。上海南汇瓜农在多年西、甜瓜连作的田块上,当棚内湿度高,蔓枯病重时,在瓜苗附近施适量石灰，可起到降湿、抑病、促苗的作用。

3. 药剂防治 发病初期选择喷布 47％加瑞农可湿性粉剂 700 倍液，或 75％百菌清可湿性粉剂 600 倍液，或 70％甲基托布津可湿性粉剂 800 倍液，或 70％代森锰锌可湿性粉剂 500 倍液，或 50％扑海因可湿性粉剂 1 000 倍液，或 40％多硫悬浮剂 500 倍液，或 40％福星乳油 8 000 倍液，或 10％世高水分散粒剂 1 000～1 500 倍液，重点喷洒植株中、下部。每 7～10 天防治 1 次，连续防治 3～4 次。病害严重时，可用上述药剂使用量加倍后涂抹病茎。在打侧蔓之后，可用药剂涂抹伤口断面。另外，有的地方在黄瓜发病初期，用赤霉素 920 稀释液（稀释倍数根据有效成分含量确定）涂抹茎基部或嫁接口出现的病斑，有防治效果。

施用 5％百菌清粉尘剂或 5％加瑞农粉尘剂，每 667 平方米用药 1 千克。每次每 667 平方米施用 45％百菌清烟剂 250 克。

瓜类炭疽病

炭疽病主要危害甜瓜和西瓜，黄瓜、南瓜、苦瓜、丝瓜以及其他葫芦科蔬菜也被侵害。在北方棚室内，黄瓜、甜瓜炭疽病有发生增多的趋势。炭疽病在瓜果贮运期间还能继续危害。

【**症　状**】 黄瓜全生育期均可发病，以中、后期为重。叶片、茎蔓、叶柄和果实均可受害。幼苗期子叶边缘和真叶上出现半圆形或圆形病斑，黄褐色，稍凹陷，边缘明显。幼茎基部发病，变黑褐色缢缩，幼苗倒伏。成株叶片上初生近圆形淡黄色水渍状病斑，后变红褐色近圆形病斑，边缘有黄色晕圈，病斑可相互汇合成为不规则的斑块。干燥情况下，病斑中部常破裂穿孔(彩 17)。茎和叶柄上的病斑为梭形或长圆形,淡黄色至深褐色,稍凹陷,严重时病部可环切茎蔓或叶柄(彩 18)。瓜条上的病斑圆形,深褐色,稍凹陷,中部开裂,病果可弯曲变形(彩 18)。后期各部位病斑上产生黑色小粒点,即病原菌的分生孢子盘(彩 18)。潮湿时,病斑上还溢出红色黏质物,即病菌的黏分生孢子团。

甜瓜、西瓜等表现相似症状。幼苗染病,多在子叶或真叶边缘出现褐色半圆形或圆形病斑,幼茎基部出现水浸状坏死斑,后变黑褐色,病部坏死缢缩。成株期发病,叶片上生近圆形至不规则形黄褐色病斑,有时有轮纹,边缘出现晕圈,干燥时病斑易破碎穿孔。茎蔓或叶柄上的病斑椭圆形至长圆形,浅黄褐色至黑褐色,稍凹陷。果实上初生暗绿色水浸状病斑,后扩大成圆形凹陷的暗褐色溃疡斑,凹陷处常龟裂。严重时病斑连片造成瓜果腐烂,各部位病斑上生黑色小点和红色黏质物。

【病原菌】 为瓜刺盘孢 Colletotrichum orbiculare (Berk. et Mont.) Ark.,是一种病原真菌。该菌致病性有明显分化,存在不同生理小种。

【发病规律】 病菌以菌丝体和拟菌核(未发育成熟的分生孢子盘)随病残体在土壤中越季,成为下一季作物的初侵染菌源。瓜类种子也带菌传病。此外,病原菌还能在棚室的木桩上短期腐生。

生长期内病株产生的分生孢子通过风雨、灌溉水、昆虫、农事操作分散传播,引起再侵染。成熟瓜果表面附有大量分生孢子,收获后在贮运期间遇到温湿度适宜条件,也能侵入致病。

发病温度 10℃～30℃,适温 20℃～24℃,适宜相对湿度

97%以上,低温高湿时病重,湿度低于54%时不发病,温度高于28℃发病轻。连年重茬,施用氮肥过量,植株徒长,浇水过多,排水不良,棚室通风透光不好,均有利于发病。瓜果随着成熟度提高,抗病性降低。

【防治方法】

1. 种植抗病品种 广东省农业科学院经作所和植保所育成了黄瓜抗源抗材料82大雌性系及大衙8303等,育出了抗炭疽病的华南型黄瓜品种早青2号、夏青4号等。此外,已育出的抗炭疽病黄瓜品种还有津杂4号、中农1101、87-3和中农2号等,这些品种多属露地栽培品种。抗(耐)病西瓜品种有西农8号、庆农5号、重茬绿帝王、京抗3号、京欣2号等。

2. 使用无病种子 从无病田的无病植株采种。播前黄瓜种子处理用55℃的温水浸种20～30分钟,或用药剂拌种,可选用药剂有50%多菌灵可湿性粉剂、70%甲基硫菌灵可湿性粉剂、25%施保克可湿性粉剂、50%敌菌灵可湿性粉剂、25%炭特灵可湿性粉剂等,用药量为种子量的0.3%。

3. 栽培防病 病田与非瓜类作物进行3年以上的轮作。施足基肥,增施磷、钾肥,提高植株的抗病性。收获后清除病蔓、病叶、病果并销毁。加强栽培管理,合理灌水,棚室适时通风透光,降低田间湿度。发现病株后及时摘除病叶、病瓜,并喷药防治。

供贮运的瓜果,应严格挑选,剔除病、伤果实。有条件时采用低温贮运或涂抹保鲜剂,温度控制在4℃左右。

4. 药剂防治 发病初期可选用50%多菌灵可湿性粉剂500倍液,或75%百菌清可湿性粉剂500倍液,或80%大生可湿性粉剂600倍液,或50%炭疽福美可湿性粉剂800倍液,或 25% 炭特灵可湿性粉剂 800 倍液,或 50%施保功可湿性粉剂 1 500 倍液,或 6%乐必耕可湿性粉剂 1 500 倍液,或 25%敌力脱乳油 1 000 倍液,或 2%农抗 120 水剂 200 倍液等药剂喷雾,每隔 7～10 天喷 1 次,连续 2～3 次。

在发病前或发病初期还可喷施 5%百菌清粉尘剂或 5%加瑞农粉尘剂,每次每 667 平方米用药 1 千克;施用 45%百菌清烟剂,每次每 667 平方米用药 250 克。

瓜类黑星病

黑星病是保护地黄瓜的重要病害,幼苗、叶片、嫩茎、瓜条等部位都可受害,致使产量和品质降低。黄瓜病株一般减产 10%～20%,严重的达 30%～50%。黑星病还能危害西葫芦、南瓜、甜瓜、葫芦等瓜类作物。黑星病病菌已被列为全国农业植物检疫性有害生物。

【症 状】 病原菌主要侵害幼嫩部分,嫩叶、嫩茎、幼果受害最重。幼苗子叶上出现黄白色近圆形病斑,生长不良。严重的心叶枯萎,生长点腐烂,形成秃桩苗,或全株烂死。叶片上生近圆形污绿色浸润状小病斑,扩大后成为直径 2～5 毫米的淡黄色的多角形病斑,星芒状开裂(彩 18)。叶脉上生坏死斑,局部停止生长,致使病叶扭曲皱缩。叶柄、茎蔓、瓜柄受害后出现大小不等的长梭形病斑,初暗绿色,后淡黄褐色,中间凹陷开裂,卷须变褐腐烂。瓜条上产生圆形至椭圆形病斑,初暗绿色,后黄褐色,病斑直径 2～4 毫米,凹陷,龟裂,呈疮痂状或烂成孔洞,病部组织停止生长,致使瓜条畸形,但瓜条一般不发生湿腐。发病部位有半透明白色胶状物溢出,后变成琥珀色,湿度高时病部表面产生绿褐色霉层。

西葫芦、南瓜幼叶、嫩茎、果实等部位发病,症状特点与黄瓜相似。

【病原菌】 为瓜枝孢 *Cladosporium cucumerinum* Ellis et Arthur,是一种病原真菌。病原菌在 2℃～35℃ 范围内均可生长,适温 20℃～22℃。

【发病规律】 病原菌主要以菌丝体和分生孢子随病残体在地面或土壤中越季,病卷须和病原菌也可附着在架材上越季,成为下一茬的初侵染菌源。种子带菌传病,来自病区的瓜类种子带菌率高,多有黑星病随带菌种子传入无病区的事例。病株产生分生孢子,随风雨、昆虫和农事操作分散传播,发生多次再侵染。病原菌可以从叶片、茎蔓、果实的表皮直接侵入,也可以从伤口或气孔侵入。连续 15℃～17℃ 的低温和高于 90％ 的相对湿度,有利于黑星病发生。棚室重茬,种植密度过大,植株徒长,通风不及时,或遭遇阴雨时病重。

【防治方法】

1. 实施检疫 由检疫机构采取产地检疫、调运检疫、引种检疫以及其他检疫措施,扑灭疫情,防止扩散传播。

2. 选用抗病品种 黄瓜对黑星病的抗病性由显性单基因控制,抗病品种的表现相当稳定。抗源材料有89121、33G、38 号、农大甲号等,抗病品种有津春 1 号、农大 9302、中农 7 号、中农 13 号、吉杂 2 号、宁阳大刺、北抗选等。

3. 种子处理 黄瓜种子可进行温汤浸种或药剂处理。温汤浸种可用 50℃ 温水浸 30 分钟,或用 55℃ 温水浸 15 分钟。药剂浸种可用 50％ 多菌灵可湿性粉剂 500 倍液,或 47％ 加瑞农可湿性粉剂 500 倍液,浸 30 分钟。也可用 50％ 多菌灵可湿性粉剂或 47％ 加瑞农可湿性粉剂干拌种子,用药量为种子重量的 0.3％。

4. **轮作防病** 病田与非瓜类作物轮作 2～3 年。

5. **栽培防病** 采用高垄地膜覆盖栽培,膜下软管滴灌。棚室管理要防止低温高湿,要及时通风,降低棚室湿度。收获后彻底清除病残体,棚室使用前用硫黄熏蒸消毒,杀死棚内残留病菌。每 100 立方米空间用硫黄 0.25 千克,锯末 0.5 千克,混合均匀后分成几堆,点燃熏闷 1 夜。

6. **药剂防治** 发病初期可选用 2%Bo-10 水剂 150～200 倍液,或 40%福星乳油 8 000 倍液,或 50%多菌灵可湿性粉剂 500 倍液,或 43%菌力克悬浮剂 6 000 倍液,或 30%特富灵可湿性粉剂 1 500 倍液,或 47%加瑞农可湿性粉剂 500 倍液,或 30%爱苗乳油 6 000 倍液喷雾,喷药要均匀周到,幼嫩部分和生长点要喷到,每 7～10 天喷药 1 次,连续防治 3～4 次。棚室防治还可用 5%加瑞农粉尘剂喷粉,用药量每次每 667 平方米 1 千克。发病前还可使用 10%百菌清烟剂(每次每 667 平方米用药 250～300 克)预防。

瓜类菌核病

菌核病在北方是棚室冬春茬的常见病害之一,老病区或棚室温度偏低时发病较重。病原菌可以在土壤中长期生存并随土壤和病残体传播,若防治不力,病原菌在土壤中逐季积累,使病情逐年加重,甚至可能造成毁灭性损失,只能弃种或换土。

【**症　状**】 苗期和成株期都可发病,主要鉴别特征是发病部位软腐,潮湿时产生灰白色棉絮状菌丝体和黑色坚硬的鼠粪状菌核。在病茎髓部、病果果面和果内空腔中,更易产生菌核。菌核是病原菌的一种休眠体,用以度过非生长季节。

本病也因病株可产生菌核而被命名为"菌核病"。

幼苗发病,在幼茎基部出现水浸状病斑,扩展后可绕茎一周,幼苗猝倒。成株果实、茎蔓、叶片都可发病腐烂,以果实、茎蔓受害为主。幼瓜多从开败的残花开始发病,初呈水浸状腐烂,以后表面长满白色菌丝体,其间着生黑色菌核。茎蔓以基部和分杈处多发,先出现淡绿色水浸状腐烂,后变淡褐色,表面着生白色絮状物(菌丝体),病茎秆内部生有黑色菌核,干燥时病茎干缩坏死,灰白色至灰褐色,发病部位以上的枝叶萎蔫枯死(彩19)。中、下部叶片发病多,叶片上产生污绿色水浸状大斑,后变灰褐色,边缘黄褐色,病斑有不甚明显的轮纹,霉层稀疏。

【病原菌】 由子囊菌门的核盘菌 *Sclerotiorum* (Lib.) de Bary 引起。核盘菌能危害 400 多种植物,国内已知寄主有 171 种,其中包括瓜类、茄果类、莴苣、十字花科蔬菜、豆类、胡萝卜等各类蔬菜。

核盘菌在潮湿环境中,在被侵染的植物上生成白色絮状菌丝体和菌核。菌核最初白色,后变成黑色、鼠粪状、豆瓣状,长度3~7毫米,宽度1~4毫米或更大,有时单个散生,有时多个聚生在一起。菌核有2种萌发方式。若土壤持续湿润,菌核萌发后产生特殊的繁殖器官,叫做"子囊盘",由子囊盘产生子囊孢子。子囊孢子成熟后被放射到空中并随风分散传播。在土壤湿度较低的条件下,菌核以另一种方式萌发,仅产生菌丝体。

病菌生长发育的温度范围为5℃～30℃,适温为15℃～24℃。菌核在5℃～30℃范围内形成,以10℃～25℃最适,在5℃～20℃范围内萌发,萌发适温为10℃;子囊孢子在5℃～25℃之间萌发,5℃～10℃最适。菌核的形成和萌发、子囊孢子的萌发和侵入都需要有高湿的环境。

【发病规律】 菌核和带菌病残体可以混入土壤与有机肥中,甚至还可以夹杂在种子中进行有效的传播,进入无病苗床、大棚或温室中。菌核病一旦发生,土壤带菌量逐渐增多,病情将逐年加重。最初田间出现少数病株,后逐渐增多,逐年加重。

在已有菌核病发生的棚室,表层土壤中的菌核和上一季病株残体是主要初侵染菌源。菌核需经过一段低温休眠期,方能萌发和侵染植物。若土壤持水量达 80% 以上且持续湿润,菌核萌发后产生子囊盘和子囊孢子。子囊孢子成熟后被放射到空中并随风飞散,降落在植株上,萌发后产生芽管和菌丝而侵入。在土壤湿度较低的条件下,菌核萌发产生菌丝,土壤中的带菌病残体也长出菌丝。菌丝向周围扩展,接触并侵入幼嫩的茎部或植株底部衰弱的老叶。菌核在土壤中至少存活 3 年以上,它们并不在同一时间萌发,而是参差不齐,延续一段相当长的时期,这大大提高了侵染的效率。

在潮湿的环境中,病株上产生白色絮状菌丝,通过病株与健株接触传播,也随农事操作和农机具等传播,引起再侵染。黄瓜带菌的病花接触健康部位,也能传病。

寄主植物连作、套种或间作时,菌源增多,发病重。栽植密度大,偏施氮肥,田间郁闭也导致发病加重。病原菌可在凋谢的花器,植株下部老叶、黄叶、病叶上存活繁殖,积累菌量,若不及时清理,也有利于病情扩展。

菌核病是低温病害,病原菌侵染的温度范围为 0℃～28℃,适温为 15℃～21℃,要求有 85% 以上的相对湿度。冬、春低温季节,凡导致土壤和空气湿度升高、光照减弱的因素都有利于发病。开花结果期浇水次数增多,浇水量增大,有利于菌核萌发和产生子囊孢子,进行花器侵染,至盛果期达到发病高峰。

【防治方法】

1. 铲除菌源　发病地应换种非寄主植物 3 年以上,或更换土壤。若不能采取以上措施,则可进行深翻或土壤淹水,以减少菌源。病田深翻 30 厘米以上,可将菌核翻入下层土壤。菜田淹水 1～2 厘米,保持水层 18～30 天,可以杀死大部分土表菌核。夏季天气炎热时淹水效果更好。夏季闭棚 7～10 天,可利用高温杀灭表层菌核。地表采用地膜覆盖,阻挡子囊盘出土,也有一定效果。

土壤药剂处理可在育苗前或定植前进行,每 667 平方米施用 50% 速克灵可湿性粉剂 2 千克。

2. 栽培防治　清选种子,汰除菌核;冬春棚室要采取加温措施,合理通风,控制浇水量或覆盖地膜,膜下灌水,以增温降湿;多施基肥,避免偏施氮肥,增施磷、钾肥,防止植株徒长,提高抗病能力。要及时摘除病叶、黄叶、老叶,以利于通风透光,降低湿度和减少菌源。

3. 生长期药剂防治　发病始期及时喷药防治,药剂可选用 50% 速克灵可湿性粉剂 1 500～2 000 倍液,或 40% 菌核净可湿性粉剂 1 000～1 200 倍液,或 50% 扑海因可湿性粉剂 1 000 倍液,或 50% 农利灵可湿性粉剂 1 000 倍液,或 65% 甲霉灵可湿性粉剂 600 倍液,或 50% 多霉灵可湿性粉剂 700 倍液,或 45% 特克多悬浮剂 1 200 倍液,或 40% 施加乐悬浮剂 800～1 000 倍液等。视病情发展,确定喷药次数。若连续喷药,2 次喷药之间间隔 7～10 天。生长早期需在植株基部和地表重点喷雾,开花期后转至植株上部。还可使用上述药剂的粉尘剂,或者施用 10% 速克灵烟剂或 45% 百菌清烟剂,每

10 天施药 1 次,连续防治 3～4 次。

瓜类红粉病

红粉病在露地栽培中是一种次要病害,多在中、后期发生,危害瓜果。在棚室栽培中发生提早,变重。据河北省永年县调查,发病棚室黄瓜病株率达 9.8％～70％,病叶率达 30％～89％。另有报道,棚室栽培的网纹厚皮甜瓜也易发病,病瓜率达 10％左右。

【症　状】　黄瓜红粉病主要危害叶片,在叶片产生圆形、椭圆形或不规则形状的病斑,浅黄褐色,病健部界限明显,直径 2～50 毫米,病斑处变薄,后期容易破裂。植株下部叶片先发病,逐渐向中上部发展。高湿时病斑上产生浅橙色、粉红色霉状物。发生严重时,叶片大量枯死,引起化瓜。

甜瓜的叶片、叶柄、茎蔓和果实都可被侵染,但以果实受害最重。叶片上初生暗绿色圆形、近圆形病斑,后扩展为浅黄褐色不规则形坏死斑,病斑大小变化较大,易破裂穿孔,高湿时表面生稀疏的浅橙色霉状物。叶柄和茎蔓发病后软化腐烂。果实多从裂口处发病,初生灰白色菌丝团,扩展成为粉白色至粉红色霉层,病部软化腐烂(彩 19)。

苦瓜苗期多发,在子叶和真叶叶缘形成半圆形、不规则形的灰绿色至红褐色坏死斑,进而扩展到叶柄和幼茎,瓜苗烂死,发病部位表面生白色至粉红色霉层。

【病原菌】　为粉红单端孢 *Trichothecium roseum* (Pers.) Link,是一种病原真菌。病菌发育适温 25℃～30℃,适宜空气相对湿度为 85％以上。

【发病规律】　粉红单端孢腐生性较强,可在棚室内外各种植物残体和有机物上腐生,菌源广泛。病原菌的孢子随气流和灌溉水分散传播,从植株伤口侵入。高温、高湿,通风不良,光照不足,植株生长衰弱,有利于该病发生。

【防治方法】 防治红粉病,首先要搞好棚室卫生,彻底清除病残体和各种枯枝烂叶。要加强栽培管理,增施有机基肥,适时追肥,保证植株健壮生长;适当稀植,膜下灌溉,及时通风排湿;摘除病瓜、病叶、老叶。发病初期喷药防治,可选用有效药剂有70%甲基硫菌灵可湿性粉剂800倍液,或80%大生可湿性粉剂800倍液,或50%敌菌灵可湿性粉剂500倍液,或50%扑海因可湿性粉剂1 200倍液,或64%杀毒矾可湿性粉剂500~600倍液,或50%炭疽福美可湿性粉剂800倍液,或10%世高水分散粒剂1 000~1 500倍液等。还可用5%百菌清粉尘剂或5%加瑞农粉尘剂喷粉,每次每667平方米用药1千克。

瓜类细菌性角斑病

由丁香假单胞黄瓜致病变种侵染引起的叶斑和果斑病是黄瓜、甜瓜的重要病害,各地棚室都有发生,在低温高湿条件下,发病更为严重。该病还危害南瓜、西葫芦、西瓜、冬瓜、苦瓜、丝瓜等作物。对于黄瓜,该病称为细菌性角斑病,对其他瓜类,通称细菌性斑点病或细菌性叶斑病。

【症　状】 主要危害叶片,茎蔓、卷须和瓜条也受害。黄瓜幼苗子叶和真叶发病,初生水渍状凹陷斑,圆形或近圆形,以后变为黄褐色而干枯。成株叶片上产生针头大小的暗绿色水渍状斑,后变淡褐色,受叶脉限制而呈多角形,湿度高时叶背面病斑上产生白色菌脓,干燥后成为一层白色透明薄膜(彩

21）。病斑质脆，易开裂穿孔。茎蔓、叶柄、卷须发病，出现水浸状小斑点，纵向扩展成短条状，高湿时溢出菌脓，可纵向开裂水浸状溃烂，干燥时变褐干枯。果实上的病斑最初也是水渍状，近圆形，后变为灰褐色，不规则形，病斑中间常产生裂纹。潮湿时，病部溢出污白色菌脓，并发细菌性软腐病后，果肉变褐腐烂，有臭味。幼瓜被害后常腐烂早落。

甜瓜病叶上生半透明油渍状小斑点，后变为近圆形至多角形黄褐色病斑，边缘常有深绿色或红褐色晕环。果实上病斑初为深绿色油渍状的小点，后中部变褐色，形状多不规则，龟裂或形成溃疡。西瓜叶片上初生水浸状半透明小点，后扩大为黄褐色近圆形病斑，周边有黄绿色晕环。后期病斑中央破裂穿孔。果实上初生油渍状黄绿色小点，扩大后变成近圆形褐色坏死斑，边缘黄绿色油渍状，后期病部凹陷龟裂。危害各种瓜类，病部在高湿时，都有黄白色菌脓溢出。

【病原菌】　为丁香假单胞黄瓜致病变种 *Pseudomonas syringae* pv. *laehrymans* (Smith and Bryan) Young Dye and Wilkie，是一种病原细菌。

【发病规律】　病原菌随病残体在土壤中越冬、越夏，成为下一季发病的初侵染源。病原菌还可在种皮和种子内部存活 1～2 年，播种带菌种子可直接引起子叶和幼苗发病。病原细菌通过风雨、灌溉水、农事操作和昆虫传播，从植株的自然孔口或伤口侵入。在一个生长季中，可发生多次再侵染。

高温和高湿是细菌性角斑病发病的重要条件。发病的温度范围为 20℃～30℃，最适温度为 25℃左右。即使温度较低，但湿度高，发生也相当严重。重茬地遗留菌源较多，发病也较多。地势低洼，土质黏重，排水不良，浇水过多，栽植密度过大，通风不良，田间郁闭以及磷、钾肥不足等都有利于发病。

【防治方法】

1. 选用抗病品种 黄瓜的抗病材料有 82 大雌性系、大衙 8303、87-4、B10、94-35、94-30、89121、农大甲号等，抗病品种有龙杂黄 3 号、龙杂黄 6 号、92-29、92-13、津春 1 号、农大 9302、中农 5 号、中农 13 号、87-2、北京黄瓜 301 等。

2. 种子处理 黄瓜种子用 50℃ 温水浸种 20 分钟，或用 100 万单位硫酸链霉素 500 倍液浸种 2 小时，洗净后播种。还可用 47% 加瑞农可湿性粉剂拌种，用药量为种子重量的 0.3%。有报告称，潜伏于种子内外的病原细菌存活期为 3 年，因而可使用收获后贮存 3 年的种子，不必进行种子处理。

3. 加强栽培管理 重病地块实行 2 年以上的轮作，用无病土壤育苗。高畦种植，合理灌溉，不大水漫灌，雨后及时排除田间积水。棚室合理调节温湿度，要适时支架提蔓、绑蔓，加强通风降湿。温室大棚黄瓜要求叶面不结露或结露时间不超过 2 小时，中午和下午放风，使相对湿度降到 70%～80%。如气温达到 13℃ 以上可整夜通风降湿。浇水应在晴天上午进行，浇后闭棚，使温度上升，闷 1 小时后缓慢放风，遇连阴雨或发生霜霉病、角斑病后应控制浇水。不在露水未干时进行农事操作。当季瓜类收获后应彻底清除病残体并集中销毁。

4. 药剂防治 于发病初期施药防治，可选用 72% 农用链霉素可溶性粉剂 4 000 倍液，或新植霉素 5 000 倍液，或 77% 可杀得可湿性粉剂 500 倍液，或 47% 加瑞农可湿性粉剂 600 倍液，或 30% 琥胶肥酸铜可湿性粉剂 500 倍液，或 14% 络氨铜水剂 350 倍液，或绿亨 7 号（77% 氢氧化铜可湿性粉剂）600～800 倍液等，7～10 天喷药 1 次，连续防治 2～3 次。用 5% 加瑞农粉尘剂喷粉，每次每 667 平方米用药 1 千克。

黄瓜绿粉病

黄瓜绿粉病是温棚蔬菜的一种新病害,由一种绿藻附生而引起。绿粉覆盖叶面,严重影响光合作用,进而影响黄瓜产量和品质。最初于 1993 年发现于甘肃省白银市,在甘肃各地温棚黄瓜病株率为 15%～25%,严重的高达 97%。

【症　状】　黄瓜发病初期,叶片正面和背面出现不规则黄绿色小粉团,常从叶片正面的叶脉处开始发生,以后扩展并相互愈合,覆盖全叶,外观呈黄绿色丝茸状粉层。病叶叶脉多皱缩、变形、叶肉较粗糙。严重时叶柄、卷须、残花、瓜蔓均可受害,覆盖一层绿粉。病害多自基部叶片发生,向上蔓延扩展,最终全株发病。西葫芦、番茄、辣椒、茄子、芹菜、蒜苗、小油菜等蔬菜寄主和杂草上的症状与黄瓜大致相似。

【病原物】　病原物为一种集球藻 *Palmellococcus* sp.,属于绿藻门卵囊藻科。孢子体卵圆形、长椭圆形、近圆形,单胞,淡绿色,表面有山脊状隆起,相互连接。孢子大小为 3.39～12.38 微米×1.06～10.82 微米。初期孢子体内为均匀的淡绿色,后产生颗粒体。

病藻既可依附在黄瓜、番茄等多种植物的体表,吸取水分和少量外渗物质而生长,也可附着在温棚前屋面的薄膜上和立架等的包裹物上生长,是一种气生性自养生物,但它的依附影响植物的光合作用。

【发病规律】　温棚中绿粉病多在 1～4 月份发生。1 月下旬至 2 月上旬,先在温棚的前屋面下发生,随后向温棚中部扩展,3 月中旬达到发病高峰,3 月下旬至 4 月上旬病情迅速下降,4 月中下旬消失。

发病程度与湿度密切相关。每天温棚中相对湿度不低于80%，且相对湿度100%保持在12小时以上或叶面有水膜，藻孢生长旺盛。若保持饱和湿度的时间少于12小时，且湿度70%～10%的时间多于2小时，并出现1小时以上的较低湿度（70%）时，藻孢的生长发育受到抑制，并开始死亡。若出现65%的低湿，或达不到饱和湿度时，藻孢迅速死亡。凡能增大温棚湿度的栽培措施，如浇水、密植等因素都能加重发病。黄瓜进入盛瓜期后，采取大水大肥，棚室湿度增高，每天湿度饱和的时间达到14小时以上，为病害蔓延提供了条件。

温度对藻孢的生长发育无明显影响。每天有3～4小时7℃～10℃低温，或中午有3～4小时37℃～39℃的高温，藻孢仍旺盛产生。据观察，黄瓜品种间抗病性无明显差异。

【防治方法】 对黄瓜绿粉病尚缺少有关防治方法的研究。绿粉病的发生与棚室内高湿有直接关系。防治绿粉病，首先应改进灌溉技术，避免大水漫灌，浇水后及时通风，降低棚室湿度。

西葫芦花叶病

花叶病是西葫芦的主要病害之一，不论露地栽培或棚室栽培，发病都普遍而严重。棚室栽培的西葫芦发生花叶病后，减产可达30%～40%，果实品质低劣，严重时甚至提前拉秧。

【症　状】 症状复杂，因致病病毒种类不同而有变化，一般区分为花叶型、黄化皱缩型和混合型。花叶型的症状特点为新叶上出现褪绿斑点（彩19），后变为均匀的花叶斑驳（彩20），严重时顶叶变为"鸡爪形"或线形叶。病株矮化，病瓜小而有凸凹不平的瘤状突起。黄化皱缩型病株上部叶片沿叶脉褪绿,叶面花叶有隆起的浓绿色疱斑,然后叶片黄化,皱缩下卷(彩20)。病株矮小,后期扭曲畸形,严重时枯死。病瓜很小,瓜面上生有花斑(彩20)或产生许多瘤状突起(彩21)。混合型系花叶型和皱缩型症状混合发生。

【病原物】 由多种病毒侵染所致,不同地区可能有所差异。主要种类有南瓜花叶病毒、西瓜花叶病毒2号、黄瓜花叶病毒等。

1. 南瓜花叶病毒(*Squash mosaic comovirus*,SqMV)又名西葫芦花叶病毒,病毒粒体球形,直径28纳米。病毒的钝化温度为70℃～80℃,体外存活期30天,稀释限点10^{-4}～10^{-6}。可侵染葫芦科、豆科植物。主要通过种子和汁液传播,花粉不传毒。种子带毒率可高达10%(甜瓜)至30%(西葫芦)。还可通过瓜叶甲、食叶瓢虫等昆虫传播。

· **2. 西瓜花叶病毒2号(*Watermelon mosaic 2 potyvirus*,WMV-2)** 病毒粒体线状,长730～765纳米,病毒的钝化温度为55℃～65℃,体外存活期10～50天,稀释限点10^{-3}～10^{-5}。侵染葫芦科植物和某些豆科植物。主要通过桃蚜、豆蚜等29种以上蚜虫传毒,汁液传毒。

3. 黄瓜花叶病毒 病毒粒体球形,直径29纳米。病毒的钝化温度为55℃～70℃,体外存活期1～10天,稀释限点10^{-3}～10^{-6}。寄主范围广泛,自然寄主有67科470种植物,其中包括瓜类、豆类、茄果类、白菜类、绿叶菜类蔬菜以及烟草、向日葵、花生、花卉等重要经济植物。由多种蚜虫非持久性传毒,汁液传毒,某些寄主植物可种子传毒。

【发病规律】 病毒种类不同,发生规律也有所不同。一般说来,病毒在棚室和露地的作物、杂草上越冬,经由昆虫、种子和农事操作传播。在冬季温暖、露地仍然栽培寄主作物的地区,周年发生和造成危害。在冬季寒冷地区,冬季在温室、大棚内继续发生。带毒杂草也是重要越冬毒源。

种子带毒率高或传毒蚜虫盛发,西葫芦发病加重。管理粗放,杂草多,附近种植寄主作物,天气高温干旱、日照强,有利于蚜虫繁殖、迁飞和花叶病发生。瓜株缺水、缺肥,生长不良,则抗病性和耐害性降低,受害重。西葫芦生育早期发病,受害更重。

【防治方法】　在了解当地病毒种类的前提下,可以针对具体病毒提出防治措施。若不了解,可依据病毒病害防治的一般原则,进行防治。

1. 选用抗病、耐病品种　据各地报道,花叶西葫芦、银青西葫芦、早青一代、寒玉、晋葫1号、阿太一代、冬玉、百利、碧波、玉龙等抗病或耐病。

2. 使用无毒种子,实行种子消毒　搞好制种地的病毒防治,不由病株留种,不种植带毒商品种子。种子消毒可用10%磷酸三钠溶液浸种20～30分钟,或用1%高锰酸钾溶液浸种30分钟,用清水冲洗干净后再催芽播种。干种子用70℃干热处理72小时的方法;或者在40℃下处理24小时后,再在68℃下干热恒温处理5天,钝化种子内外的病毒。

3. 加强栽培管理　不与瓜类作物或其他毒源作物连作、间作,田块周围不种植瓜类作物,清除杂草。培育壮苗,移栽时淘汰感染病毒病的苗子。施足腐熟的农家肥,增施磷、钾肥,补施锌、硼微肥,开花后适时浇水追肥,结果期用0.2%～0.3%磷酸二氢钾进行叶面追肥,高温季节适当多浇水,或覆盖遮阳网,降低地温,防止瓜株早衰,增强其抗病性和耐害性。病毒可通过农事操作传毒,农事操作应遵循先健株后病株的原则,尽可能减少农事操作造成的伤口。

4. 防治蚜虫 参见第十章瓜蚜部分。

5. 药剂防治 苗期喷施 83 增抗剂(植物抗病毒诱导剂)100 倍液,提高幼苗的抗病能力。发病初期可选择喷施 20% 病毒 A 可湿性粉剂 500 倍液,或 1.5% 植病灵 1 000 倍液,每 7~10 天 1 次,连喷 3~4 次。

第六章　棚室豆类蔬菜病害

棚室栽培的豆类蔬菜主要有菜豆、豇豆、荷兰豆等,病害较多,发生态势也比较复杂,少数病害分布广泛,危害严重,需要重点防治。有的病害基本情况不清,需要继续研究发生规律,总结防治经验。

菜豆细菌性疫病、灰霉病和菌核病等是老菜区棚室生产的主要病害,其他常见病害还有锈病、炭疽病、白粉病、枯萎病、根腐病、病毒病、线虫病等。棚室生产倒茬困难,近年来连作导致菜豆根腐病、枯萎病、线虫病等土传病害发生加重。

菜豆冬暖大棚(播期10月上旬)根腐病、细菌性疫病、灰霉病等多发。春大棚苗期光照弱,温度变幅大,土壤、空气湿度不易控制,猝倒病和立枯病等苗期病害多发,中后期随着温度升高,浇水增多,湿度增高,昼夜温差加大,易发生灰霉病、枯萎病、炭疽病和疫病,有些地方还发生锈病、白粉病和病毒病。多种病害常复合侵染,不易准确诊断和用药,南方采用防虫网覆盖栽培的方式生产夏秋豇豆,锈病和煤霉病发病增多,病毒病害也有发生,但病毒种类和毒源传播关系多不明确。

荷兰豆(食荚豌豆)也是棚室生产的重要豆类作物,病害有白粉病、褐斑病、枯萎病、镰刀菌根腐病和病毒病害等。

棚室豆类病虫害防治,需因地制宜提出综合防治策略和配套措施。对多数病害现在仍然缺乏抗病品种,对锈病、枯萎病等虽然已开展抗病育种,但需加强对病原菌小种分化的研究。菜豆对多种药剂较敏感,选用不当,易产生药害,使用农药时要注意。

菜豆细菌性疫病

该病是菜豆的常见病害,又称为火烧病或叶烧病,豇豆、绿豆、小豆等豆类作物都可被侵染。棚室菜豆常发,秋延后菜豆发病重,造成叶枯减产。

【症 状】 菜豆整个地上部分,包括叶片、茎蔓、豆荚和种子等部位都可受害,而以叶部为主。先在叶尖和叶缘出现初呈暗绿色油渍状小斑点,后扩大成为近圆形至不规则形的褐色病斑,在叶缘的发展成为"V"字形病斑,病斑周围有明显黄色晕环(彩21)。病斑组织干枯变薄,近透明,易破裂穿孔。多个病斑汇合,常造成全叶枯死,似火烧状,但病叶不脱落。潮湿时病斑上有淡黄色的菌脓溢出,干燥时变成白色或黄色的菌膜。茎蔓上产生红褐色稍凹陷的溃疡状条斑,扩展后可绕茎一周,导致上部茎叶枯萎。豆荚上病斑不规则形,红褐色,严重时豆荚萎缩。

【病原菌】 为一种病原细菌,即野油菜黄单胞菜豆致病变种 *Xanthomonas campestris* pv. *phaseoli* (Smith)Dye。该菌主要危害菜豆,也侵染豇豆、利马豆、红花菜豆、扁豆、绿豆、黑绿豆、小豆、白花羽扇豆等豆科植物。

【发病规律】 病原菌在种子内部或粘附在种子表面越季,以种内带菌为主。病菌也可随病残体在土壤中越冬。当季菜豆发病后,病斑上菌脓中的细菌又借气流、灌溉水、棚膜滴水、昆虫以及农事操作传播,发生再侵染。病原菌从气孔、水孔、伤口侵入,潜育期2～3天。田间条件适宜时,发病株迅速增多。

高温高湿有利于病害的发生和流行,棚室通风不良,高湿郁闭,结露多,气温 24℃～32℃时最易发病。重茬种植,栽培管理不当,如大水漫灌、肥力不足、偏施氮肥、杂草丛生以及虫害严重时,均会加重细菌性疫病病情。

【防治方法】

1. 减少菌源 病地与非豆科作物轮作 3 年以上。拉秧时彻底清除病株残体,深耕翻土,以减少田间菌源。使用无病种子,种子可用 45℃温水浸种 10 分钟,或用种子重量 0.3% 的 95% 敌克松粉剂或 50% 福美双可湿性粉剂拌种。也可用农用硫酸链霉素药液浸种,药液浓度和浸种时间由试验确定。

2. 加强栽培管理 棚室内实行高畦定植,地膜覆盖,加强通风,避免环境高温高湿。施用腐熟有机肥,促进植株健壮生长。

3. 药剂防治 发病初期可选择喷洒 47% 加瑞农可湿性粉剂 800 倍液,或 14% 络氨铜水剂 300 倍液,或 77% 可杀得可湿性粉剂 800 倍液,或 50% 琥胶肥酸铜可湿性粉剂 600 倍液,或 12% 绿乳铜乳油 600 倍液,或 60% 琥·乙磷铝可湿性粉剂 500 倍液,或 10% 双效灵(混合氨基酸铜络合物)水剂 300～400 倍液,或 78% 科博可湿性粉剂 600 倍液,或 20% 龙克菌悬浮剂 500 倍液,或 72% 农用硫酸链霉素可溶性粉剂 3 000～4 000 倍液等。间隔 7～10 天喷 1 次,连喷 2～3 次。还可喷布 5% 加瑞农粉尘剂,每次用药量为每 667 平方米 1 千克。

菜豆炭疽病

菜豆炭疽病发生普遍,近年来明显加重,不但造成严重减产,而且降低豆荚品质和商品性。在豆类运输和贮藏期炭疽病仍可持续发生。

【症　状】　叶、茎、豆荚均可发病。幼苗子叶上生成红褐色至黑色的近圆形病斑,凹陷溃疡状。幼茎下部产生红褐色小斑点,发展后成为长条形的凹陷病斑,有时表面破裂,病斑相互汇合后,受害部分扩大,甚至环切茎基部,致使幼苗倒伏枯死。

在成株叶片上,病斑多出现在叶片背面的叶脉上,沿叶脉形成三角形或多角形的小条斑,初为红褐色,后变黑褐色。叶柄和茎上产生类似病斑,病斑凹陷龟裂,叶柄受害后常造成全叶萎蔫。豆荚上初生黑褐色小斑点,后扩大成为近圆形稍凹陷的病斑,中部暗褐色至黑色,边缘可有深红色的晕圈,大小不一,大的长径可达 1 厘米左右,多个病斑汇合,形成大的变色斑块,甚至覆盖整个豆荚(彩 22)。病原菌能穿透豆荚,进入豆粒内部。豆粒上生成不规则形褐色溃疡斑,稍凹陷。高湿时在豆荚和茎蔓的病斑上,出现粉红色黏质物,为病原菌的黏分生孢子团。

【病原菌】　为豆刺盘孢 *Colletotrichum lindemuthianum* (Sacc. et Magn.)Briosi. et Cay. ,是一种病原真菌。该菌还能侵染豇豆、蚕豆、豌豆和扁豆等作物。生长最适温度21℃～23℃,最低 6℃,最高 30℃。分生孢子致死温度为 45℃,经 10 分钟。

【发病规律】　炭疽病病菌主要随种子或病残体越季传播。播种带病种子,造成幼苗子叶或嫩茎染病。随病残体越季的病原菌,在条件适宜时产生分生孢子,进而侵染幼苗。当季病株病部产生的分生孢子通过气流、灌溉水或昆虫分散传播,进行再侵染。

温度为 20℃～23℃,湿度 100%最适于炭疽病发生。温度 27℃以上,相对湿度低于 92％ 发病少或不发生,温度低于 13℃,病情停止发展。在凉爽高湿的季节发病重。棚室土壤黏重,地势低洼,郁闭,湿度大加重发病。

品种间抗病性有差异,蔓生种抗病性较强,矮生种抗病性较弱。东北品种及朝鲜品种抗病性较强,而欧洲品种的抗病性较弱。

【防治方法】

1. 选用无病种子或种子消毒 从无病田、无病株和无病荚上采种。播前种子粒选,严格剔除有病种子。种子处理可用 45℃温水浸泡 10 分钟,或用 40％ 甲醛液 200 倍液浸泡 30 分钟,捞出后用清水洗净晾干,待播。也可用 50％ 多菌灵可湿性粉剂或 50％ 福美双可湿性粉剂拌种,用药量为种子重量的 0.4％。

2. 种植抗病品种 菜豆品种间存在着抗病性差异。据山东地区报道,早熟 14 号、芸丰 623、老来少、枣庄半架、大白架、83-A、双丰 2 号、哈豆 1 号等抗病。据贵州地区报道,贵阳白棒豆、无筋棒豆、紫棒豆等蔓生品种较抗病。

3. 加强栽培管理 菜豆与非豆科蔬菜实行 2 年以上轮作。收获后清除病残体,及时翻耕晒土,以减少菌源。旧架材使用前以 50％ 代森铵水剂 800 倍液或其他有效药剂消毒。加强田间发病监测,及时发现和拔除病苗。移栽前严格淘汰病苗,定植壮苗。实行地膜覆盖栽培,通风降湿,及时绑蔓搭架,开花期少浇水,及时摘除病叶,开花后合理浇水追肥,结荚期增施磷肥。适时采收,包装贮运前注意剔除病荚。

4. 药剂防治 可选用 50％ 多菌灵可湿性粉剂 800 倍液,或 70％ 甲基硫菌灵可湿性粉剂 1 000 倍液,或 50％ 施保功可湿性粉剂 1 000～1 500 倍液,或 25％ 施保克可湿性粉剂 2 000

倍液,或 25％炭特灵可湿性粉剂 600～800 倍液,或 75％百菌清可湿性粉剂 600 倍液,或 80％炭疽福美可湿性粉剂 500～800 倍液,或 80％新万生可湿性粉剂 600～800 倍液,或 80％喷克可湿性粉剂 800 倍液,或 68.75％ 易保水分散粒剂1 000～1 500 倍液等。一般从发病初期开始喷药,隔 7～10天喷 1 次药,连喷 2～3 次。或苗期喷 2 次,结荚期喷药 1～2次。喷药要周到,注意不要漏喷叶背面。还可用 45％百菌清烟剂熏烟,每 667 平方米每次药量 250～300 克。

菜豆菌核病

菜豆菌核病主要发生在棚室栽培的春菜豆和秋延后菜豆上,在低温高湿环境下,发病尤其严重,茎蔓枯死,豆荚腐烂,造成毁灭性损失。

【症　状】　幼苗期先在茎基部出现暗褐色水浸状病斑,向上、下发展,使整个幼茎变褐软腐,叶片萎蔫脱落,幼苗枯死。病苗根部腐烂,须根少,可以很容易地从土壤中拔出。湿度大时病苗部表面长出白色棉絮状菌丝,以后菌丝团中出现黑色鼠粪状菌核。

成株茎基部或第一分枝分杈处,产生水浸状不规则形暗绿色、污褐色病斑,后变为灰白色,病部皮层纤维状干裂。茎蔓相互缠绕相连处,以及茎蔓与叶片相接触处易发病。蔓生菜豆多在贴近地面的茎蔓部分变褐腐烂。发病部位以上茎叶萎蔫,枯死。茎基部腐烂的,往往全株枯死。发病茎蔓表面和茎组织内产生密集的白色菌丝和黑色菌核。

叶片发病,生出暗绿色水浸状不规则形大病斑,叶片略向背面卷缩,叶片背面产生密集的白色菌系。腐烂部分可扩展到叶柄,病叶褪绿,继而萎蔫干枯。病原菌能在衰老花瓣上腐生,花器褐腐并生白色菌丝,进而侵染嫩荚,引起豆荚变褐腐烂。病花着落在茎叶上,也引起发病。豆荚还可以从与茎蔓或叶片接触部位开始发病,出现水浸状腐烂。病豆荚也产生白色菌丝和黑色菌核。贮藏期豆角堆积过密,环境湿度过大,豆荚可继续腐烂,并波及周围健康豆荚。

【病原菌】　菌核病由子囊菌门的核盘菌 *Sclerotinia sclerotiorum*（Lib.）de Bary 引起。核盘菌能危害 400 多种植物,包括多种蔬菜。

【发病规律】　核盘菌的菌核夹杂在种子间,散落在土壤中,或在病残体与堆肥中越季,成为下茬发病的主要初侵染源。越季菌核萌发产生子囊盘,继而放散出子囊孢子,子囊孢子借气流、雨水、灌溉水传播,侵染周围植物。菌核萌发还可直接产生菌丝,侵染植物。通过植株之间的相互接触,发病部位长出的菌丝,也能蔓延到邻近健康茎、叶、果荚,引起再侵染。

冷凉高湿适于菌核病发生,发病的适宜温度为 5℃～20℃,最适温度 15℃,相对湿度 100%。

【防治方法】　选用健康种子,汰除种子间混杂的菌核和病残体。病地实行轮作,拉秧时清除病株残体,结合整地进行深翻,将菌核埋入土壤深层。实行地膜覆盖,阻隔子囊盘出土。或在子囊盘出土盛期中耕,浇水,覆盖地膜并闭棚升温。增施磷、钾肥,提高植株抗病性,适当提高棚内温度（25℃）,控制浇水,尽量减低棚室湿度,及时摘除老叶、病叶,拔除病株。药剂防治参见第五章黄瓜菌核病部分。

40%菌核净可湿性粉剂和 10%菌核净烟雾剂是防治菌核病的常用药剂。菌核净的有效成分是 N-3,5-二氯苯基丁二酰亚胺,具有保护作用和内渗治疗作用,持效期较长。现已发现保护地种植的菜豆伸蔓期和芹菜苗期对该剂较敏感,用40%菌核净进行常规喷雾后,对蔬菜的生长会有明显的抑制作用,对菜豆的开花、结荚产生明显的不利影响,延迟芹菜的收获期20天左右;应慎用。10%菌核净烟雾剂,每667平方米温室大棚中,设烟剂放置点10~15个,每点用药25克,各点的位置要距离蔬菜30厘米以上。

菜豆灰霉病

灰霉病是棚室菜豆重要病害,冬春季多发,冬暖大棚和春大棚需加强发病监测和防治。

【症　状】　菜豆的茎、叶、花、荚均可染病。苗期子叶发病,呈水渍状变软下垂,叶缘出现清晰的白灰霉层。成株茎基部生不规则形病斑,初水浸状暗绿色,后变褐色,病斑中部色泽较淡,干燥时表皮破裂。有时病菌从茎蔓分枝处侵入,使分枝处形成水浸状斑,略凹陷,扩大后可环切茎蔓,病部以上枯萎。带病花瓣着落叶片,造成叶片发病,形成暗绿色不规则形水浸状病斑,以后发展成污褐色大斑,具有同心轮纹,后期易破裂。病菌还由枯死花瓣侵染豆荚,出现水浸状淡褐色软腐。高湿条件下,茎蔓、叶片、果荚等发病部位都密生灰色霉状物。

【病原菌】　为灰葡萄孢 *Botrytis cinerea* Pers. ,是半知菌亚门葡萄孢属的一种病原真菌。该菌在植物发病部位产生大量分生孢子梗和分生孢子,形成肉眼可见的灰色霉层。灰葡萄孢能侵害的植物多达数百种,其中包括20余种重要蔬菜。

【发病规律】　病原菌以菌核和菌丝体随病残体在土壤和

有机肥料中越季,是主要初侵染的菌源。带菌土壤和病残体碎片也随种子、灌溉水或农机具传播。棚室发病的病菌来源十分复杂,可参阅本书茄果类灰霉病,在此不再作详细介绍。

高湿,温度偏低,适于灰霉病发生和流行。棚室中 2～5 月份为主要发病时期,病情迅速蔓延发展,此后温度升高,发病减少。

【防治方法】

1. 栽培防治　棚室高畦定植,地膜覆盖,加强棚内的通风,降低棚内湿度。适当降低密度,及时摘除并销毁病叶、病花、病荚。有的地方通过调节棚内温湿度 进行"生态防治"。其法在初花期后晴天上午 9 时关棚,使温度迅速升高,棚内温度升到 32℃ 时,开始通风,下午棚温保持 20℃～25℃,若下降到 20℃,就关棚。夜间棚内温度保持在 15℃～17℃,早晨开棚通风,以达到降低棚内湿度和缩短结露时间的目的,创造不利于灰霉病病菌侵染的条件。

2. 药剂防治　加强病情监测,发现零星病斑后及时用药。喷雾可选用 50% 多霉灵可湿性粉剂 1 000 倍液,或 50% 速克灵可湿性粉剂 1 000～1 500 倍液,或 65% 甲霉灵可湿性粉剂 800 倍液,或 28% 灰霉克可湿性粉剂 600～800 倍液,或 50% 扑海因可湿性粉剂 1 000 倍液等。阴天时可使用 6.5% 万霉灵粉尘剂,每次每 667 平方米用药 1 千克。还可用 10% 速克灵烟剂,每次每 667 平方米用药 300 克。

灰霉克兼有预防和治疗作用,用于防治蔬菜灰霉病,对多菌灵、速克灵抗药性菌有效。

菜豆和豇豆锈病

锈病主要在菜豆生长中、后期发生，主要危害叶片，也危害叶柄、茎蔓和豆荚，病叶干枯脱落，造成一定损失。

【症　状】　叶片背面出现许多浅黄色小斑点，以后逐渐扩大，并变为黄褐色突起疱斑，覆盖疱斑的表皮破裂后，有红褐色粉状物分散出来，叶片正面对应的部位形成褪绿斑点。这种疱斑就是病原菌的夏孢子堆，夏孢子堆内产生红褐色椭圆形夏孢子，粉末状。夏孢子堆有时也生于叶片正面。一张叶片上夏孢子堆甚至可达 2 000 个以上，严重时病叶干枯脱落（彩22）。生长后期病叶上长出黑褐色的疱斑，即冬孢子堆，表皮破裂后散出黑褐色的冬孢子。

因品种抗病性不同，夏孢子堆的形态也有变化，抗病品种孢子堆小，周围有枯死组织，有的仅为枯死斑，没有夏孢子产生。中抗品种孢子堆较大，但周围组织枯死或明显褪绿。感病品种孢子堆大，周围组织不枯死，但有的略有褪绿。有时在孢子堆周围还生出 1 圈或 2 圈更小的孢子堆，称为次生孢子堆（彩22）。在枯黄叶片上，孢子堆周围仍保持绿色。叶柄、茎蔓和豆荚上症状与叶片上相似，疱斑稍大，荚上疱斑较隆起。

【病原菌】　引起菜豆发病的锈菌有 2 种，即菜豆疣顶单胞锈 *Uromyces appendiculatus*（Pers.）Ung. 和菜豆单胞锈 *Uromyces phaseoli*（Pers.）Wint.。引起豇豆发病的是菜豆单胞锈。

【发病规律】　病原菌虽然在菜豆上可以完成整个生活史，但有性态在田间很少发生。实际上主要靠夏孢子世代周年循环。病原菌主要以夏孢子在各茬寄主植物之间辗转侵染危害，在生活植株上越夏越冬。夏孢子随气流传播，在一个生长季节内发生几次或十几次再侵染。锈菌通过气孔侵入，也可直接穿透表皮而侵入。南方发病早，产孢早，北方发病除了当地菌源之外，还接受南方随气流传来的异地菌源。秋季日照变短，日照时间的变化诱导病原菌产生冬孢子堆和冬孢子。在南方长日照地区，锈菌不产生冬孢子。

一般现蕾或初花后，开始进入锈病盛发期，近地面的成熟叶先发病，逐步向上蔓延。若发病早，常造成叶片早期脱落，结荚减少，损失较大。若发病过晚，仅部分下叶发病，危害不大。气温 20℃～25℃，相对湿度 95％以上最适于锈病流行，叶面结露，有水膜是锈菌孢子萌发和侵入的先决条件。露地栽培的，当季降雨早，降雨次多，雨量大，锈病将严重发生。例如，豇豆锈病在日平均气温稳定在 24℃，雨日数和间断中、小雨多，就会流行。棚室浇水多，昼夜温差大，早晚重露，最易诱发锈病。此外，菜地土质黏重，地势低洼积水，种植密度过大，田间郁闭不通风，或过多施用氮肥，植株旺长等都有利于发病。菜豆（豇豆）套种或紧邻重病田的迟播菜豆（豇豆），发病加重。不同品种间抗病性有明显差异。

【防治方法】

1. 选用抗病品种　品种抗病性差别较大，各地应因地制宜选用抗病、耐病品种。在菜豆蔓生种中，细花、福三长丰、新秀 1 号、九粒白等比较抗病，而大花、中花则易感病。另据山东地区报道，菜豆抗病品种有新秀 1 号、新秀 2 号、双丰 1 号、双丰 2 号、双丰 3 号、碧峰、芸丰 1 号、九粒白、绿龙、秋抗 6 号、紫秋豆、细花等。豇豆品种中粤夏 2 号高抗，桂林长豆角、铁线青豆角等较抗病。

2. 加强栽培管理 采用高畦定植,地膜覆盖,合理密植,加强肥水管理,采用配方施肥技术,施用充分腐熟的有机肥,适当增施磷、钾肥,提高植株抗病性;摘除老叶、病叶,合理通风,降低相对湿度。

3. 药剂防治 发病初期及时喷药防治,可选用的有效药剂有 15% 三唑酮可湿性粉剂 1 000～1 500 倍液,或 40% 多·硫悬浮剂 400～500 倍液,或 25% 敌力脱乳油 3 000 倍液,或 10% 世高水分散粒剂 1 500～2 000 倍液,或 40% 福星乳油 8 000倍液,或 12.5% 速保利可湿性粉剂 1 000～1 500 倍液,或 70% 代森锰锌可湿性粉剂 1 000 倍液加 15% 三唑酮可湿性粉剂 2 000 倍液。隔 10～15 天喷 1 次药,连续防治 2～3 次。上列药剂大多是三唑类内吸杀菌剂。多·硫悬浮剂为多菌灵和硫黄的复配剂,高效、广谱、低毒,具有分散性好、渗透性强、耐雨水冲刷、易被作物吸附等特点。低温阴雨天气,可选用粉尘剂防治,不增加棚室的湿度,效果也好。

菜豆枯萎病

菜豆枯萎病在我国各地发生普遍,近些年来危害日渐加重,是棚室菜豆的主要病害。

【**症 状**】 花期症状开始明显,病株先从下部叶片开始发黄,逐渐向上部叶片发展。病叶叶脉变褐,脉间变黄,后枯死脱落。病株根部褐色腐烂,茎基部维管束变黄褐色或黑褐色。病株结荚显著减少,结荚盛期大量死亡(彩 23)。

【**病原菌**】 病原菌为尖孢镰刀菌菜豆专化型 *Fusarium oxysporum* Schl. f. sp. *phaseoli* Kendrick et Snyder,只侵染菜豆。

【发病规律】 病原菌主要以菌丝体、厚垣孢子在病残体、土壤和带菌肥料中越季,种子带菌传病。在当季生长期间,病原菌可通过灌溉水、农机具、土壤肥料等传播。主要通过根部伤口侵入,并进入维管束组织,在植株体内系统扩展而发病。

在北京地区,春菜豆6月中旬开始发病,7月上旬为发病高峰期。日平均气温达到20℃以上,田间出现病株,上升到24℃~28℃时,发病最重,低于24℃或高于28℃,发病减轻。高湿条件下发病重。土壤酸性,黏重,地势低洼,根系发育不良,发病加重。肥力不足,管理粗放,植株生育不良时受害也重。

【防治方法】

1. 选用抗病品种 菜豆品种丰收1号、秋抗19号、锦州双季白、双丰2号、春丰1号和春丰2号等抗病,因地制宜选用抗病品种。

2. 轮作 重病地应与其他蔬菜轮作3年以上,前茬收获后及时清除病株残体并集中烧毁。

3. 种子消毒 用种子重量0.5%的50%多菌灵可湿性粉剂拌种,或用40%甲醛300倍液浸种30分钟,再用清水冲洗干净,晾干后播种。

4. 土壤处理 播种前用50%多菌灵可湿性粉剂,每667平方米用药1.5千克,加细土30千克,混匀制成药土施用。

5. 加强栽培管理 采用高垄栽培,合理灌水,棚室及时通风,降低湿度;施腐熟有机肥,追施磷、钾肥;及时清除病株,深埋或销毁。

6. 药剂防治 田间出现零星病株时浇灌根部,可选用70%甲基托布津可湿性粉剂800倍液,或50%多菌灵可湿性粉剂 600 倍液,或 10% 双效灵水剂 300 倍液,或 10% 土菌消水剂 400 倍液,或 10% 世高水分散粒剂 3 000 倍液等。每株不少于 50 毫升,间隔 7～10 天,再灌 1 次。

菜豆根腐病

根腐病是菜豆的常见病害,由于连茬增多,低湿地块发病趋重,甚至造成连片死秧,在棚室栽培中需严密防范。

【症　状】　从苗期到成株都可发病,主要危害根部和茎基部皮层,造成皮层腐烂。腐烂部分初为红褐色,后变黑褐色,病部略下陷,皮层易剥离,有时纵裂,腐烂可深达内部。病部可成长条形扩展病斑,也可环绕茎基部一周。侧根也腐烂褐变,残留很少(彩 23)。根部腐烂后,幼苗上部真叶萎蔫,下部叶片发黄,从边缘开始枯萎,病叶不脱落。随病情发展,病株叶片自下而上变黄,直至全株枯死。高湿时,病部生粉红色霉状物。

【病原菌】　病原菌为菜豆腐皮镰刀菌 *Fusarium solani* f. *phaseoli* (Burkh.)Synder. et Hansen,该菌还侵染豇豆。生长适温 29℃～32℃,最低温度 13℃,最高温度 35℃。

【发病规律】　病原菌随病残体在土壤中越季,在没有寄主植物的情况下,也可在土壤中长期存活。本病是土传病害,带菌土壤和病株残渣通过有机肥、风雨、灌溉水、农机具等途径传播扩散,引起发病。病原菌主要从根部伤口侵入。

连作棚室土壤中积累病菌多,是重要发病诱因。高温、高湿的环境适于根腐病发生,低洼积水地块以及黏重土壤和酸性土壤发病重。

【防治方法】　病地换种白菜类蔬菜、葱蒜类蔬菜等非寄主作物实行 3～4 年以上轮作。采用高垄栽培,合理浇水,降低土壤湿度,防止淋雨浇苗。发现病株后立即拔除,病穴及四周撒施生石灰粉、草木灰或用药剂消毒。

可选用的有效药剂有 70％甲基硫菌灵可湿性粉剂 800～1 000 倍液,或 60％多菌灵盐酸盐水溶性粉剂 800 倍液,或 30％土菌消水剂 400 倍液,或 10％世高水分散粒剂 3 000 倍液等,在发病初期喷淋茎基部,连喷 2～3 次。另外,还可用多菌灵、代森锰锌、可杀得等药液灌根,或者穴施用多菌灵、甲基硫菌灵等制成的药土。

药剂防治要提早,在茎叶症状明显时用药,已为时过晚。据山东省五莲县试验,每 667 平方米用叶宝绿 4 号(净土灵),5～7 千克,在定植前 5～7 天均匀施于地面,然后浅刨,立即浇水(以水下渗 25～30 厘米为宜),防效较高。

豇豆煤霉病

该病又称为豇豆叶霉病,在全国各地均有发生,是近年来一种较为严重的豇豆病害。该病可致使叶片干枯脱落,结荚不良,采收次数减少,严重减产。除豇豆外,菜豆、蚕豆、豌豆和大豆等豆科作物也会被感染。

【症　状】　主要危害叶片,茎蔓和豆荚也可受害。发病初期在叶片两面产生赤褐色小斑点,后扩大成直径为 0.5～2 厘米的近圆形或多角形的褐色病斑,病、健部分交界不明显。潮湿时,叶背面病斑上密生灰黑色霉层,有时叶正面病斑也有霉层(彩 23)。严重时,病斑相互连片,引起早期落叶,仅留顶端嫩叶。病叶变小,病株结荚减少。

【病原菌】　病原菌为菜豆假尾孢 *Pseudocercospora cru-*

enta（Sacc.）Deighton，还侵染菜豆、蚕豆、豌豆、大豆等豆科作物。病原菌发育温度7℃～35℃，最适温度30℃。

【发病规律】 病菌以菌丝块随病残体在田间越冬。翌年当环境条件适宜时，在菌丝块上产生分生孢子，通过气流、浇水等传播，从寄主的气孔侵入，进行初侵染，引起发病。病部产生的分生孢子可以进行多次再侵染。一般在开花结荚期开始发病，病害多发生在老叶或成熟的叶片上，顶端嫩叶或上部叶片较少发病。贵州省春豇豆一般4月中旬开始发病，6月上中旬至7月上中旬为发病高峰期。

田间高温、高湿是发病的重要条件。温度在25℃～30℃，相对湿度85％以上，通风不良的棚室发病重。连作地发病重，春播过晚的豇豆发病较重。

品种间抗病性有差异，如红嘴燕品种发病较重，而鳗鲤豇品种比较抗病，发病轻。

【防治方法】

1. 实行轮作 与非豆科作物实行2～3年的轮作。

2. 种植抗病品种 鳗鲤豇、湘豇1号、湘豇2号、扬豇40、宁豇3号等品种比较抗病。

3. 加强栽培管理 保护地要及时通风，排湿降温。发病初期及时摘除病叶，减轻病害蔓延。豇豆收获后要及时清除病残体，集中烧毁或深埋。

4. 药剂防治 发病初期选择喷施70％甲基托布津可湿性粉剂800倍液，或77％可杀得可湿性粉剂500倍液，或40％多·硫悬浮剂800倍液，或50％多菌灵可湿性粉剂500倍液，或50％混杀硫悬浮剂500倍液，或58％甲霜灵·锰锌可湿性粉剂800倍液，或65％甲霉灵可湿性粉剂1 000倍液，或50％多霉灵可湿性粉剂1 000倍液，隔7～10天喷1次，连续防治 2～3 次。

豇豆细菌性疫病

豇豆细菌性疫病近年有多发趋势，连作、高湿棚室发病重，需要加强防范。

【症　状】　主要侵染叶片，也危害茎和荚。叶片从叶尖和边缘开始发病，初为暗绿色水渍状小斑，后扩大成不规则形的褐色坏死斑，病斑周围有黄色晕圈，病部变硬，薄而透明，易脆裂。嫩叶皱缩变形，易脱落。茎蔓初生水渍状病斑，发展成为褐色凹陷条斑，可环绕茎部一周，使上部茎叶枯死。豆荚生红褐、稍凹陷的近圆形病斑，荚内种子上也生黄褐色凹陷病斑。在潮湿条件下，发病叶、茎、果荚和种子脐部，有黄色菌脓溢出。严重时病株叶片干枯，火烧状。

【病原菌】　为野油菜黄单胞豇豆致病变种 *Xanthomonas campestris* pv. *vignicola*，是一种病原细菌。

【发病规律】　病原菌随病残体越季，种子也带菌传病。幼苗被来自土壤和种子携带的病原细菌侵染，子叶发病，进而产生菌脓，又随风雨、灌溉水、昆虫和农事操作分散传播，引起再侵染。环境高温、高湿、大雾、结露有利于发病。夏秋天气闷热，连续阴雨或雨后骤晴会促进病情发展。栽培管理不良，偏施氮肥，虫害严重，植株生长势差等，都加重病情。

【防治方法】　病地与白菜、菠菜、葱蒜类等非豆科作物实行 3 年以上轮作。选用抗病品种，播前种子处理可用硫酸链霉素可溶性粉剂 500 倍液浸种 4～6 小时，处理后种子用清水洗净，晾干备用。温汤浸种，用 55℃温水浸种 10 分钟。药剂防治，可选用 72％农用链霉素可溶性粉剂 3 000～4 000 倍液,或 77％可杀得可湿性粉剂 500 倍液,或 14％络氨铜水剂 300 倍液,或 47％加瑞农可湿性粉剂 800 倍液喷雾防治,隔 7～10 天 1 次,连续 2～3 次。

豇豆疫病

部分棚室严重发生,常与其他病害混淆,需要在正确诊断的前提下,加强监测和防治。

【症　状】　病原菌侵染茎蔓、叶片和豆荚。茎蔓症状多发生在节部或节附近,以地面处居多。病部初呈水浸状暗色斑,无明显边缘,后绕茎扩展成为暗褐色缢缩,发病部位以上茎叶萎蔫枯死。湿度大时皮层腐烂,表面产生白霉,即病原菌的孢子囊梗和孢子囊。叶片初生暗绿色水浸状斑,周缘不明显,扩大后呈近圆形或不规则的淡褐色斑,可蔓延至整个叶片,造成叶片干枯,病斑表面也生稀疏白霉,豆荚产生类似症状,多腐烂。

【病原菌】　为豇豆疫霉 *Phytophthora vignae*,是一种卵菌,仅危害豇豆。病原菌生长适温 25℃～28℃,最高温度 35℃,最低 13℃～14℃。

【发病规律】　病菌以卵孢子随病残体在土壤中越冬,卵孢子萌发产生孢子囊,孢子囊萌发产生游动孢子,随风雨、灌溉水分散传播。当季豇豆发病后,病部又产生孢子囊,传播并引起再侵染。主要发病条件为高温、高湿。

【防治方法】　病地与非豆科作物实行 3 年以上轮作。作物收获后,及时清除前茬作物的残体。选用抗病、轻病品种,采用深沟高畦、地膜覆盖种植,及时拔除病株深埋或烧毁等。前期要适当控制生长,连续阴天要注意通风排湿。进入结荚期,温度不宜超过 30℃。浇水后,要加大放风量排湿,减少棚膜水滴和叶面结露。药剂防治采用灌根与喷雾相结合的施药方法。可选用的药剂参见第四章辣椒疫病。

豇豆枯萎病

枯萎病是豇豆的重要病害,在高温高湿的条件下发病重。近年来在华南地区已经成为影响产量和品质的主要原因,常引起结荚期病株大面积枯死。

【症　状】 豇豆整个生育期都可受害,幼株发病后,茎叶萎蔫,迅速死亡。成株多从下部叶片开始发黄,逐渐往上部发展,叶片早落,逐渐枯萎。病株矮化,横切茎基部,由断面可见维管束变褐色。

【病原菌】 为尖孢镰刀菌嗜导管专化型 *Fusarium oxysporum* Schl. f. sp. *tracheiphilum*（Smith）Snyder et Hansen, 还侵染大豆,有小种分化,不同小种间,致病性差异很大。

【发病规律】 病原菌主要以菌丝体、厚垣孢子在病残体、土壤和带菌肥料中越季,可以在土壤中长期存活。通过根部伤口侵入,并进入维管束组织,在植株体内系统扩展而发病。高温多湿是发病的必要条件。土壤含水量越高,发病越重;土壤相对含水量低于 30%,发病轻微。

【防治方法】 豇豆品种间抗病性有明显差异,种植抗病品种是防治枯萎病的主要方法。据广东省蔬菜所鉴定,丰产2号高度抗病,谭冈油青和丰产6号抗病,益农607、扬豇40、华赣998、神禾三尺绿、桂林王中王、华赣银豇、华珍甜豆、宁豇3号、福建黄金桂、广丰7号、春宝2号和江西特长80等中度抗病。栽培防治和药剂防治参看菜豆枯萎病。

豇豆白粉病

白粉病是豇豆常见病害，南方分布广泛，局部地区危害严重。

【症　状】　主要危害成株叶片，初期叶片背面产生圆形黄白色小斑点，后扩大成褐色病斑，覆盖白色粉状物，严重时相互连接，遍布全叶，由白色变为灰白色至灰褐色，严重时叶片正面也出现病斑(彩24)。病株叶片枯黄脱落。

【病原菌】　为蓼白粉菌 *Erysphe polygoni* DC. 和单丝壳白粉菌 *Sphaaerotheca fuliginea* (Sch.)Poll.，两者都是寄主众多、分布广泛的种类。

【发病规律】　病菌能够以闭囊壳在病残体上越冬。翌年春季闭囊壳成熟，散出子囊孢子，由气流传播，侵染寄主植物。病原菌寄主广泛，分生孢子可以在各茬、各种蔬菜之间，在棚室与露地之间辗转侵染。温度25℃左右，昼夜温差大，湿度适中，就可流行。

【防治方法】　参阅荷兰豆白粉病。

荷兰豆白粉病

白粉病是棚室荷兰豆的主要病害之一，各地普遍发生。发病率轻者10%～30%受害，重者40%以上受害，有的全棚受害。病株早衰，豆荚产量降低，品质变劣。

【症　状】　主要危害叶片，也可侵害茎蔓和豆荚。初期叶面产生圆形微小白粉状斑点，后扩大成不规则形粉斑，可相互连接,遍布全叶,叶背呈现褐色斑块。后期病斑颜色由白色转为灰白色,叶片枯黄脱落。茎蔓和豆荚上也出现白色粉斑,致使茎蔓枯黄,豆荚变小,干枯。病斑上的白色粉状物为病原菌的分生孢子和菌丝体,有些地方后期病斑上出现微小的黑色点状物,为病原菌的闭囊壳。

【病原菌】 为豌豆白粉菌 *Erysiphe pisi* DC.,该菌还侵染豌豆、菜豆、豇豆等豆科作物以及其他多种蔬菜。

【发病规律】 在北方产生闭囊壳的地区,病原菌以闭囊壳在土壤中的病残体上越冬,翌年春产生子囊孢子,由气流传播,进行初侵染。白粉菌还可能以分生孢子在露地与棚室之间,在各茬寄主作物之间,辗转侵染,周年循环,全年危害。以哪种方式为主,依当地具体情况而定。在南方产区,病原菌的分生孢子世代可以周年循环危害。

温度 25℃ 左右,昼夜温差大,潮湿的天气和郁闭的环境条件,有利于荷兰豆白粉病的发生。在干旱条件下,植株对白粉病的抗病性减低,发病也重。种植密度过大,田间通风透光状况不良,施氮肥过多,管理粗放等都有利于白粉病发生。

【防治方法】

1. 选用抗病品种 因地制宜选种抗病品种。

2. 搞好棚室卫生 收获后及时清除病残体,带出田间集中烧毁。

3. 加强栽培管理 不连作,棚室注意通风降湿和增加光照。干旱时要及时浇水,防止植株因缺水降低抗病性。开花结荚后及时追肥,但勿过量施用氮肥,可适当增施磷、钾肥,防止植株早衰。

4. 药剂防治 种子在播种前用种子重量 0.3% 的 25% 粉锈宁可湿性粉剂或 30% 特福灵可湿性粉剂拌种。

发病初期选择喷施 15％三唑酮可湿性粉剂 1 000～1 500 倍液,或 40％多·硫悬浮剂 400 倍液,或 43％菌力克悬浮剂 6 000～8 000 倍液,或 40％福星乳油 6 000～8 000 倍液,或 10％世高水分散粒剂 1 500～2 000 倍液,或 30％特福灵可湿性粉剂 4 000～5 000 倍液等,交替使用,每隔 10～15 天喷 1 次,连喷 2～3 次。生物源农药可选用 2％武夷霉素水剂 200～300 倍液,或 2％农抗 120 水剂 200～300 倍液,或 2％加收米水剂 500 倍液等。

粉尘法施药可用 5％加瑞农粉尘剂或 5％百菌清粉尘剂,每次每 667 平方米用药 1 千克。发病初可用 45％百菌清烟剂,每次每 667 平方米用药 200～250 克,20％特克多烟雾剂每次每公顷用药 3.75～7.5 千克。

荷兰豆褐斑病

褐斑病是荷兰豆的常见病害,分布广泛,一般不严重。发病条件适宜的棚室可严重发生,造成减产。

【症　状】　病原菌可侵染叶片、叶柄、茎蔓和豆荚,以叶片发病为主。叶片上生淡褐色、深褐色、红褐色病斑,近圆形,边缘明显,病斑上有同心轮纹。后期病斑上长出黑色小粒点,为病原菌的分生孢子器。叶柄和茎蔓上病斑椭圆形或纺锤形,褐色至黑褐色,略凹陷。果荚上病斑近圆形,稍隆起,褐色至黑褐色,也有同心轮纹,后期产生黑色小粒点。

【病原菌】　为豌豆壳二孢 *Ascochyta pisi* Libert,还侵染普通豌豆、菜豆、蚕豆等作物。病原菌生长发育温度 8℃～33℃,适宜温度 15℃～26℃。

【发病规律】　主要以菌丝体和分生孢子器在种子或病株

体上越季,侵染下一茬作物。当季病株产生分生孢子,随风雨、灌溉水传播,发生再侵染。气温 15℃～20℃,高湿多露时病重。

【防治方法】 　不与豆科作物连作,选择没有种过豆科蔬菜的地块建造棚室。收获后及时清洁田园和翻耕,减少越冬病菌。种植选择抗病品种,选留无病植株留种。播种前种子消毒,防止种子带菌。种子进行药剂处理或温汤浸种。在发病初期可选喷 50％甲基托布津可湿性粉剂 700 倍液,或 70％百菌清可湿性粉剂 600 倍液,或 80％代森锰锌可湿性粉剂 800 倍液,或 70％安泰生(丙森锌)可湿性粉剂 700 倍液,或 50％扑海因可湿性粉剂 1000 倍液,或 40％多·硫悬浮剂 400 倍液,或 45％特克多悬浮剂 1000 倍液等。也可用 5％百菌清粉尘剂或 5％加瑞农粉尘剂,每次每 667 平方米用药 1 千克。

第七章　棚室绿叶菜类病害

绿叶菜类蔬菜通常以柔嫩的叶片、叶柄或茎部供食用,没有严格的采收标准。棚室栽培的绿叶菜类蔬菜主要有芹菜、莴苣(生菜)、菠菜、蕹菜、落葵以及茼蒿、苋菜、芫荽等,本章主要介绍芹菜、莴苣、菠菜、蕹菜和落葵的重要病害。

芹菜是半耐寒性蔬菜,适应冷凉湿润的气候条件。我国已有2000余年栽培历史,近年来从国外引进了株型紧凑粗大,叶柄宽厚肥大,脆嫩少纤维的西芹,部分取代了原有株型高而细长的品种。

我国北方秋冬季栽培为主,有多种方式。秋季大棚芹菜,在6月下旬播种,8月下旬至9月上旬定植,10月末至11月上旬上市。冬季温室栽培在7月中下旬至8月上旬播种,9月中旬至10月上旬定植,翌年1~2月份上市。秋冬改良阳畦或塑料小棚栽培,播种较冬季温室栽培略早,上市略迟。冬春季改良阳畦或日光温室栽培,9月上旬播种,11月上旬定植,翌年3~4月份上市。春季改良阳畦栽培在12月上中旬播种,翌年2月下旬定植,5~6月份上市。秋冬季栽培的主要病害有斑枯病、早疫病、灰霉病、菌核病、细菌性软腐病等,连作地根结线虫多发。

南方芹菜设施栽培亦有不同模式。浙江省桐乡市大棚芹菜,在下半年栽培3茬。早秋芹菜6月下旬播种,7月下旬定植,9月上旬上市。秋冬芹菜8月上旬播种,9月中上旬定植,10月中旬上市。冬芹9月下旬播种,10月底至11月中旬定植,元旦至春节前后上市。江苏省盐城市大棚西芹适宜播期为6月中旬至7月下旬,苗床架设遮阳网,定植后外界最低气温降至5℃～6℃时扣棚膜,降至－2℃～－3℃时在大棚内套上小拱棚,降至－5℃时,小拱棚上再加盖草苫。云南省在夏秋季进行大棚芹菜避雨栽培,2月下旬至4月上旬播种,4月中下旬定植,在7～10月份上市。广西桂林地区5月中旬至6月中旬播种,6月中旬至7月上中旬移栽,9月至国庆节上市。6月中旬前塑料大棚覆盖避雨栽培,6月中下旬至10月换用75%遮光率的遮阳网。夏季芹菜病虫害主要有病毒病、斑枯病、早疫病、细菌性叶斑病、蚜虫、根结线虫等。

棚室栽培的莴苣类蔬菜,有结球莴苣(生菜)、皱叶莴苣(散叶生菜)、长叶莴苣(油麦菜)和莴笋等。北方叶用莴苣日光温室冬春栽培中,灰霉病和菌核病多发,可造成毁灭性损失,霜霉病在春末和秋季发生最普遍,危害较大。有的地方选用美国大速生等耐寒力强、抽薹晚的品种,进行莴苣早春栽培,3月上旬播种,一般在5月中旬至6月初采收,定植后扣3层棚膜,在棚期间霜霉病、灰霉病、菌核病、褐斑病和病毒病等相继发生。莴苣是江浙地区冬春季大棚栽培的主要蔬菜之一,由菌核病、灰霉病、丝核菌基腐病、细菌性软腐病等引起的莴苣腐烂已相当普遍和严重。

河南省莴笋秋冬茬栽培(10月中下旬至11月上旬大棚定植,12月中下旬至翌年1月上旬收获)和越冬茬栽培(11月中下旬至12月上旬定植,翌年1月下旬至2月上中旬收获)病虫害发生也相当复杂,主要病害有霜霉病、灰霉病、菌核病、褐斑病和病毒病,主要虫害则有温室白粉虱、蚜虫、斑潜蝇等。莴笋在重庆市及四川盆地内可周年栽培,以春、秋两季栽培为主,主要病害有霜霉病、菌核病、灰霉病等。

菠菜是喜冷凉的耐寒蔬菜,各地主要在秋、冬、春季栽培。

大棚秋延后菠菜生育前期不扣棚,霜冻前扣上棚膜,在大棚内生长,采收时间为 11 月初。大棚越冬菠菜,10 月上旬播种,翌年 3 月上旬前采收完毕。大棚菠菜最重要的病害是霜霉病、炭疽病,其他叶斑病也常见。在夏季高温多雨季节,种植菠菜难度较大。越夏菠菜需遮阳避雨,利用日光温室或大拱棚,在塑料膜上加盖遮阳网(遮阳率 60%),膜与遮阳网之间间隔 20 厘米,以提高降温效果和方便卷放。晴天 9 时至 16 时覆盖遮阳网,避免阳光直射,降温。此外时间以及阴雨天,卷起遮阳网。日光温室前部和通风窗以及大棚四周,安装 40 目的防虫网。常见病虫害有霜霉病、细菌性软腐病、病毒病以及温室白粉虱、蚜虫等。近年苗期和成株期各种根病有多发趋势,需要注意预防。

蕹菜(空心菜)喜温暖湿润,怕冷,遇霜冻后茎叶枯死。华南露地栽培多在 2~3 月份播种,4~10 月份陆续采收上市。采用塑料薄膜大棚栽培可在 10 月至翌年 2 月份播种,12 月至翌年 3 月陆续采收。棚室保护地蕹菜常见病害有苗期病害、白锈病、轮斑病、褐斑病、灰霉病、菌核病、病毒病等。危害程度随立地环境和茬口不同而有较大差异。害虫主要有蚜虫、菜青虫、小菜蛾、甜菜夜蛾、斜纹夜蛾等。

落葵又名木耳菜,为短日照喜温作物,采摘叶片食用。南方露地栽培自春季至初秋均可播种,但以春播为主。为提早和延后上市,采用大棚、温室等保温设施,基本可做到周年栽培。长江流域大棚冬春季栽培,在 9 月上中旬播种,10 月份扣膜多重覆盖,10 月至翌年 2 月份上市。也有的 12 月至翌年 1 月份在大棚内播种,3~4 月份上市。

冬春季棚室落葵常见蛇眼病、黑斑病、灰霉病、菌核病、细菌性软腐病、病毒病、根结线虫病等。冬春育苗时还发生猝倒病、立枯病等苗病。其中灰霉病和菌核病是冬春季多种棚室蔬菜的重要病害,本书已多有介绍。根结线虫病和苗病可分别参阅本书有关章节。本章仅介绍蛇眼病、黑斑病和病毒病。

芹菜斑枯病

斑枯病又名晚疫病,是芹菜的主要病害,在露地和保护地都可严重发生,广泛分布于我国南北各地。病原菌侵染芹菜叶片、叶柄和花茎,致使叶片枯黄,造成严重减产和品质降低,甚至可造成绝产。

【症　状】　发病叶片上产生2种类型的病斑,分别称为大斑型和小斑型。大斑型病斑近圆形,较大,直径3~10毫米,有时受到叶脉限制而成多角形,病斑中部灰褐色,边缘褐色,与周围健康部分分界明显。后期病斑两面散生褐色小粒点,即病原菌的分生孢子器(彩24)。小斑型病斑圆形、近圆形,较小,直径仅2~3毫米,灰褐色,后边灰白色,无明显边缘,有时病斑周围有绿色晕圈,病斑上密生黑色小粒点(彩24)。病斑密度大时,多个病斑可汇合成为不规则形大斑,病叶迅速黄枯。叶柄、花茎上病斑椭圆形、长圆形,褐色,稍凹陷,边缘明显,病斑上也产生黑色小粒点(彩25)。严重发病时,病株叶片相继枯死。

【病原菌】　为芹菜生壳针孢 *Septoria apicola* Speg. ,是一种病原真菌。

【发病规律】　病原菌主要随病残体在田间越季,在病残体中病原菌可存活18个月以上。在适宜条件下,越季病残体内病原菌恢复生长和繁殖,所产生的分生孢子随风雨传播,着落在芹菜叶片上。在叶片表面有露水,持续湿润时,孢子萌发,产生芽管和侵入丝,经由气孔或直接穿透叶表皮而侵入。8天后叶片表现症状,随后病斑上产生分生孢子梗和分生孢子,分生孢子分散传播,进行再侵染。在生长季节中发生多次再侵染,使病情不断加重。

病原菌还可潜伏在种皮内而由种子传播。播种带菌种子后,在出苗过程中,病原菌就可以侵染幼苗。

温度20℃～24℃,雨水多,湿度高,适于斑枯病发生。连阴雨和大雾、重露有利于病原菌侵染,发病重。温度忽高忽低,植株生长不良,发病也重。

【防治方法】

1. 使用无病种子 由无病种子田选留种子。带菌商品种子可进行温汤浸种,即用48℃～49℃热水浸30分钟或52℃热水浸20分钟,边浸边搅拌,然后移入凉水中降温,捞出晾干后播种。为补偿发芽率的降低,可增加播种量10%。芹菜品种间耐热性不同,宜先进行浸种试验,明确对发芽率的影响。

2. 栽培防治 种植轻病、耐病品种,例如芹菜3号、津芹、上海大芹、北京8401、津南实芹1号、春丰、天马、美国玻璃翠、佛手、文图拉等品种。夏季栽培宜选用耐高温的抗病品种。重病地实行2～3年轮作;搞好田间卫生,收获后清除田间病残体,生长期间将病株干枯的下叶携出田间深埋。

芹菜根系浅,抗旱力弱,需肥量大。定植后要小水勤浇,保持土壤湿润。要施足基肥,看苗追肥,勤追淡施,不断供给速效性氮肥和适量的磷、钾肥,并施用适量硼肥。苗期叶面可喷施0.2%～0.5%尿素或0.2%磷酸二氢钾水溶液,促进幼苗生长。

冬春棚室栽培要注意保温排湿,昼温高于20℃,要及时放风，夜温控制在 10℃～15℃，缩小昼夜温差，减少结露。露地栽培要适度浇水，切忌大水漫灌，雨后及时排水，发病期间不要浇灌。

夏季将大棚"围裙膜"拆去，改成防雨棚，在大棚外覆盖遮阳网，通风散热，遮阳避雨。

3. 药剂防治　发病初期开始喷药防治。可选用的有效药剂有 70％代森锰锌可湿性粉剂 800～1 000 倍液，或 75％百菌清可湿性粉剂 600～700 倍液，或 50％扑海因可湿性粉剂1 000 倍液，或 50％多菌灵可湿性粉剂 800 倍液，或 40％福星乳油 8 000 倍液，或 50％敌菌灵可湿性粉剂 500 倍液，或 45％特克多悬浮剂 1 000 倍液，或 40％大富丹(四氯丹)可湿性粉剂 500 倍液，或 43％菌力克(戊唑醇)悬浮剂 8 000 倍液，或10％世高水分散粒剂 8 000 倍液，或 65％多果定可湿性粉剂1 000倍液，或 40％多·硫悬浮剂 500 倍液，或 70％安泰生可湿性粉剂 800 倍液等，通常间隔 7～10 天喷 1 次，连续防治2～3 次。棚室芹菜可喷撒 5％百菌清粉尘剂(每次每公顷用药 15 千克)或 6.5％甲霉灵粉尘剂，也可使用 45％百菌清烟剂(每次每公顷 3 千克)。

芹菜早疫病

早疫病是芹菜的主要病害，在露地和保护地都可严重发生。病原菌侵染芹菜叶片、叶柄，产生病斑，致使叶片或整株枯黄，造成严重减产和品质降低。

【症　状】　发病叶片上生近圆形或不规则形病斑，直径5～10 毫米，灰褐色，边缘黑褐色，与周围健康部分分界明显(彩 25)。潮湿条件下，病斑上生出灰白色霉状物，即病原菌的分生孢子梗和分生孢子。2个或多个病斑可互相汇合,病叶变黄枯萎。

叶柄、花茎上病斑初呈椭圆形、长梭形,淡褐色,稍凹陷,后发展成为长条形黑褐色病斑,病部凹陷缢缩,黄枯或变黑腐烂,致使病株萎黄倒伏。叶柄、花茎病斑上也产生灰白色霉状物。

【病原菌】 为芹菜尾孢 *Cercospora apii* Fres.,是一种病原真菌。

【发病规律】 病原菌主要随病残体在田间越季,条件适宜时,越冬病残体产生分生孢子,通过气流、雨水以及农事操作传播,从芹菜气孔或直接穿透叶、茎表皮而侵入。芹菜种子也可带菌传病。此外,早疫病可在棚室栽培的芹菜上持续发生,为露地芹菜发病提供菌源。露地芹菜产生的分生孢子,也可以侵染棚室芹菜。

发病适温为25℃～30℃,高温多雨或夜间结露重,相对湿度高时早疫病易流行。缺水、缺肥、植株生长不良时发病也重。保护地放风不及时,棚内闷热高温,昼夜温差大,易结露,发病加重。

【防治方法】 品种间抗病性或发病程度有差异,可选用耐病、轻病品种,例如津南实芹1号、美国犹它、百利芹菜、加州王、文图拉等。种子消毒、栽培防治与药剂防治参见芹菜斑枯病。

芹菜灰霉病

冬春季保护地局部发生,露地和贮运中也有发生。除芹菜外,其他种类的绿叶菜也发生灰霉病。病原菌侵染植株各部位,造成叶片、叶柄和茎部软化腐烂。幼小的植株多由接触地面的基部发病,病部最初水浸状,半透明,继而出现湿腐症状。叶片多由叶缘或伤口处发病,形成不定形褐色或黑褐色病斑,初呈水浸状,后湿腐烂叶。芹菜顶梢和上部叶柄发病,也生水浸状斑块,变色湿腐,并由发病处缢缩或折倒,叶片发黄萎蔫。高湿时病斑上生灰色霉状物。12月至翌年5月份多发,气温20℃左右,相对湿度持续90%以上,光照不足的条件下病重。因此,防治灰霉病应加强棚室温湿度控制。晴天上午晚放风,使棚(室)内温度迅速升高,当升到33℃时,再放风,使温度保持20℃～25℃,当降到20℃时,关闭通风孔,夜间保持15℃～17℃,阴天打开通风口换气放湿。

发生规律和防治方法参考莴苣灰霉病。

芹菜菌核病

由核盘菌侵染引起的芹菜菌核病,是棚室冬春季常见病害,连年重茬种植时发病重。

【症　状】　主要危害叶柄,多从基部开始发病,出现水渍状褐色病斑,迅速向上、下扩展,溃烂软腐,表面密生棉絮状白色菌丝,后来形成鼠粪状黑色菌核。有时在叶片上产生污绿色病斑,病部溃烂,并可向下蔓延到叶柄和茎。

【发生规律】　病原菌以菌核在土壤中或混杂在种子内越冬。翌年在适宜条件下产生子囊孢子,借风、雨传播,侵染芹菜而发病。病株与健株接触,农事操作等也可传病。棚室高湿低温易发病。

【防治方法】　参见第五章黄瓜菌核病和莴苣菌核病。菌核净是防治菌核病的常用药剂,现已发现保护地种植的芹菜苗期对该剂较敏感,用40%菌核净进行常规喷雾有明显的抑制作用,延迟芹菜的收获期20天左右,应慎用。

芹菜细菌性软腐病

软腐病是芹菜的重要病害,分布普遍,在棚室、露地和贮运期间都可发生。病株基部和叶柄变褐腐烂,植株倒伏溃散,病势迅猛,可导致毁产。发病轻的,在贮运期间病情仍进一步发展,甚至整株腐烂,不堪食用。

【症　状】　多由叶柄基部的裂口和伤口处开始腐烂,出现淡褐色水浸状小斑点,后形成长条状褐色斑块,半透明,略凹陷(彩25)。以后迅速向上、下扩展,叶柄大部褐变湿腐。病部薄壁组织溃散,仅残留表皮和维管束,并有黄白色黏稠物,散发恶臭。病株茎叶萎蔫下垂,一触即倒。也有的从叶片叶缘或心叶顶端开始腐烂,向下发展,造成整个菜头腐烂。

【病原菌】　为胡萝卜欧氏杆菌胡萝卜亚种 *Erwinia carotovora* subsp. *carotovora* (Jones) Bergey *et al*. ,是一种病原细菌。

【发病规律】　病原菌随带菌的病残体在土壤和未腐熟有机肥中越季,成为下一茬芹菜发病的初侵染源。在生长季节病原菌可通过雨水、灌溉水、肥料、土壤、昆虫等多种途径传播,由伤口或自然裂口侵入,引起软腐。残留土壤中的病菌还可从幼芽和根毛侵入。软腐病菌在生长季节可多次再侵染,带菌植株在采收后可继续发病,并传染健株,引起贮藏期腐烂。病原菌寄主种类很多,可在不同寄主之间辗转危害。

农事操作不当和昆虫取食可造成大量伤口,成为软腐细菌侵入的重要通道。多种昆虫的虫体内外可以携带病原菌,能有效传病。害虫发生多的田块,软腐病也重。

病田连作,发病逐年加重,前作为十字花科、茄科、葫芦科作物以及莴苣、胡萝卜和其他感病寄主的发病也重。高温高湿有利于病原细菌繁殖和传播,软腐病大发生。地势低洼,田间易积水,土壤含水量高的田块发病重。芹菜遭受冷害,生机削弱,发病也重。夏秋季栽培的,外界最低气温降至5℃～6℃时,扣大棚膜;最低气温降至-2℃～-3℃时应在大棚内套上小拱棚;气温降至-5℃时,小拱棚上还应加盖草苫。

移栽后随即拱架遮阳网防晒,根据土壤墒情,适时浇水,保持土壤湿润。

【防治方法】 病田避免连作,换种豆类、麦类、水稻等作物,实行2年以上轮作;清除田间病残体,精细翻耕整地,暴晒土壤,促进病残体分解;定植、松土或锄草时避免伤根,及时防治害虫,减少虫伤口;实行高畦深沟栽培,发病期减少浇水或暂停浇水,更不要大水漫灌;增施基肥,施用净肥,及时追肥,使菜株生长健壮。秋冬季芹菜要适时扣棚覆膜,防止低温冷害。发现病株后及时挖除,病穴撒石灰消毒。发病初期及时喷药防治,喷药要周到,特别要注意喷到近地表的叶柄。有效药剂有72%农用链霉素或90%新植霉素可溶性粉剂4 000～5 000倍液,或45%代森铵水剂900～1 000倍液,或77%可杀得可湿性粉剂800倍液,或50%琥胶肥酸铜可湿性粉剂1 000倍液,或60%琥·乙磷铝可湿性粉剂1 000倍液,或14%络氨铜水剂400倍液等。药剂宜交替施用,隔7～10天1次,连喷2～3次。

芹菜细菌性叶斑病

棚室芹菜和露地芹菜的常见病害,主要危害芹菜叶片,造成叶片腐烂干枯,病株生长不良,产量降低,品质变劣,甚至丧失商品价值。

【症　状】　叶片受害,严重时叶柄也受害,芹菜从幼苗到成株都可发病。发病初期,叶片正面和背面形成油渍状褐色小斑点,病斑逐渐扩大,成为长 2～4 毫米的灰褐色、黄褐色坏死斑,不规则形,中部凹陷,边缘色泽较深。病斑多沿叶脉产生,叶脉褐变。多个病斑可汇合成大斑块,使叶片腐烂或干枯。叶柄上生成长椭圆形、不规则形病斑,中部灰白色,边缘褐色,有光泽,略凹陷。

【病原菌】　为菊苣假单胞 *Pseudomonas cichorii* (Swinggle) Stapp. ,为一种病原细菌。该菌还侵染莴苣、黄瓜、番茄、萝卜、白菜、青花菜等多种蔬菜。病原菌生长温度 5℃～35℃,以 26℃最适。

【发病规律】　病原菌随病残体越季,也可在其他寄主植物或杂草上存活越季。病原菌经由风雨、灌溉水、害虫、农事操作等途径分散传播,从植株的自然孔口,或者从害虫、冻害、化肥烧伤等造成的伤口而侵入。发病适温为25℃～27℃,高湿多露,或者拱棚漏雨时病重。芹菜遭受冷害,或管理粗放,生长衰弱,害虫发生较多时发病加重。

【防治方法】　清除田间病残体,避免与其他发病蔬菜连作或相邻种植;合理浇水、施肥和防治害虫;及时放风排湿,减少结露,防止拱棚漏雨。发病初期喷药防治,可选用 72%农用硫酸链霉素可溶性粉剂 4 000 倍液,或 90%新植霉素

3 000～4 000 倍液，或 47％加瑞农可湿性粉剂 600～800 倍液，或 50％琥胶肥酸铜可湿性粉剂 500 倍液，或 30％络氨铜水剂 300 倍液等，或 77％可杀得可湿性粉剂 600 倍液，或 30％绿得保（碱性硫酸铜）胶悬剂 400 倍液等，7～10 天喷 1 次，连喷 2～3 次。

芹菜病毒病

苗期和成株期都可发病，表现花叶、叶片畸形和植株矮缩等症状，严重减低产量，丧失商品价值。棚室和露地都可发生，夏秋多见。

【症　状】　田间可见多种症状类型，最常见的是斑驳和花叶。发病初期叶片褪绿，出现黄绿相间的斑驳或黄色斑块，以后发展成为明显的黄斑花叶。也有明脉和叶脉黄化症状。病株叶片卷曲、皱缩，植株矮缩（彩 26）。有的病株叶片畸形，细小，成蕨叶或柳叶状。较少见的症状还有叶片细小丛生，叶片上产生多数疱状突起以及产生褐色坏死斑点等。上述症状并非单独存在，多种症状可以在一块地里，甚至一棵植株上共存。上述症状可作为诊断病毒病害的依据，但不能简单地由田间症状推断病毒种类。

【病原物】　芹菜病毒种类较多，重要的有芹菜花叶病毒（*Celery mosaic virus*，CeMV）、芹菜环斑病毒（*Celery ringspot virus*，CeRSV）、黄瓜花叶病毒、番茄斑萎病毒、苜蓿花叶病毒以及其他多种。各种病毒单独侵染或复合侵染引起多种症状。国内芹菜病毒病害发生较普遍，但病毒种类尚未完全明了，已知黄瓜花叶病毒和芹菜花叶病毒较重要。

【发病规律】　黄瓜花叶病毒寄主范围十分广泛，侵染几百种蔬菜与经济作物。芹菜花叶病毒可侵染伞形花科、菊科、藜科、茄科的一些植物。在北方,病毒主要在塑料大棚和温室等保护地栽培的寄主作物上越冬,也可在杂草寄主上越冬。在南方冬季仍可栽培蔬菜,病毒可在不同茬口的蔬菜间接续侵染,周年发生。主要传毒介体是桃蚜和其他蚜虫,也可以通过农事操作或茎叶接触而由病株汁液传播。芹菜生长期间蚜虫严重发生,或长期高温干旱,缺水、缺肥时发病较重。

芹菜品种间发病程度有明显差异,意大利夏芹、冬芹,津南实芹1号,白庙芹(天津)等表现一定的抗病性。

【防治方法】 调整蔬菜生产布局,合理间、套、轮作,不与十字花科蔬菜、茄科、葫芦科蔬菜以及其他毒源植物相邻或接续种植。种植抗病、耐病品种,各地病毒区系不一定相同,引进的品种需先行抗病性鉴定或试种观察。加强肥水管理,合理施用基肥和追肥,喷施叶面营养剂,高温季节及时浇水,以提高植株抗病能力和缓解病株症状。及时采取各种避蚜、诱蚜、杀蚜措施,参见第十章桃蚜部分。发病初期选喷20%病毒A可湿性粉剂500倍液,或1.5%植病灵乳剂1 000倍液,或5%菌毒清水剂300倍液等。

莴苣灰霉病

灰霉病在冬、春季保护地发生普遍,露地和贮运中也有发病,可造成严重损失。除莴苣外,其他种类的绿叶菜也发生灰霉病。

【症 状】 莴苣类幼株多由接触地面的茎基部和下部叶片开始发病,病部最初水浸状,半透明,继而湿腐,腐烂部位沿叶帮向上发展,引起烂叶,叶片变褐色,严重时全株叶片腐烂。

结球莴苣叶球形成后,多由接触地面的下部叶片中肋首先发病,形成褐色腐烂斑块,并向内叶蔓延。也可由外叶叶片边缘或叶片伤口处开始发病,形成不定形褐色或黑褐色病斑,低温高湿时病情迅速发展,造成叶片腐烂枯萎。莴笋的肉质茎由伤口或裂口处发病,形成水浸状褐色斑块,造成局部湿腐,并继续向周围或内部发展,使肉质茎大部腐烂。各发病部位产生密集灰色霉状物(彩26)。

【病原菌】 为灰葡萄孢 *Botrytis cinerea* Pers.,是一种病原真菌,侵染多种大棚蔬菜。

【发病规律】 棚室内外、病田和蔬菜贮运场所往往遗留大量病残体,带有病原菌的菌丝体、分生孢子和菌核,成为下一季发病的菌源。除莴苣等绿叶菜以外,灰霉病还是棚室栽培的瓜类、番茄、韭菜、草莓、十字花科蔬菜等作物的严重病害,冬春季发病尤其严重,并成为棚邻近田间莴苣的重要菌源,灰霉病病菌得以交叉侵染各茬蔬菜。

灰霉菌生长适温 20℃～25℃,发病适温 20℃。但在较低的温度下,菜株抗病性削弱,易于发病,棚室低温、高湿、寡照时发生较多。菜株遭受低温冷害后,生机削弱,可导致灰霉病严重发生。虫害大发生,植株上伤口多,或植株脱肥,营养不良,抗病性降低等都是重要发病诱因。

【防治方法】 及时清除田间病株残体,前作严重发病的棚室,应对土壤、墙壁、棚膜等喷施杀菌剂灭菌;采用小高畦栽培,地膜覆盖和滴灌,及时增温散湿,增加光照,合理施肥,增强菜株抗病能力。

可选用的药剂有 50％速克灵可湿性粉剂 2 000 倍液,或 50％农利灵可湿性粉剂 1 000～1 500 倍液,或 40％施佳乐悬浮剂 1 000～1 500 倍液,或 65％甲霉灵可湿性粉剂 600～

1 000倍液,或50％多霉灵可湿性粉剂1 000～1 500倍液,或50％扑海因可湿性粉剂1 000～1 500倍液等,间隔7～10天喷1次,连喷2～3次。棚室内还可施用百菌清粉尘剂或速克灵烟剂等。注意轮换使用不同类型的药剂,避免长期施用同一类药剂,以延缓灰霉病菌抗药性的产生。

莴苣菌核病

菌核病是莴苣的重要病害,露地和保护地都有发生,北方棚室栽培的莴苣受害很重。在黄河中下游,菌核病是冬、春季结球莴苣的毁灭性病害,在江淮流域多与灰霉病并发,造成大棚莴苣腐烂。

【症　状】　莴苣苗期和成株期都可发病。叶用莴苣多由靠近地表面的叶柄或下叶边缘开始表现症状,变为淡褐色水浸状,继而软化腐烂(彩26),天气潮湿时长出灰白色棉絮状物(病原菌的菌丝体),以后絮状物中出现黑色鼠粪状菌核(彩27)。天气干燥时,叶球外叶仍能保持原形,但呈黄褐色,薄纸状,叶球内部已经腐烂,有空隙和菌核。通常菌核病造成的腐烂无恶臭,但混生细菌性软腐病后,也有恶臭。

茎用莴苣和采种株多在生长后期发病,先从近地面茎基部或接触土壤的衰老叶片边缘、叶柄开始发病,进而蔓延到上部。茎上病斑水浸状,稍凹陷,初为淡褐色,后变灰褐色。后期病茎生灰白色菌丝团和菌核,叶片变色凋萎,植株提前枯死。

菌核病的主要鉴别特征是发病部位软腐,产生棉絮状菌丝体和鼠粪状菌核。

【病原菌】　主要为核盘菌 *Sclerotinia sclerotiorum*

(Lib.)de Bary,核盘菌能危害 400 多种植物。菌核是病原菌的一种休眠体,菌核在 5℃～30℃ 范围内形成,以 10℃～25℃ 最适,在 5℃～20℃ 范围内萌发,萌发适温为 10℃,子囊孢子在 5℃～25℃ 之间萌发,5℃～10℃ 最适。病菌生长发育的温度范围为 5℃～30℃,适温为 15℃～24℃。有的地方还分布有小核盘菌 *Sclerotinia minor* Jagg.,也引起莴苣腐烂。

【发病规律】 菌核和带菌病残体可以混入土壤与有机肥中,甚至还可以夹杂在种子中进行有效的传播,进入以前没有发生菌核病的苗床、棚室或田间。菌核病一旦发生,土壤带菌量逐渐增多,病情将逐年加重。

在已有菌核病发生的棚室和田块,表层土壤中的菌核和上一季病株的残体是主要初侵染源。菌核需经过一段低温休眠期,方能萌发和侵染植物。若土壤持水量达 80% 以上且持续湿润,菌核萌发后产生子囊盘和子囊孢子。子囊孢子成熟后被放射到空中并随风飞散,降落在植株上,萌发后产生芽管而侵入。在土壤湿度较低的条件下,菌核萌发产生菌丝。土壤中的带菌病残体也长出菌丝。菌丝向周围扩展,接触并侵入幼嫩的茎部或植株底部衰弱的老叶。菌核在土壤中至少存活 3 年以上。

在潮湿的环境中,病株上产生白色絮状菌丝,通过病株与健株接触传播,也随农事操作和农机具等传播,引起再侵染。

除莴苣以外,重要的寄主还有十字花科蔬菜、油菜、大豆、向日葵、菜豆、黄瓜、茄子、番茄、胡萝卜等。寄主植物连作、套种或间作时,菌源增多,发病重。据江苏省江都及扬州郊区的调查,菌核病的平均发病率,种植 1 年的大棚为 4.5%;种植 2 年的为 17.6%;种植 3 年的为 41.5%。

栽植密度大,偏施氮肥,田间郁闭也导致发病加重。病原菌可在植株下部老叶、黄叶、病叶上存活繁殖,积累菌量,若不及时清理,也有利于病情扩展。

发病适温为 18℃～20℃,菌核的形成和萌发,子囊孢子的萌发和侵入都需要有高湿的环境。冬、春低温季节,凡导致土壤和空气湿度升高,光照减弱的因素都有利于发病。据江苏省调查,棚内温度 20℃～25℃,相对湿度达 90％以上时,发病重,发展快,相对湿度在 80％以下时则发病轻,发展慢。塑料大棚空间较大,通风较好,棚内湿度较低,比小棚发病轻。浙江省金华市大棚栽培的莴苣,在 11 月份以后,遇上连续阴雨即进入发病高峰期,雨水少的年份,相对湿度低于 70％,则发病明显减轻。

【防治方法】

1. 铲除菌源 发病棚室或露地应换种禾本科作物或其他非寄主植物 2 年以上,或更换土壤。若不能采取以上措施,则应彻底清除病残体,进行深翻或土壤淹水,以减少菌源。病田深翻 30 厘米以上,可将菌核翻入下层土壤。菜田淹水 1～2 厘米,保持水层 18～30 天,可以杀死大部分土表菌核。夏季天气炎热时淹水效果更好。另外,还可覆盖阻止紫外线通过的地膜,抑制菌核萌发或防止子囊孢子飞散。

2. 栽培防治 清选种子,汰除菌核;冬春棚室要采取加温措施,合理通风,控制浇水量,增温降湿;多施基肥,避免偏施氮肥,增施磷、钾肥,防止植株徒长,提高抗病能力;出现病株后应及时摘除病、黄、老叶,以利于通风透光和减少菌源。

3. 药剂防治 发病始期及时喷药防治,药剂可选用 50％速克灵可湿性粉剂 1 500 倍液,或 50％农利灵可湿性粉剂 1 000 倍液,或 45％特克多悬浮剂 800 倍液,或 20％甲基立枯磷乳油 900～1 000 倍液,或 40％菌核净可湿性粉剂 1 000 倍液,或 65%甲霉灵可湿性粉剂 600 倍液,或 50%扑海因可湿性粉剂 1 000 倍液,或 40%灭病威(多菌灵·硫黄)可湿性粉剂 600 倍液,或 70%甲基硫菌灵可湿性粉剂 800～1 000 倍液等。若连续喷药,2 次喷药之间间隔 7～10 天。生长早期需在植株基部和地表重点喷雾。

莴苣霜霉病

霜霉病是莴笋、皱叶莴苣、结球莴苣、长叶莴苣等莴苣类蔬菜最重要的病害,各地普遍发生。棚室栽培的生菜发病也很严重。

【症　状】　病原菌主要侵染叶片,幼苗发病后变黄枯死,成株由下部较老叶片开始发病,逐渐向上叶发展,严重时全株叶片相继枯死。

叶片上生浅绿色至黄色的多角形或不规则形斑块,叶片背面对应位置生出白色霉状物(霜霉层,彩 27),有时霉状物可蔓延到叶片正面。发病后期叶片上的斑块变成褐色,相连成片,叶片发黄干枯。病原菌还可扩展到茎部,引起茎部变黑。

【病原菌】　为莴苣盘梗霉 *Bremia lactucae* Regel. ,是一种卵菌。

【发病规律】　病原菌主要潜伏在病残体中越冬,种子虽然也能带菌传病,但带菌率低。越冬后病残体产生孢子囊,随气流和雨水传播,着落在莴苣叶片上。在适宜条件下,孢子囊萌发,产生游动孢子或芽管,由叶片上的气孔侵入,引起发病。整个生长期间发生多次再侵染。棚室与露地栽培的莴苣间有菌源交流,病原菌在各茬莴苣类蔬菜间辗转侵染,周年发病。

莴苣霜霉病菌的孢子囊在相对湿度近 100% 的环境中，或在叶面水滴中萌发，孢子囊萌发最适温度为 10℃。气温较低而湿润的环境有利于发病，在 4℃～23℃间均可发病，适温8℃～15℃，叶片结露时间长，有利于发病和病原菌孢子形成。

莴苣品种间抗病性有明显差异，病原菌也有多个毒性不同的小种，新小种的出现，往往使抗病品种丧失抗病性。长期、多次施用同类杀菌剂后，霜霉病菌易产生抗药性。

【防治方法】 种植抗病或轻病品种，因不同地区病原菌小种可能不同，引进的品种不一定能抵抗当地的小种，由国外或外地引种时应特别注意。收获后要彻底清除地面病残体，减少越冬菌源。要加强栽培管理，合理密植，防止田间郁闭；合理灌溉，不要大水漫灌，防止地面积水，棚室栽培的要及时通风散湿，加强病情监测，早期拔除病株。

从苗期开始监测病情发展，在发病前或发病初期适时喷药。可供选用的药剂有 58% 甲霜灵·锰锌可湿性粉剂500～700 倍液，或 64% 杀毒矾可湿性粉剂 500 倍液，或 25% 甲霜灵可湿性粉剂 800 倍液，或 72.2% 普力克水剂 800 倍液，或 72% 克露可湿性粉剂 800 倍液等。施药时应尽量把药液喷到基部叶片背面。保护地内可施用粉尘剂或烟雾剂。发病初期用 5% 百菌清粉尘剂或 5% 霜霉清粉尘剂（15 千克/公顷）喷粉，烟雾剂可用 45% 百菌清烟雾剂（3 千克/公顷）或 15% 霜霉清烟剂（每 667 平方米用 250 克）。

莴苣褐斑病

褐斑病是莴苣类蔬菜的常见病害，各地都有发生，莴笋、长叶莴苣等发病较多，局部地区严重。

【症　状】　主要危害叶片,病叶布满叶斑,严重发生时由植株基部叶片向上部发展,相继黄枯,造成减产,病叶不堪食用。

叶片上生圆形、近圆形褐色病斑,发生在叶片边缘的半圆形或不规则形,有的受叶脉限制而略成多角形。病斑大小变化较大,直径初仅 1～2 毫米,后扩展到 5～8 毫米或更大。病斑边缘清晰,中部色泽略淡,有时病斑内嵌套一边缘不甚清晰的小斑。潮湿时病斑上生稀薄的灰色霉状物(彩 27)。病斑多散生于整个叶片,也可见到几个病斑相互汇合成较大的斑块。

【病原菌】　为极长尾孢 *Cercospora longissima* Sacc.,是一种病原真菌。

【发病规律】　病原菌主要以菌丝体或分生孢子随病残体在土壤中越季。温湿度适宜时产生分生孢子,借风雨传播,降落在叶片上,萌发后产生芽管,由气孔侵入或穿透表皮直接侵入。在一个生长季中可发生多次再侵染。浇水不当,湿度高,结露时间长适于发病,病情迅速增长。缺肥或偏施氮肥时,植株抗病能力降低,发病偏重。

【防治方法】　搞好棚室卫生,收获后及时清除病残体,铲除杂草;加强通风透光,降低棚室湿度,缩短叶片结露时间;平衡施肥,避免偏施氮肥。

在发病初期开始喷药防治,可选用 70％代森锰锌可湿性粉剂 800～1 000 倍液,或 75％百菌清可湿性粉剂 600～700 倍液,或 50％扑海因可湿性粉剂 1 000 倍液,或 50％多菌灵可湿性粉剂 800 倍液等。间隔 7～10 天喷 1 次,连续防治 2～3 次。粉尘剂可用 5％百菌清粉尘剂、5％加瑞农粉尘剂或 6.5％甲霉灵粉尘剂等。

菠菜霜霉病

霜霉病是菠菜最常见的病害,大棚秋菠菜、越冬菠菜和棚室越夏菠菜都有发生,病株率可达 10%～30% 以上,影响菠菜产量和品质。

【症　状】　菠菜霜霉病主要危害叶片,叶片正面初生淡绿色至淡黄色小点,扩展后成为边缘不明显的不规则形大斑(彩 28)。叶片背面病斑上产生紫灰色霉状物,即病原菌的孢囊梗和孢子囊(彩 28)。有些老病斑上孳生腐生菌,而出现黑色霉状物,易误诊。发病严重时,叶片相继枯黄或腐烂。种子带菌产生的病株萎缩畸形,早衰枯死。

【病原菌】　为菠菜霜霉 *Peronospora spinaciae*（Greb.）Lavb.,是一种卵菌。病原菌孢子囊形成适温 7℃～15℃,最高温度 20℃,最低温度 5℃。孢子囊萌发适温 8℃～10℃,最高温度 24℃,最低温度 3℃。

【发病规律】　病原菌以菌丝体潜伏在病株、病残体中越季,卵孢子也可在病残体中越冬。采种株发病,可产出带菌种子。种子内部带有菌丝体,表面粘附卵孢子,带菌种子可以传病。病株产生孢子囊,随气流和雨水传播。整个生长期间发生多次再侵染。平均气温 8℃～18℃,尤其是 10℃ 上下,多阴雨的天气最适于发病。露地多在春季和秋季发生。棚室透光不足,气温较低而湿润,昼夜温差大,易结露时发病严重。

【防治方法】　种植抗病或轻病品种,使用无病种子,采种田需进行防治,严格检查。病田换种其他蔬菜 2～3 年,加强肥水管理,培育壮株,降低棚室湿度,及时拔除种子带菌所产生的矮缩病株。大棚秋菠菜易得霜霉病,在扣大棚膜前2～

3天喷药预防。扣棚后如果发现有霜霉病发生,用百菌清烟剂或其他烟剂防治,7~8天1次,连续防治2~3次。棚室越夏菠菜全苗后喷1次药预防,以后视病情发展,隔7~8天喷1次药。药剂种类参见莴苣霜霉病。

菠菜根病

菠菜苗期至成株期根部遭受多种病原菌侵染,引起根腐,导致死苗、死株,可造成重大损失。棚室栽培的菠菜需加强发病监测和防治。

【症　状】　各种病原菌侵染根部,引起主根和侧根变褐色和黑色,腐烂,地上部茎叶变黄,萎蔫,甚至枯死(彩28)。

1. 猝倒病　腐霉菌多在种子发芽后到真叶展开前侵染根部。幼根变褐软腐,病株基部也呈褐色腐烂,近地面处缢缩,病苗很快倒伏,仍保持绿色,此种症状称为"猝倒"。苗期症状不易与立枯丝核菌病变区分,两菌多复合侵染。

2. 立枯病(株腐病)　立枯丝核菌侵染引起种子腐烂,幼芽和幼根腐烂,幼苗近地面部位褐变缢缩,叶片萎蔫。成株发病,主根近地面部分黑腐,接触地面的叶柄也变黑褐色腐烂。越冬菠菜的根颈部和根部发病多。病株外叶黄枯,严重的整株腐烂死亡。中、下部叶片被侵染,形成不规则形病斑,灰白色至灰绿色,以后病叶坏死穿孔。在潮湿条件下,病部和附近地面生出稀疏的褐色蛛丝网状菌丝。

3. 黑根病　丝囊霉也侵染幼苗,使幼根水浸状腐烂,变黑褐色,叶片黄变,植株停止生长。有时菠菜长到30余厘米高时,地下根发黑腐烂,叶片萎黄下垂。

4. 枯萎病和镰刀菌根腐病　尖镰孢在4~6叶期到收

获前都可侵染。主根和侧根顶端以及侧根基部变褐色至黑褐色，维管束导管褐变，称为枯萎病。其他种类的镰刀菌引起根腐和茎基部腐烂，称为根腐病。严重时主根与侧根腐烂脱落，外叶黄化萎蔫，并逐步向内侧扩展，以至全株枯死。

5. 黏菌病 病苗或病株根部生长停滞，不生新根，无根毛，根表皮呈浅红色湿润状。地上部分由外叶开始褪绿变黄，以后变褐腐烂，并向新叶发展。以至全株枯死倒伏。病株往往矮缩，新叶扭曲。地表有病原菌菌体相互集结形成的紫红色至紫褐色的胶质物。

【病原菌】 引起幼苗和成株根腐的病原菌较多，猝倒病是由多种腐霉菌 *Pythium* spp. 侵染引起的，立枯病的病原菌是立枯丝核菌 *Rhizoctonia solani* Kuhn，黑根病的病原菌是丝囊霉 *Aphanomyces* sp.。尖孢镰刀菌 *Fusarium oxysporum* f. sp. *spinaciae*(Sherbakoff) Snyder et Hansen 引起枯萎病。黏菌病的病原是尚未鉴定的黏菌。各种病原菌除能单独侵染外，2 种或多种病原菌还常复合侵染。

【发病规律】 各种病原菌在土壤中或病残体中越冬或越夏，在土壤中可以长期存活。越季病原菌在适宜的条件下侵入根部，引起发病。病原菌可随雨水、灌溉水、农机具、土壤和有机肥传播蔓延。此外，立枯丝核菌还可通过菌丝接触而传染。腐霉菌和丝囊霉在低温多湿时多发，越冬菠菜病重。镰刀菌根腐病和立枯丝核菌在温度、湿度较高时多发，夏收菠菜病重。连作田的土壤带菌量高，发病重，地下害虫较多的田块，给植株造成较多伤口，发病加重。黏菌病在使用未腐熟有机肥，土壤潮湿，光照不足时发病多。

【防治方法】 病地不连作，不用作苗床，换种谷类作物，要精细整地，施用不带病残体的腐熟基肥。加强苗期管理，防冻保温,保持土壤干湿适度,适时放风透气,及时除草、间苗。采用高畦或半高垄栽培,合理灌溉,防止田间积水。

黏菌病发生地块在种植前要深翻,晾晒土壤,可施用适量细沙、草木灰、生石灰等改良黏重土壤;实行条播,出苗后行间浅中耕,增强土壤通透性并破坏菌体结构。控制过多浇水,降低土壤湿度,夏季栽培的适时浇水,浇后划锄。

猝倒病、立枯病、黑根病、镰刀菌根腐病的药剂防治方法参见第三章苗期病害部分,镰刀菌枯萎病参见第五章瓜类枯萎病。

菠菜炭疽病

炭疽病是棚室栽培菠菜常见病害,分布普遍,主要危害叶片。除了炭疽病外,菠菜还发生多种叶斑病,症状相似,田间难以准确区分。

【症　状】　叶片上初生淡黄色小病斑,水浸状,周边污绿色,不清晰,扩大后成为椭圆形或不规则形大小不一的病斑,灰褐色至黄褐色,有的具不清晰的轮纹(彩29),后期病斑上生有多数黑色小粒点(病原菌的分生孢子盘)。发病严重的叶片有多数病斑,腐烂枯死,颇似化肥烧伤状。叶柄上生长条形灰褐色病斑。采种株茎部病斑梭形或纺锤形,密生轮纹状排列的黑色小粒点。有时种子表面也生有黑色小粒点。

【病原菌】　为菠菜刺盘孢 Colletotrichum spinaciae Ell. et Halst. ,是一种病原真菌。病部的黑色小粒点是病原菌的分生孢子盘,盘中生有黑色刚毛。

【发病规律】　病原菌主要随病残体越季,条件合适时,产生分生孢子通过风雨、昆虫等传播,由伤口侵入或直接穿透表皮而侵入，发病后又产生分生孢子进行再侵染。种子带菌率较高，也是重要的初侵染来源。

地势低洼，田间积水，或间苗不及时，密度过大，浇水多，湿度高，或遇阴雨连绵天气发病较多。施肥不合理，偏施氮肥或缺肥，植株生长差，发病都重。

【防治方法】 病田与其他蔬菜轮作 3 年以上。收获后及时清除病残体。选用无病种子，从无病地或无病株上采种。种子可用 52℃ 温水浸泡 20 分钟，或用药剂拌种。拌种药剂可用 25% 施保克可湿性粉剂或 25% 炭特灵可湿性粉剂，用药量为种子重量的 0.3%。

在栽培措施中，要强调合理密植，避免大水漫灌，防止淋雨和田间积水。要施足有机肥，追施复合肥料，氮、磷、钾配合，使菠菜生长良好。大棚加强通风，降低湿度。

发病初期及时喷药。可选用 50% 多菌灵可湿性粉剂 700 倍液，或 70% 甲基硫菌灵可湿性粉剂 1 000 倍液，或 40% 多·硫悬浮剂 600 倍液，或 25% 炭特灵可湿性粉剂 600 倍液，或 25% 施保克乳油 1 000～1 500 倍液，或 50% 施保功乳油 1 000～1 500 倍液，或 30% 倍生乳油 1 500 倍液，或 25% 敌力脱乳油 1 000 倍液，或 6% 乐必耕可湿性粉剂 1 500 倍液，或 50% 敌菌灵可湿性粉剂 500 倍液，或 2% 加收米水剂 500 倍液，或 80% 山德生可湿性粉剂 600～800 倍液，或 62.25% 仙生可湿性粉剂 600～800 倍液等，隔 7～10 天喷 1 次，连喷 2～3 次。也可用 8% 克炭灵粉尘剂，每次每 667 平方米喷 1 千克，隔 7 天喷 1 次，连喷 2～3 次。

蕹菜白锈病

白锈病是蕹菜的常见病害,分布普遍,危害较重。危害叶片、叶柄和嫩茎,严重发生时显著降低产量和品质,甚至造成绝收。

【症　状】　叶片表面生淡黄色褪绿斑,后渐变褐色,叶片背面相对应的部位生有隆起的白色疱斑,近圆形或不规则形,有黏质感。此种疱斑是病原菌的孢子囊堆,疱斑破裂后,散出白色粉末状物(病原菌的孢子囊),成为空疱(彩 29)。发病严重时病叶扭曲畸形,易脱落。叶柄和嫩茎膨肿,也出现白色疱斑。

【病原菌】　为旋花白锈菌 Albugo ipomoeae-aquaticae Sawada,是一种卵菌。

【发病规律】　病原菌以卵孢子随病残体在土壤和粪肥中越冬或越夏。卵孢子可存活 2 年以上。种子表面也可能附着卵孢子。下一季蔬菜出苗后,卵孢子同步萌发,产生泡囊,泡囊产生游动孢子,游动孢子借雨水传播,粘附在叶片上。游动孢子静止后在水滴中萌发,产生芽管,芽管经由叶片的气孔而侵入,引起初侵染。病原菌的菌丝在叶肉细胞间蔓延,并在叶片背面生出白色疱斑,这是病原菌的孢子囊堆。其表皮破裂后,散出孢子囊,借风雨或农事操作传播,引起再侵染。孢子囊萌发最适温度为 25℃～30℃。萌发后产生游动孢子,游动孢子萌发产生芽管而侵入。较低的温度适于白锈菌侵入,但侵入后在寄主体内扩展,则需要较高的温度,若白昼气温低于23℃,不表现症状。

连作田间遗留菌源数量多,发病早而重。土质瘠薄,营养缺乏或氮肥施用过多、过晚,植株抗病能力降低时,发病早而重。地块低洼积水,灌溉不当或植株密度过高,通风透光不足,昼夜温差大,露水重,都使白锈病严重发生。

【防治方法】 重病田与其他蔬菜轮作 2~3 年或换种水稻 1~2 年。收获后及时清除田间病残体,清洁田园。种植抗病、轻病品种,据海南省报道,泰国种、细叶种和柳叶种较抗病。选用无病地生产的不带菌种子,必要时种子可用 72% 克露可湿性粉剂或安克·锰锌 69% 可湿性粉剂拌种,用药量为种子重量的 0.3%。

低湿地区实行高垄、高畦栽培,合理密植。蕹菜对肥水需求量大,宜施足基肥。定植田每 667 平方米基施腐熟有机肥 3 000 千克、蔬菜专用肥 75 千克做基肥。追肥宜前轻后重,避免偏施氮肥,每次采收后施 1 次肥。

遇到寒冷天气,在畦上搭塑料小拱棚保温。要合理灌溉,干旱时沟灌,及时通风降湿,外界气温升高到蕹菜生长的适宜温度后,逐渐撤除小拱棚和大棚膜。发病初期摘除病叶,携出田外销毁。

蕹菜生产周期短,宜选用持效期短、无残留、高效低毒药剂。发病初期开始喷药。可选用的常用药剂有 58% 甲霜灵·锰锌可湿性粉剂 500~700 倍液,或 64% 杀毒矾可湿性粉剂 500 倍液,或 25% 甲霜灵可湿性粉剂 800 倍液,或 72.2% 普力克水剂 800 倍液,或 69% 安克·锰锌可湿性粉剂 800 倍液,或 72% 克露可湿性粉剂 800 倍液等。通常每 7~10 天喷 1 次药,连喷 2~3 次 。棚室内还可用 5% 百菌清粉尘剂或 5% 霜脲·锰锌粉尘剂喷粉。

蕹菜轮斑病

轮斑病是蕹菜的一种分布广泛的重要病害,在露地和保护地都能严重发病,显著降低产量和产品质量。

【症　状】　主要危害叶片,叶片上初生褐色小斑点,扩大后成为圆形、近圆形或不规则形病斑,黄褐色至红褐色,具同心轮纹,后期在病斑上产生稀疏黑色小粒点,即病原菌的分生孢子器,病斑易脱落穿孔(彩 29)。叶片上病斑数量较多时,病斑之间可相互汇合成为较大的斑块,可导致病叶片变黄,卷缩,干枯。叶柄和嫩茎发病,形成长椭圆形病斑,略凹陷,易从病斑部折断。

【病原菌】　为旋花叶点霉 *Phyllosticta ipomoeae* Ell. et Kell. ,是一种病原真菌。

【发病规律】　病原菌随病残体在土壤中越季,在适宜条件下病残体产生分生孢子,随风雨传播,引起初侵染。植株发病后,病斑上产生分生孢子,继续传播和侵染。一个生长季可发生多次再侵染。温暖高湿,阴雨寡照,植株生长衰弱时发病重。

【防治方法】　收获后及时清除病残体,深翻晒土,铲除田间杂草;根据品种特点合理施肥,增施腐熟有机肥,注意氮、磷、钾配合,防止菜株脱肥;合理浇水,不要过度灌溉,雨后及时排水,降低湿度,要及时摘除菜株底部发病老叶;重病田实行轮作。

发病初期,在天气情况有利于病情发展时,可选择喷施50%扑海因可湿性粉剂 1 000～1 500 倍液,或 70%代森锰锌可湿性粉剂 500～700 倍液, 或 80%喷克可湿性粉剂 600～

800 倍液,或 70％甲基硫菌灵可湿性粉剂 600 倍液,或 40％多·硫胶悬剂 500 倍液,或 75％百菌清可湿性粉剂 500～600 倍液等。间隔 7～10 天喷 1 次,用药 3～4 次。

蕹菜褐斑病

褐斑病多在秋季发生,分布广泛。主要危害叶片,叶片布满病斑,不堪食用。严重时引起叶片早枯,造成减产。

【症　状】　叶片上病斑近圆形,有时受到大叶脉限制,而成为半圆形或不规则形,较大,成熟病斑直径可达 5～10 毫米。病斑褐色、黑褐色或红褐色,依品种不同而有差异,通常病斑边缘色深,中部色浅。多数病斑中部嵌套一个小斑,其中心色淡,边缘色深(彩 30),几个病斑可汇合成为较大的斑块。病斑沿主脉发展后,可使叶片扭曲。干燥时病斑中部开裂。潮湿时,病斑两面生黑色霉状物。

【病原菌】　为旋花假尾孢 *Pseudocercospora ipomoeae* Sawada ex Deighton,是一种病原真菌。该菌还危害甘薯。

【发病规律】　病原菌在病残体中越季,病残体产生分生孢子,随风雨传播,引起初侵染。植株发病后,病斑上产生分生孢子,继续传播和侵染。一个生长季可发生多次再侵染。

【防治方法】　参见蕹菜轮斑病。

蕹菜花叶病

花叶病是蕹菜的常见病害,由几种病毒单独或复合侵染所致。露地或棚室栽培的蕹菜都有严重发生的事例,需引起重视。

【症　状】　全株发病,轻者表现花叶,生长不良,发棵不旺,严重的矮缩畸形,造成严重减产,甚至全田毁灭。田间可见多种症状,最常见的是叶片出现黄绿相间的花叶或斑驳,病叶皱缩,叶质粗厚,心叶症状最明显。有的病株以叶片黄化为主,病叶全部或大部分变金黄色(彩 30)。有的黄化病株,幼叶小而畸形,多成窄条状,纵卷,丛生。病株矮缩,高度不及健株的1/2。

【病原物】　已知病毒种类有黄瓜花叶病毒、烟草花叶病毒、甜菜曲顶病毒(*Beet curly top virus*, BCTV)等,可能还有其他病毒或植原体发生,有待进一步调查研究。

【发病规律】　各种病毒的传毒途径不同。黄瓜花叶病毒由桃蚜等多种蚜虫传播,也可以在病、健株之间接触和相互摩擦时由病株汁液传毒。烟草花叶病毒则通过病健株接触传播,也可通过粘附病株汁液的农机具传播。甜菜曲顶病毒由叶蝉和菟丝子传播。黄瓜花叶病毒、烟草花叶病毒等寄主范围很广,棚室、露地栽培的多种蔬菜都可被感染而发病,毒源植物多,可周年在不同蔬菜间持续发生,辗转危害。

【防治方法】　搞好各种蔬菜病毒病害的协同防治,铲除田间杂草,减少毒源。在蔬菜发病初始阶段,拔除病株,以减缓病毒扩散。加强水肥管理,喷施叶面营养剂,增强抗病能力,缓解症状。抓紧防治蚜虫等传毒介体,具体办法参见第十章桃蚜部分。病田发病初期选择喷施 20％病毒 A 可湿性粉剂 500 倍液,或 1.5％植病灵乳剂 1 000 倍液,或 5％菌毒清水剂 300 倍液等。

落葵蛇眼病

又名鱼眼病、紫斑病、褐斑病等,蛇眼病是落葵的主要病害之一,分布广泛,主要危害叶片,病叶密布斑点,不堪食用,商品率降低。

【症　状】　叶片上初生紫褐色小点,扩大后成为圆形、近圆形病斑,直径2～5毫米。发生在叶片边缘的呈半圆形。病斑中部黄白色,边缘色深而明显,周围有浓重的紫红色晕圈,病部质薄,略下陷,有时穿孔(彩30)。病斑上可产生不明显的灰色霉状物,较少见。叶片上病斑分散,少有2个或多个病斑汇合的情况,严重发生时全株叶片布满病斑。

【病原菌】　为落葵假尾孢 *Pseudocercospora basellae* Goh et Hsieh,是一种病原真菌。

【发病规律】　病原菌的菌丝体和分生孢子随病残体在田间越冬,成为翌年春季主要初侵染源。种子也可以带菌传病。初侵染病株产生新一代分生孢子,孢子随气流和雨水扩散,着落在健康植株上,萌发后侵入叶片,产生再侵染。在生长季节可发生多次再侵染,使病情不断加重。在南方,病原菌可在各茬落葵之间连续侵染,周年发病。

病田连作,田块低洼,排水不良,过度密植,偏施氮肥等都有利于发病。落葵是喜温蔬菜,耐高温,低于20℃生长缓慢,落葵生长期间要保持适宜温度,要有充足的水分供应,但忌大水漫灌。高湿多露时发病严重。落葵对肥料需求量大,缺肥、缺铁素营养时心叶黄化,抗病性降低。

【防治方法】　轮作倒茬,避免连作;清洁田园,收获后及时清除病株残体,携出田外烧毁或深埋;种植抗病、耐病品种。

种子处理可采用温汤浸种或药剂拌种。前者可用 55℃ 温水浸泡 15 分钟或用 52℃ 温水浸泡 30 分钟;后者可用 70% 甲基托布津可湿性粉剂、75% 卫福可湿性粉剂(萎锈灵与福美双复配剂)或 50% 敌菌灵可湿性粉剂拌种,用药量为种子重量的 0.3%。

种植落葵应选用肥沃、微酸性的土壤。要加强肥水管理,施用充分腐熟的农家肥,搭配施用氮、磷、钾肥,适当喷施叶面营养剂。因其生长期长,上市期也长,每次采收嫩叶、嫩茎后应追施尿素、复合肥或人畜粪水。要及时摘除花茎,减少养分消耗,以利于叶片生长肥大。但要避免因过量施用氮肥,降低植株抗病性。要合理灌溉,干旱时及时浇水,但发病期间不要喷灌,要及时通风排湿,防止空气湿度过高。低洼多雨地区宜采用高畦、高垄栽培,合理密植。发现病叶后要及时摘除,减少再侵染菌源。

发病初期开始喷药防治,可选用药剂有 75% 百菌清可湿性粉剂 1 000 倍液,或 50% 敌菌灵可湿性粉剂 400～500 倍液,或 70% 甲基托布津可湿性粉剂 1 000 倍液,或 40% 多·硫悬浮剂 600 倍液,或 60% 多·福可湿性粉剂 600～800 倍液,或 70% 安泰生可湿性粉剂 800 倍液等。间隔 7～10 天喷 1 次,连续防治 2～3 次。也可施用 45% 百菌清烟剂,每次每667 平方米用药 250 克。

落葵黑斑病(链格孢叶斑病)

落葵的常见病害,主要危害叶片引起叶斑或叶枯,除造成减产外,还污损叶片,降低品质。

【症　状】　田间可见叶片上病斑有大型病斑和小型病斑

2种类型。大型病斑：病斑圆形、近圆形，褐色或黑褐色，病斑较大，多数直径5~10毫米，有不清楚的轮纹，病斑边缘清晰，不变紫色。高湿时病斑上生黑色霉状物（彩31）。小型病斑：病斑圆形、近圆形，褐色，小型，直径多为2~3毫米，边缘浓紫色，病斑上生较淡的黑色霉状物。这2类病斑是由不同种类的链格孢侵染而引起的。

【病原菌】 由细链格孢 *Alternaria tenuis* Nees.，芸薹链格孢 *Alternaria brassicae* (Berk) Sacc. 或其他链格孢属真菌引起，露地和棚室都有发生，管理不良时发生严重。

【发病规律】 病原菌随病残体在田间越冬，条件适宜时产生分生孢子，随风雨传播，从叶片的伤口侵入，引起初侵染，随后发生多次再侵染。雨水较多的秋季发病严重。南方无明显越冬期，病原菌周年辗转危害。北方大棚栽培的落葵，在管理不善，棚内湿度高，光照差，植株长势较弱时发病重。

【防治方法】 清除病残体，搞好田间卫生；加强肥水管理，均衡施肥，适时喷施叶面营养剂，使植株生长健壮；棚室栽培的要及时通风散湿，增强光照，避免温度过高。药剂防治参见落葵蛇眼病。

落葵病毒病

病毒病是落葵的常见病害，在棚室和露地都有发生，造成产量和品质降低，近年有发病增多的趋势，已成为落葵栽培中值得注意的问题。

【症　状】 全株发病，叶片有几种症状，常见的有花叶型和环斑型。花叶型叶片表现褪绿，出现黄绿相间的斑驳和花叶，幼叶更为明显（彩31）。发病早的，叶片皱缩，叶面呈泡状突起,叶背面叶脉明显突起,植株矮小。环斑型的叶片上出现大型环斑,由黄色和浓绿环纹交错发生而组成,十分醒目。

【病原物】　目前对感染落葵的病毒种类还缺乏研究,很可能有多种病毒,发生复合侵染。

【发病规律】　夏秋发生较多,高温干旱时较重。邻近十字花科蔬菜种植的落葵,常见发病,可能与带毒蚜虫迁飞有关。落葵种子带毒情况不明。

【防治方法】　需进一步摸清病毒种类和传毒途径,提出针对性防治方法。当前可根据病毒病害防治的一般原则采取措施,参见芹菜花叶病的防治。

第八章　棚室十字花科蔬菜病害

十字花科蔬菜种类繁多,保护地设施不仅用于青花菜、紫甘蓝等"特菜"栽培,而且已用于白菜、甘蓝等大宗品种的秋延后、春提早和反季节生产。与常规露地栽培相配合,许多品种已经实现了周年生产,均衡供应。

以青花菜为例,华北各地冬季利用日光温室或加温温室生产,10月下旬至12月下旬定植,翌年1～3月份上市;利用改良阳畦生产,9月下旬定植,12月份采收。春季采取大棚春提早、改良阳畦冬春茬以及简易小拱棚、地膜覆盖生产等方式,2月上旬至3月下旬定植,供应期为4～5月份。大棚秋延后栽培,在8月份定植,11月份上市。江浙等地青花菜主要为秋冬季栽培,采收期集中在11月到翌年2月份。近年,延后于11～12月份低温季节播种,在大棚等保护地内育苗或栽培,翌年3月下旬至5月初采收,延长了采收期,提高了经济效益。甘蓝、紫甘蓝、花椰菜、抱子甘蓝等甘蓝类蔬菜也多利用大棚或日光温室进行冬春茬或春提早栽培。

小白菜又叫青菜、不结球白菜(北方俗称油菜),包括普通小白菜、乌塌菜、菜薹(菜心)和薹菜等种类。长江以南为主产区,20世纪中期以来北方种植面积扩大,已经成为春早熟栽培和秋冬保护地栽培的重要品种。例如,华北地区利用塑料大、中、小棚进行乌塌菜越冬栽培,于9月份播种育苗,10月份移栽,12月份收获上市。若利用日光温室栽培则在10月份播种育苗,11月份定植,翌年1月份收获上市。

大白菜是适于冷凉气候、中等喜光的长日照蔬菜。北方通过选择适宜品种，严格控制播期，防止先期抽薹等技术措施，种植春季暖棚大白菜，提早上市。南方则利用塑料大棚和遮阳网，生产夏白菜。

白玉春萝卜是一个冬性很强的白萝卜品种，用于秋冬大棚种植，生育期 90～100 天，可在春节期间或春节后上市，产量和经济效益均高。

长江流域早春低温多雨，不利于十字花科蔬菜的采种留种，可以利用大棚设施，进行大白菜、甘蓝、花椰菜、青花菜等蔬菜的冬春季制种、留种。

棚室栽培常见病害有苗期病害（猝倒病、立枯病）、霜霉病、黑斑病、黑腐病、软腐病、丝核菌叶腐病、病毒病害等。冬季棚室还发生灰霉病和菌核病，而夏秋季（遮阳网）和秋延后往往蚜虫与病毒病害多发。十字花科蔬菜的反季节栽培，使之得以避过许多病害的发病高峰期，危害显著减轻。

十字花科蔬菜霜霉病

霜霉病是十字花科蔬菜的重要病害，广泛发生。棚室青花菜、花椰菜、白菜、甘蓝、油菜、芥蓝等十字花科蔬菜发病普遍而严重。

【症　状】 霜霉病主要危害叶片，也侵染茎、花梗、种荚等部位。

白菜类幼苗发病，叶片变黄枯死，叶片背面有白色霉状物（病原菌的孢子囊和孢子囊梗）。成株叶片上初生淡绿色水浸状斑点，很快转变为黄绿色或黄褐色病斑。大白菜病斑扩大后受叶脉限制，成多角形、不规则形（彩31），小白菜病斑边缘不明显，高湿时病斑背面生出白色霉状物（彩32）。发病晚期病斑连片,病叶逐渐变黄干枯。严重发病的白菜,叶片自外围开始逐层枯死。采种株的茎、花梗、角果被侵染后,出现黑褐色病斑,长出白色霉状物。有时花梗膨肿,弯曲畸形,呈"龙头拐"状。花器变绿、肿大,也出现霉层而干枯。角果细小弯曲,结实不良或不结实。

甘蓝、紫甘蓝等叶球最外围一二层叶发生,病斑不规则形,灰褐色至紫黑色,靠近叶脉处略带紫褐色。病斑边缘色深而稍隆起,中部色淡而略下陷。叶面上和较大病斑周围常有多数褐色小斑点,病叶背面生白色霉状物(彩32)。

花椰菜、青花菜、抱子甘蓝等病株初在基部叶片出现小型黄绿色、黄褐色斑块,无明显边缘,以后发展成为淡褐色不规则形斑块,有的受叶脉限制,呈多角形,背面有白色霉层。干燥时病斑枯黄。严重时,病斑汇合,叶片枯黄。花球上生成淡褐色或淡灰色变色部,茎上形成灰褐色斑点或条斑。

萝卜叶部症状与白菜相似,病斑背面生有少许白色霉状物。肉质根上病斑不规则,黑褐色,稍凹陷。

病部长出的白色霉状物是霜霉病的重要识别特征,但在干旱条件下或病斑枯死后难以见到。有疑问时,可采取新鲜病叶,濡湿后放入塑料袋中,保湿1天后,病斑背面陆续长出白色霉状物。

【病原菌】 为寄生霜霉 *Peronospora parasitica*(Pers.) Fr.,是一种卵菌。霜霉病病菌为专性寄生菌,有明显的致病性分化。我国已知该菌有3个变种:芸薹属变种、萝卜属变种和荠菜属变种。芸薹属变种对芸薹属蔬菜致病性强,对萝卜致病性弱,不侵染荠菜。萝卜属变种对萝卜致病性强,对芸薹属蔬菜致病性很弱,不侵染荠菜。荠菜属变种仅侵染荠菜。芸薹属变种内不同菌株对各种芸薹属蔬菜的致病性又有差异,可分为3个类型。其中白菜类型对白菜、油菜、芜菁、芥菜致病性强,对甘蓝类蔬菜致病性弱;甘蓝类型侵染甘蓝、花椰菜等,但对白菜、油菜、芜菁、芥菜等致病性很弱;芥菜类型侵染芥菜,对甘蓝类致病性弱,有的菌株可以侵染白菜、油菜和芜菁。

该菌孢子囊形成温度3℃～25℃,适温8℃～10℃,孢子囊萌发适温8℃～12℃,侵染适温16℃;发病适温10℃～15℃。

【发病规律】 在北方,病原菌以卵孢子随病残体在土壤中或混杂在种子间越冬。卵孢子在土壤中可存活1～2年。卵孢子也可附着在种子表面越冬和传播,但种子带菌率低。霜霉病病菌还能以菌丝体在采种株、越季蔬菜或窖藏大白菜中越冬。

田间病残体传带的卵孢子,在翌年春季萌发,生出芽管,由春菜叶片的气孔侵入,或穿透叶表皮直接侵入,引起春菜发病,以后在病叶上形成孢子囊,孢子囊由气流和雨水传播,发生多次再侵染。孢子囊寿命很短,不耐干旱,适合在低温高湿条件下活动。春菜发病中后期,病组织中形成大量卵孢子。卵孢子经1～2个月休眠后即可萌发,侵染当年秋季的大白菜、萝卜、甘蓝等蔬菜。在冬季种植十字花科蔬菜的地方,无明显越冬期,霜霉病周年发生。

露地霜霉病主要发生在春、秋两季。华北多发生于4～5月份和8～9月间;长江流域4月中旬至5月上中旬为春季发病高峰期,9月初至11月份为秋季发病高峰期。

棚室与露地蔬菜之间存在菌源交流。棚室秋延后栽培,菌源来自发病秋菜,继而辗转侵染。春季露地发病,菌源可能来自棚室病株。冬季设施栽培和春季露地栽培发生都较普遍。长江流域利用塑料棚和遮阳网栽培的小白菜和花椰菜，因通风透光不足，湿度高，发病往往较多。

高湿和较凉爽的天气适于霜霉病发生，因而早春和秋季常出现发病高峰。白天气温 24℃，夜间 8℃～16℃，空气相对湿度 98％以上，昼夜温差大，叶片结露时间长时发展最快，几天后就严重发病。温度低于 5℃，病害便停止发展。棚室冬春季密闭高湿，遇连阴雨天气或浇水后不放风有利于发病。

十字花科蔬菜连作，土壤中积累较多菌源，过度密植，偏施氮肥，发病都重。

【防治方法】

1. 选用抗病品种　品种间抗病性差异显著，各地报道的抗病品种较多，可供选用。引种抗病品种应先进行试种或进行抗病性鉴定，因为霜霉病病菌存在致病性分化，同一品种在各地的抗病表现可能不同。

2. 加强栽培管理　发病地避免连作，实行 2 年以上轮作，水旱轮作效果更好；保持田园卫生，收获后彻底清除病残体，及时深耕；选无病株留种；种子用 50％福美双可湿性粉剂或 75％百菌清可湿性粉剂拌种，用药量为种子重量的 0.4％，用 25％甲霜灵可湿性粉剂拌种，用药量为种子重量的 0.3％；选择地势平坦、排水方便的肥沃壤土做苗床和栽植地；适期播种，合理密植；合理灌溉，棚室浇水后及时通风降湿，施足基肥，适时追肥，增施磷、钾肥。

3. 喷药防治　初现病株后及时喷药控病，重点喷叶背。常选用药剂有 25％甲霜灵可湿性粉剂 800 倍液，或 58％甲霜灵·锰锌可湿性粉剂 500～700 倍液，或 69％安克·锰锌可湿性粉剂 600～800 倍液，或 64％杀毒矾可湿性粉剂 500 倍液，或 72％克露可湿性粉剂 800 倍液，或 72.2％普力克水剂

800 倍液,或 66.8%霉多克可湿性粉剂 800～1 000 倍液,或 50%溶菌灵可湿性粉剂 600～800 倍液等。每 10 天喷 1 次,连喷 2～3 次。棚室中还可施用 5%百菌清粉尘剂或 5%霜霉清粉尘剂,每次每 667 平方米用药 1 千克。

十字花科蔬菜黑斑病

黑斑病是棚室栽培最常见的病害之一,白菜、小白菜、青花菜、甘蓝、紫甘蓝、芥蓝以及其他十字花科蔬菜普遍发病。重病株生长衰弱,严重减产。病菜有苦味,叶片、叶球、花球外观污损,品质降低。种株染病后,种子皱缩不饱满,并造成种子带菌。

【症　状】　主要危害叶片,但叶柄、茎、花梗、种荚等部位也可被侵染。苗期发病,叶片上出现大小不一的黑褐色病斑,病叶局部变黄或整叶变黄枯死。成株期多由基部叶片或叶球的外层叶片开始发病,整株叶片由下而上、由外向内变黄干枯。

叶片上典型的病斑圆形、近圆形,直径 5～15 毫米或更大,病斑上有同心轮纹,病斑边缘明显,周围有黄色晕。有时病斑中间破裂或穿孔(彩 32)。高湿时,病斑两面生黑色霉状物。

由于十字花科蔬菜种类、品种和病原菌种类的不同,病斑的大小、色泽、轮纹清晰程度等多有变化。例如,花椰菜、甘蓝叶片上常见无同心轮纹的黑色病斑。

此外,田间还常见一类小型病斑,圆点状,直径 1 毫米左右或更小,淡褐色或黑褐色,周围常有黄绿色晕圈。有时叶片上密生多数小型病斑,致使叶片局部枯黄。若不仔细鉴别,有可能把病叶上的这类小型病斑,误诊为其他病害。

采种株的茎、叶柄和花梗上病斑椭圆形或不规则形,黑褐色,凹陷。角果上病斑近圆形、不规则形,暗褐色至黑色,稍凹陷。有时,花梗和荚上病斑中部灰色,周边褐色。潮湿时,各部位病斑表面都可产生黑色霉状物。

【病原菌】 由半知菌类链格孢属几种病原真菌侵染引起。芸薹链格孢 Alternaria brassicae(Berk.)Sacc. 主要危害大白菜、小白菜等,甘蓝链格孢 Alternaria brassicicola(Schwein.)Wiltshire 主要危害甘蓝、青花菜、花椰菜等,萝卜链格孢 Alternaria raphani Groves & Skolko 主要危害萝卜。

【发病规律】 病原菌在田间病残体、病株、十字花科杂草以及贮菜上越冬或越夏。种子内部和种子表面也带菌传病。越季病原菌在适宜条件下产生分生孢子,侵染下一季蔬菜。各种十字花科蔬菜由苗期到收获前都可被侵染而发病,整个生长期发生多次再侵染。

病原菌的分生孢子随风雨、农机具、农事操作分散传播。若叶片结露 9 小时以上,则降落在叶片上的分生孢子就可萌发,生出芽管由气孔侵入叶片,也可以直接穿透叶表皮而直接侵入。几天后,被侵染的叶片就出现症状,最初仅为黑点状小病斑,以后病斑扩大,发展成为典型病斑,同时叶片局部或全部变黄。条件适宜时,病斑两面产生大量分生孢子梗和分生孢子。

造成黑斑病大发生的主要诱因是环境温湿度适宜和菜株抗病性降低。温度较高而湿润的季节发生重。病原菌发育适温 17℃,最低温度 10℃,最高温度 35℃。孢子萌发适温 15℃~20℃,发病适温 13℃~15℃。棚室若气温偏低,湿度过高、多露时病重。植株生长中后期肥力不足时发病也重。

【防治方法】

1. 选用抗病或耐病品种 各种十字花科蔬菜均有抗病或轻病品种，可以选用。

2. 栽培防病 重病地可与豆类、葫芦科、茄科蔬菜等非寄主作物，进行2~3年轮作，避免十字花科蔬菜连作；彻底清洁田园，及时清除病残体，秋后深翻，铲除田间十字花科杂草；根据菜种与品种特性合理施肥，增施腐熟有机肥，注意磷、钾肥配合，防止菜株脱肥。合理灌水，在叶球形成期不要过度灌溉，棚室浇水后及时放风散湿。遮阳网栽培的，雨后及时排水，降低田间湿度，低洼多雨地区应行高垄或高畦栽培。要及时摘除菜株底部发病老叶。

3. 实行种子处理 使用不带菌种子，必要时进行种子处理。可用50%扑海因可湿性粉剂、50%福美双可湿性粉剂或70%代森锰锌可湿性粉剂拌种，用药量为种子重量的0.3%~0.4%。也可进行温汤浸种，即用50℃热水浸泡20分钟。

4. 喷药防治 在菜株下部普遍出现病斑，且天气情况有利于病情发展时，选择喷施50%扑海因可湿性粉剂1 000~1 500倍液，或70%代森锰锌可湿性粉剂500~700倍液，或80%喷克可湿性粉剂800倍液，或69%安克·锰锌可湿性粉剂600~800倍液，或75%百菌清可湿性粉剂500~600倍液，或80%炭疽福美可湿性粉剂800倍液，或65%多果定可湿性粉剂1 000倍液，或50%敌菌灵可湿性粉剂500倍液，或50%福·异菌（福美双、异菌脲混剂）可湿性粉剂800~1 000倍液，或66.8%霉多克可湿性粉剂800~1 000倍液等。间隔7~10天喷1次，用药3~4次。

十字花科蔬菜灰霉病

灰霉病是冬春季棚室常见病害,十字花科蔬菜发生虽不如茄科、葫芦科蔬菜严重,但在适宜条件下发病也相当普遍。

【症　状】　幼苗期和成株都可发病。幼苗水浸状腐烂,密生灰色霉状物。成株最初在叶球外叶或植株下部叶片的边缘或基部,生成淡褐色水浸状病斑,以后发展成"V"字形或形状不规则的深褐色至红褐色大斑。茎部伤口处也可变褐腐烂,引起上部叶片变黄,萎蔫。潮湿时病斑上形成浓密的灰色霉层,高湿时病叶严重腐烂。灰霉病可由植株下部叶片向上部发展,或由叶球的外层叶片向内部蔓延,甚至引起整个叶球腐烂。干燥时,病情停滞,仅患病外叶局部干枯破裂。花椰菜和青花菜的花球局部或全部变褐色,稍软,上生灰色霉状物。

贮藏期间,甘蓝叶球由外向内逐渐软化腐烂,并密生灰色霉状物。大白菜菜帮上初生椭圆形水浸状褐色病斑,后逐渐扩大。潮湿时,造成叶片腐烂,病叶生灰色霉状物。干燥时病斑扩展缓慢,很少生灰霉,难以与软腐病区分。

【发病规律】　田间和蔬菜贮运场所往往遗留大量病残体,带有病原菌的菌丝体、分生孢子和菌核,成为下一季发病菌源。灰霉病还是棚室栽培的瓜类、番茄、韭菜、莴苣、草莓等蔬菜的严重病害,冬春季发病尤其严重,是棚室内和邻近田间十字花科蔬菜发病的重要菌源。

灰霉病病菌生长适温 20℃～25℃,发病适温 20℃,24℃以上不利于病害发展,30℃以上则被抑制。棚室低温潮湿,植株表面有水滴或水膜最适于灰霉病发生。在较低的温度下,菜株抗病性削弱,菜株遭受低温冷害后,生机削弱,可导致灰霉病严重发生。植株上伤口多，或植株脱肥，营养不良，抗病性降低等都是重要发病诱因。

【防治方法】 收获后及时清除田间病株残体，用杀菌剂进行棚室地面、墙壁、立柱、棚膜消毒。合理施肥，增强菜株抗病能力，采用滴灌、膜下管灌等节水灌溉技术，发病初期适当提高棚室温度，上午尽量保持在 20℃～25℃，下午适当延长放风，降低湿度。药剂防治参见第四章茄果类灰霉病。

十字花科蔬菜菌核病

核盘菌侵染引起的菌核病，在棚室和贮运期间可危害各种十字花科蔬菜，病情因发病环境条件不同而有差异。

【症　状】 十字花科蔬菜苗期和成株期都可被病原菌侵染。幼苗茎基部发病，变褐软腐，病苗猝倒。甘蓝、白菜等成株多由靠近地表面的茎基部、叶柄或下叶边缘开始表现症状，变为淡褐色水浸状，继而软化腐烂，天气潮湿时长出灰白色棉絮状物（病原菌的菌丝体），以后絮状物中出现黑色鼠粪状菌核。天气干燥时，甘蓝叶球外叶仍能保持原形，但呈黄褐色，薄纸状，但叶球内部已经腐烂，有空隙和菌核。通常菌核病造成的腐烂无恶臭，但混生细菌性软腐病后，也有恶臭。

留种株和油菜多在终花期后发病，先从近地面茎基部或接触土壤的衰老叶片边缘、叶柄开始发病，进而蔓延到茎部。茎上病斑水浸状，稍凹陷，初为淡褐色，后变灰褐色。后期病茎组织朽烂，茎部中空，内生黑色菌核。严重发病的，病茎或整个留种株提前枯死；发病较轻的，生长衰弱，角果瘦小，籽粒瘦小。角果上也可生白色不规则形病斑，荚内亦生黑色菌核。

萝卜由接近地面的叶柄开始发病，在叶片和叶柄上形成褐色水浸状病斑,引起叶片腐烂。病原菌还由肉质根顶部侵入,使肉质病根发糠,变褐色,腐烂,也产生白色棉絮状菌丝体和黑色菌核。

幼苗和成株病部软腐,产生灰白色棉絮状物和坚硬的黑色鼠粪状菌核,这是菌核病的重要的鉴别特征。病茎髓部、茎基部果面和病叶球空腔中,都是易于产生菌核的部位,田间诊断时尤应注意。

【发病规律】 菌核和带菌病残体可以混入土壤与有机肥中,甚至还可以夹杂在种子中进行有效的传播,进入先前没有发生菌核病的苗床和棚室。菌核病一旦发生,病株将逐渐增多,病情逐年加重。

在已有菌核病发生的棚室和田块,表层土壤中的菌核和上一季病株的残体是主要初侵染源。菌核需经过一段低温休眠期,方能萌发和侵染植物。若土壤持水量达 80% 以上且持续湿润,菌核萌发后产生子囊盘和子囊孢子。子囊孢子成熟后被放射到空中并被风吹散,降落在植株的叶片、花器、嫩梢或其他部位,侵入并引起发病。子囊孢子最易侵染衰老的叶片和行将凋萎的花瓣。在土壤湿度较低的条件下,菌核萌发产生菌丝。土壤中的带菌病残体也长出菌丝。菌丝向周围扩展,接触并侵入幼嫩的茎部或植株底部衰弱的老叶。菌核在土壤中至少存活 3 年以上,它们并不在同一时间萌发,而是参差不齐,延续一段相当长的时期,这大大提高了侵染的效率。在我国南方,子囊孢子 1 年有 2 个萌发高峰期,即 2～4 月份和 11～12 月份。

在潮湿的环境中,病株上产生白色絮状菌丝,通过与健株接触、农事操作和工具等传播,引起再侵染。

病原菌寄主广泛,寄主植物连作、套种或间作时,菌源增多,发病重。栽植密度大,偏施氮肥,棚室郁闭也导致发病加重。病原菌可在植株下部老叶、黄叶、病叶上存活繁殖,积累菌量,若不及时清理,也有利于发病。冬、春低温季节,凡导致土壤和空气湿度升高、光照减弱的因素都有利于发病。开花结果期灌水次数增多,灌水量增大,有利于菌核萌发和子囊孢子侵染花器。

【防治方法】 发病棚室应换种禾本科作物或其他非寄主植物 2 年以上,或更换土壤。若不能采取以上措施,则可进行深翻或土壤淹水,以减少菌源。病田深翻 30 厘米以上,可将菌核翻入下层土壤。菜田淹水 1～2 厘米,保持水层 18～30 天,可以杀死大部分土表菌核。夏季天气炎热时淹水效果更好。清选种子,汰除菌核;冬春棚室要采取加温措施,合理通风,控制浇水量,以增温降湿;多施基肥,避免偏施氮肥,增施磷、钾肥,防止植株徒长,提高抗病能力;出现病株后应及时摘除病、黄、老叶,以利于通风透光和减少菌源。药剂防治可参见第五章黄瓜菌核病。

十字花科蔬菜白锈病

白锈病是十字花科蔬菜的常见病害,主要发病部位是叶片,其次是茎和花器。

【症　状】 叶片背面生出许多稍隆起的白色疱斑,直径为 1～4 毫米,表面光滑,略有光泽。后期疱斑表皮破裂,散出白色粉末状物,即病原菌的孢子囊(彩 33)。在与疱斑相对应的叶片正面,产生淡黄色或黄绿色病斑,无明显边缘(彩 33)。采种株茎和角果上生长椭圆形或短条状白色疱斑,严重时疱斑密集,相互汇合。花梗变粗,花序膨肿卷曲,呈"龙头拐"状。

花瓣膨大成绿色叶状结构,不能结荚或结籽。

【病原菌】 由白锈菌 *Albugo candida*(Pers.)O. Kuntze 和大孢白锈菌 *Albugo macrospora*(Togashi)S. Ito 等引起。

【发病规律】 病原菌以卵孢子在田间病残体内越冬或越夏,种子表面也可能传带卵孢子。下一季十字花科蔬菜出苗后,卵孢子同步萌发,产生游动孢子,借雨水传播,粘附在叶片上。游动孢子萌发后,产生芽管,芽管经由叶片的气孔而侵入,引起初侵染。病原菌的菌丝在叶肉细胞间蔓延,并在叶片背面生出白色疱斑,这是病原菌的孢子囊堆。其表皮破裂后,散出孢子囊,借风雨传播,引起再侵染。

多雨高湿,温度相对较低适于白锈病流行。十字花科蔬菜连作,田间遗留菌源数量多,氮肥施用过多、过晚,造成植株贪青柔嫩,以及地块低洼积水,棚室湿度增高等情况下,都能诱使白锈病严重发生。

【防治方法】 在常发地区,十字花科蔬菜应与水稻或其他非十字花科作物轮作。低湿地区实行高垄、高畦栽培。棚室漏雨后及时排水,合理施肥,避免偏施氮肥。发病初期摘除病叶,携出田外销毁,收获后及时清除田间病残体。

发病初期选择喷施 58％甲霜灵・锰锌可湿性粉剂 500～700 倍液,或 64％杀毒矾可湿性粉剂 500 倍液,或 25％甲霜灵可湿性粉剂 800 倍液,或 72.2％普力克水剂 800 倍液,或 72％克露可湿性粉剂 800 倍液等。每 10 天喷 1 次,连喷 2～3 次。

十字花科蔬菜丝核菌叶片腐烂病

立枯丝核菌除侵染幼苗,引起立枯病和成株根部、根茎部腐烂外,还引起成株叶片腐烂病,为白菜、甘蓝和其他十字花科蔬菜常见病害,棚室和露地都有发生。

【症　状】　大白菜生长中后期,在贴近地面的叶帮上,有时在接触地面的外叶叶柄上出现不规则形或椭圆形斑块,黑褐色,后腐烂凹陷,病叶可发黄枯死,严重发病时内部叶片也腐烂,但无恶臭(彩33)。贮藏期大白菜菜帮上初生黑色小斑点,周围变褐腐烂,扩大后成为褐色椭圆形凹陷斑,长度可达1～3厘米。在干燥条件下,病斑略微开裂,潮湿情况下长出少许蛛丝状褐色菌丝和多数小菌核。小菌核近球形或不规则形,黑褐色,直径0.5毫米左右。

小白菜等蔬菜在接近地面的叶柄和叶片黄褐色,继而湿腐,水烫状,变灰绿色或灰褐色,严重时全叶腐烂,仅残留主脉。病叶上可见蛛丝状菌丝体和黑褐色小菌核。

甘蓝在叶球顶部或叶缘形成淡黑色不规则形小病斑,后病斑汇合,叶球黑腐。病叶内侧初无病斑,病原菌扩展到内侧后方,形成淡黑色不规则形病斑。在湿润状态下,病害可继续缓慢向叶球内部蔓延,干燥时则停止。叶球底部叶片基部也产生黑色近圆形病斑,短缩茎上有时附有黑褐色颗粒状菌核。

【病原菌】　为立枯丝核菌 *Rhizoctonia solani* Kuhn,是一种病原真菌。

【发病规律】　本病为土传病害,病原菌以菌核和菌丝体在土壤与病残体中存活,成为初侵染源。寄主植物各生育阶段都可被侵染,幼芽和幼苗被害,则发生烂种和幼苗立枯病。在发病部位形成菌丝体和菌核。通过菌丝接触,可侵染邻近叶片或植株,菌核则落到土壤中,形成再侵染菌源。带菌土壤还可随种子、农机具、肥料等传病。

病原菌发育适温为22℃～25℃,在5℃以下和30℃以上难以发育,在25℃～30℃和高湿条件下产生菌核。田间遗留病残体多,施用未腐熟的含有病残体的粪肥,风雨频繁,土壤高湿等都加重病害发生。

【防治方法】

1. 栽培防病 收获后清除病残体,减少菌源。避免在前作丝核菌病害严重发生的地块种植。加强田间管理,尽量减少底部叶片与土壤接触,及时摘除病叶或拔除病株,不要偏施氮肥和大水漫灌,雨后及时排水,降低田间湿度。

2. 喷药防治 叶腐病多发、重发地区可行药剂防治。发病早期选喷5％井冈霉素水剂500～700倍液,或28％多井悬浮剂800倍液,或15％恶霉灵水剂450倍液,或50％农利灵可湿性粉剂1 000倍液,或45％特克多悬浮剂1 000倍液,或50％扑海因可湿性粉剂800倍液,或30％倍生乳油1 200倍液等。7～10天防治1次,连续防治2～3次。重点喷布基部叶柄。

苗期立枯病的防治参见第三章蔬菜苗期病害部分。

十字花科蔬菜细菌性黑腐病

黑腐病是十字花科蔬菜的重要病害,甘蓝类蔬菜和萝卜发生最普遍,受害最重。在大白菜上往往黑腐病与软腐病同时发生,形成了两病的复合侵染。

【症 状】 十字花科蔬菜各个生育期都可发病。幼苗子叶沿边缘水浸状,变黑,迅速枯死。成株期叶片从边缘出现病变,逐渐向内扩展,形成"V"字形黄褐色病斑,周围变黄。病斑内网状叶脉变褐色或黑色(彩34)。病斑进一步扩展,造成叶片局部或大部分腐烂枯死。叶柄发病,病原菌沿维管束向上发展,可形成褐色干腐,叶片歪向一侧,半边叶片发黄。短缩茎腐烂,维管束变色,有一圈黑色小点,严重的髓部中空,变黑干腐。严重发病植株多数叶片枯死或折倒。种株发病,叶片上也产生"V"字形褐色病斑,病叶片脱落,花薹髓部变黑褐色。花椰菜的花球腐烂,严重时形成无头株。

萝卜肉质根受害,外表无明显异常,切开后可见内部变黑干腐,出现空洞。

黑腐病单独发病,虽然引起病部腐烂,但无臭味。田间常并发软腐病,腐烂加重,有恶臭。黑腐病发病早期就出现特征性病变,易于识别,但后期病部腐烂,可能误认为软腐病,需仔细区分。

【病原菌】 为野油菜黄单胞杆菌野油菜致病变种 *Xanthomonas campestris* pv. *campestris* (Pammel) Dowson,是一种病原细菌。

【发病规律】 病原菌随种子和病株残体越冬,也可在采种株、越冬菜株或十字花科杂草上越冬,带菌种子是最重要的初侵染来源。病区生产的带菌种子,可以通过引种传播到无病区。播种病种子后,细菌从幼苗子叶边缘的水孔和气孔侵入,引起发病。病原菌可在田间病残体上存活 1 年左右。随病残体越冬的细菌,春季通过雨水、灌溉水、昆虫或农事操作传播带到叶片上,经由叶缘的水孔、叶面的伤口、虫伤口侵入,引起发病,并以同样的方式在菜株之间传播,发生多次再侵染。

病原菌还进入植物的维管束,在导管内扩展,传到根部和其他叶片,引起系统发病。病原菌从果柄维管束进入角果,污染种子,或从种脐侵入种子内部,这都造成种子带菌。

病原菌的最低生长温度为 5℃,最高温度 39℃,适温为

25℃～30℃。多雨重露,日均温 16℃～21℃时有利于黑腐病发生。暴风雨后往往大发生。易于积水的低洼地块和灌水过多的地块发病多。棚室高湿,棚膜滴水,植株表面结露时间长,有利于黑腐病发生。在十字花科蔬菜连作,施用未腐熟有机肥,以及害虫严重发生等情况下,发病都加重。

各种十字花科蔬菜的抗病性有差异,甘蓝、花椰菜、球茎甘蓝、抱子甘蓝等高度感病。

【防治方法】

1. 种植抗病品种 各地报道的抗病品种较多,可根据品种特性选用。引种抗病品种,应先进行试种或进行抗病性鉴定,予以确认,并注意对其他病害的兼抗性。

2. 使用无病种子 使用由无病田和无病株采种所获得的无病种子,可能带菌的种子须进行种子消毒。用温汤浸种法处理时,可用 50℃热水浸种 20 分钟,或用 55℃热水浸种 15 分钟,用链霉素或新植霉素浸种也有效,但白菜类种子对链霉素、新植霉素敏感,不宜使用,以免发生药害。此外,还可用 50%琥胶肥酸铜可湿性粉剂或 50%福美双可湿性粉剂,按种子重量 0.4%的药量拌种,47% 加瑞农可湿性粉剂按种子重量 0.3%的药量拌种。

3. 栽培防病 病原细菌在田间仅存活 1 年左右,因而可与非寄主作物,例如豆类、葫芦科、茄科蔬菜等进行 2 年轮作,避免十字花科蔬菜连作;清洁田园,及时清除病残体,秋后深翻,施用腐熟有机肥;适时播种,合理密植;及时防虫,减少传菌介体;合理灌水,降低棚室湿度;减少农事操作造成的伤口。

4. 药剂防治 发病初期及时喷药防治。可供选用的药剂有波尔多液(1∶1∶250～300),或 77%可杀得可湿性粉剂 500～800 倍液,或 47% 加瑞农可湿性粉剂 800 倍液,或 30%

络氨铜水剂 350 倍液,或 50％琥胶肥酸铜可湿性粉剂 1 000 倍液,或 60％琥·乙磷铝可湿性粉剂 1000 倍液,或 72％农用链霉素可溶性粉剂 4 000～5 000 倍液等。隔 7～10 天喷 1 次,共喷 2～3 次,各种药剂宜交替施用。为防止萝卜肉质根发病,可在肉质根大拇指粗时和肉质根"露肩"始期,分别结合喷淋施药。

白菜幼苗对链霉素、新植霉素等敏感,药害严重,形成白苗。在成株期使用,白菜心叶表现轻微药害,叶缘变白。此外,十字花科蔬菜品种对铜制剂敏感,应注意药液浓度适当,以免造成药害。

十字花科蔬菜细菌性软腐病

软腐病是十字花科蔬菜以及其他多种蔬菜作物的主要病害之一,夏秋露地栽培和遮阳网多发,在棚室和贮运期间也可发生,若防治不及时,可造成重大损失。

【症　状】　大白菜多在包心期以后表现症状。有的从植株基部的裂口和伤口处开始腐烂,初期病部水浸状,半透明,继而变褐色腐烂,表皮下陷。病株外叶萎蔫下垂贴地,叶球暴露。发展后叶柄基部和根茎部完全腐烂,充满黄色黏稠物,散发臭味,病株一触即倒(彩 34)。有的从外叶叶缘或心叶顶端向下腐烂,或从叶片中部虫伤口向四周扩展,造成整个菜头腐烂(彩 34),叶片外缘枯焦,俗称"烧边"。干燥时病叶迅速失水干枯,呈薄纸状。腐烂病在贮藏期间可继续发展,导致烂窖。

未包心白菜和小白菜多从茎基部褐叶柄基部的裂口和伤口发病,病斑初呈水浸状,半透明,扩大后可导致整株软腐。

菜心多从虫伤口或摘心造成的伤口开始腐烂，散发恶臭，空心，有时能抽出新的侧芽，叶片萎蔫，稍一触动则全株倒地。

结球甘蓝多在包头期以后发病，植株外叶或叶球基部先发病，病部初呈水浸状，后变褐腐烂，散发恶臭。腐烂叶片失水后呈薄纸状，紧贴在叶球上。叶柄和短缩茎基部腐烂后，菜株塌倒溃散或一触即倒。芥蓝多由摘心后的切口发生水浸状腐烂。摘心前发病的，多在茎部出现水浸状斑，后期茎髓部软腐中空，植株软化枯死。花椰菜和青花菜花球变褐腐烂，最初腐烂部分呈分散的斑点状，后迅速扩大和汇合，最后变成一团褐色糊浆状物。球茎甘蓝的球茎上出现黑褐色不定形凹陷斑，病组织腐烂，迅速向周围和内部扩展，以至球茎大部分软腐。

萝卜肉质根变褐软腐，常有汁液渗出。有时肉质根外观完整，髓部腐烂，甚至成为空壳，地上部叶片变黄萎蔫。

各种作物软腐病的共同特点是从植株伤口或自然裂口处首先开始发病，病部初呈浸润状半透明，以后黏滑软腐，有恶臭，出现污白色菌脓。

【病原菌】　病原细菌为胡萝卜欧氏杆菌胡萝卜亚种，学名 *Erwinia carotovora* sbsp. *carotovora*（Jones）Bergey *et sl.*。

【发病规律】　病原细菌随带菌的病残体、土壤、未腐熟有机肥以及越冬病株等越冬，成为重要的初侵染菌源。在生长季节病原细菌可通过雨水、灌溉水、肥料、土壤、昆虫等多种途径传播，由伤口或自然裂口侵入，不断发生再侵染。残留土壤中的病菌还可从幼芽和根毛侵入，通过维管束向地上部转移，或者残留在维管束中，引起生长后期和贮藏期腐烂。病原菌寄主种类很多，可在不同寄主之间辗转危害。

软腐细菌多从植株的自然裂口和伤口侵入。伤口包括虫伤口、机械伤口、病伤口等。自然裂口多在久旱降雨之后出现。不同品种的愈伤能力强弱不同，直立型、青帮型的品种愈伤能力较强，愈伤能力强的品种软腐病发生较轻。另外，白菜苗期愈伤能力强，木栓化作用发生快，而莲座期以后愈伤能力减弱，因而软腐病多在包心期后严重发生。

昆虫取食造成大量伤口，成为软腐细菌侵入的重要通道，同时多种昆虫的虫体内外可以携带病原细菌，能有效传病。因而害虫发生多的田块，软腐病也重。

高温多雨有利于软腐病发生。若白菜包心后久旱遇雨，软腐病往往发病重。高温多雨有利于病原细菌繁殖与传播蔓延，雨水多还能造成叶片基部浸水，使之处于缺氧状态，伤口不易愈合。

十字花科蔬菜连作地发病重，前作为茄科、葫芦科作物以及莴苣、芹菜、胡萝卜和其他感病寄主的发病也重。地势低洼，田间易积水，土壤含水量高的田块发病重。高垄栽培不易积水，土壤中氧气充足，有利于根系和叶柄基部愈伤组织形成，可减少病菌侵染。

【防治方法】

1. 种植抗病、耐病品种　已有的抗病、耐病品种较多，种植抗、耐病品种需因地制宜。各地自然条件、栽培管理水平和对品种抗病程度的要求不同，引进品种时应先进行试种或进行抗病性鉴定，以确认品种的抗、耐病水平能够满足需要。由于一些抗病品种的抗病效能不太高，使用抗病品种必须以合理的栽培防病措施为基础。

2. 栽培防病　病田避免连作，换种豆类、麦类、水稻等作物；清除田间病残体，精细翻耕整地，暴晒土壤，促进病残体分解;适期播种,避免因早播造成包球期的感病阶段与雨季相遇;避免在低洼黏重土地上种植白菜,不要大水漫灌,雨后及时排水,降低土壤湿度,多雨地区应进行高垄栽培;增施基肥,施用净肥,及时追肥,使菜株生长健壮;及时防治地下害虫、黄条跳甲、菜青虫、小菜蛾以及其他害虫,减少虫伤口;发现病株后及时拔除,病穴撒石灰消毒。

3. 药剂防治 发病初期及时喷药防治,喷药要周到,特别要注意喷到近地表的叶柄和茎基部。可选用的药剂有72%农用链霉素(或新植霉素)可溶性粉剂 4 000～5 000 倍液,或 1∶1∶250～300 倍波尔多液,或 47% 加瑞农可湿性粉剂 800 倍液,或 45%代森铵水剂 900～1 000 倍液,或 77%可杀得可湿性粉剂 800 倍液,或 20%龙克菌悬浮剂 500 倍液,或 50%琥胶肥酸铜可湿性粉剂 1 000 倍液,或 60%琥·乙磷铝可湿性粉剂 1 000 倍液,或 14%络氨铜水剂 400 倍液等。药剂宜交替施用,隔 7～10 天 1 次,喷 2～3 次。为防止萝卜肉质根发病,可在肉质根大拇指粗时和肉质根"露肩"始期,分别喷淋结合施药。一些白菜品种对铜制剂和链霉素、新植霉素等较敏感,要注意防止药害。

十字花科蔬菜病毒病

病毒病是十字花科蔬菜最严重的病害之一,棚室和露地普遍发生,夏秋高温多雨季节发病较重。

【**症 状**】 十字花科蔬菜病毒病害的症状因病毒种类、株系不同,植物种类、品种或环境条件不同,而有较大变化。

大白菜苗期主要表现花叶和叶片皱缩,生育后期还表现植株矮化,薹茎缩短,角果畸形。发病初期心叶叶脉失绿,半透明状（明脉），支脉和细脉更明显。以后沿脉褪绿，变为叶色浓淡相间、深浅不一的花叶，叶片皱缩不平，甚至扭曲卷缩（彩35）。有的在叶片上产生近圆形或不规则形的灰褐色坏死斑，叶脉出现褐色坏死（彩35）。还有的产生环状坏死蚀纹。

轻病植株仅新叶和中部叶片表现花叶，仍能包心，但已造成减产。重病株多数叶片皱缩畸形，甚至枯死，植株明显矮化，不包心。采种株病重的，在花薹抽出前死亡，轻者花薹抽出较迟，短而弯曲，有裂纹，结角果少，角果瘦小畸形。小白菜、乌塌菜、菜心、芜菁、芥菜以及白菜型与芥菜型油菜等作物的症状与大白菜相似。

甘蓝、青花菜、花椰菜叶片上产生直径2～3毫米的褪绿斑点，有明脉现象，出现淡绿与黄绿相间的斑驳花叶（彩35）。严重的叶片皱缩、畸形，植株矮化。病株结球迟，叶球疏松。甘蓝型油菜除表现花叶症状外，有的在叶片上还形成多数直径1～5毫米的黄斑或形成黑褐色小枯斑，有时茎秆上出现黑褐色小斑点或条斑。

萝卜叶片出现花叶、皱缩、畸形等症状，发病早的植株严重矮缩，根不膨大（彩36）。有的叶片上形成黄斑、坏死斑或条斑。

【病原物】 主要由芜菁花叶病毒（*Turnip mosaic virus*，TuMV）、黄瓜花叶病毒、烟草花叶病毒、花椰菜花叶病毒（CaMV）、萝卜花叶病毒（*Radish mosaic virus*，RMV）等多种病毒单独或复合侵染引起。各地鉴定结果表明，芜菁花叶病毒分布最广，危害最大，所占比例高达70％以上（包括与黄瓜花叶病毒双重感染者），其次为黄瓜花叶病毒。在我国南方黄瓜花叶病毒发生的比例较高。由于保护地蔬菜面积扩大，蔬菜多季连作等原因，黄瓜花叶病毒所占的比例有逐年上升的趋势。田间发病往往是多种病毒复合侵染的结果。

【发病规律】 芜菁花叶病毒除侵染各种十字花科蔬菜以外，还能寄生于菠菜、茼蒿、车前草等。我国发生的芜菁花叶病毒，可根据对不同寄主的致病性差异，划分为 7 个不同株系。黄瓜花叶病毒寄主有葫芦科、茄科、十字花科、藜科等 40 余科植物，其中包括瓜类、番茄、辣椒、菜豆、芹菜、莴苣、菠菜等多种重要蔬菜，毒源很多。芜菁花叶病毒和黄瓜花叶病毒都由蚜虫和汁液接触传染。桃蚜、萝卜蚜、甘蓝蚜等都是重要传毒介体。蚜虫传毒为非持久性，即蚜虫在病株上短时间取食后就可获毒，转而在健康植株上短时间取食就可传毒，蚜虫保持传毒的时间较短。

在北方菜区，病毒主要随棚室寄主植物和窖内保存的十字花科蔬菜采种株越冬，也可在菠菜、芥菜等宿根植物以及田间十字花科杂草根部越冬。春季蚜虫把病毒由采种株或其他毒源植物传播到春菜上，以后又先后传播到夏菜和秋菜上。在南方，田间终年种植十字花科蔬菜，病毒辗转传播，周年发生。

干旱高温有利于蚜虫繁殖和迁飞，有利于病毒增殖和发病，而不利于菜苗生长发育，病毒病往往大发生。降雨量大，雨日多，阴雨连绵，则病毒病发生轻。十字花科蔬菜互为邻作发病重，邻地为非十字花科作物，发病就轻。白菜 7 叶期前尤为感病，侵染越早，发病越重。

【防治方法】

1. 种植抗病、耐病品种　已育成的抗病、耐病品种较多，许多地方利用抗病品种，已经成功地控制或减轻了病毒病。由于各地感染十字花科蔬菜的病毒种类、株系不尽相同，在引进抗病品种时，需经试种或另外进行抗病性鉴定。

2. 栽培防治 调整蔬菜生产布局,合理间、套、轮作,不与十字花科蔬菜或其他毒源植物相邻或接续种植;适期播种,使苗期避开高温期与蚜虫迁飞高峰期;加强肥水管理,合理施用基肥和追肥,喷施叶面营养剂,以提高植株抗病能力和缓解病株症状。

3. 治蚜防病 及时采用防虫网以及其他避蚜、诱蚜、灭蚜措施,参见第十章桃蚜、萝卜蚜和甘蓝蚜等章节。

4. 喷药控病 发病初期选择喷施 20% 病毒 A 可湿性粉剂 500 倍液,或 1.5% 植病灵乳剂 1 000 倍液,或 2% 菌克毒克(宁南霉素)水剂 250 倍液(可加用适量喷多丰抗病毒复合营养液),或 3.95% 病毒必克 500 倍液(可加用适量傻老大微肥1 000 倍稀释液)等。

第九章　棚室韭菜病害

在葱蒜类蔬菜中,韭菜是用于冬春季棚室生产的大宗作物。韭菜为耐寒蔬菜,在华北一带冬季利用暖棚生产,元旦、春节期间上市,管理简单,经济效益高。著名的寿光盖韭,就是夏秋露地培育壮苗,冬春利用阳畦、小拱棚或日光温室覆盖栽培。华北各地通常在11月中下旬扣棚,棚内收割3～4刀,到翌年3月下旬至4月初拆棚养根,可连续生产3年。高寒地区则第一年养根,第二年刈割。例如,黑龙江省等高寒地区第一年4月上旬至5月上旬顶浆播种,当年露地培育韭根。翌年2月中旬至3月下旬扣棚。4月上旬第一次采收,头刀韭菜采收后15～18天后第二次采收,20～30天后第三次采收。5月中旬撤膜,进行露地管理养根。

棚室韭菜病虫害问题比较突出,病害主要是灰霉病和疫病,害虫主要为韭蛆。

韭菜灰霉病

灰霉病是韭菜、葱类和大蒜的重要病害,分布广泛,在田间常造成叶片大量霉烂,贮运期危害也很严重,不仅造成减产,还降低了韭菜的食用性和商品性。

【症　状】　韭菜叶片发病有3种主要症状,即白点型、干尖型和湿腐型。白点型最常见,叶片上出现白色至浅灰褐色小斑点,扩大后成为梭形至长椭圆形,病斑长度可达1～5毫米,潮湿时病斑上生灰褐色茸毛状霉层(彩36)。后期病斑相互连接,致使大半个叶片甚至全叶腐烂死亡,死叶表面也密生灰霉,有时还生出黑色颗粒状物,为病原菌的菌核。干尖型多从采收韭菜的刀口处开始腐烂,也出现在中下部叶片的叶尖。病叶的叶尖初呈水浸状,后变为淡绿色至淡灰褐色,并向基部扩展,病部呈半圆形或"V"字形,后期也生有灰色霉层。湿腐型症状多发生在采收后的植株上,叶片呈水浸状,变深绿色,湿腐霉烂,枯叶表面密生灰色至灰绿色霉状物,有霉烂气味(彩36)。

【病原菌】 主要为葱鳞葡萄孢 *Botrytis squamosa* Walker 和灰葡萄孢 *B. cinerea* Person 等种类。病原菌还侵染其他葱蒜类蔬菜。葱鳞葡萄孢菌丝在 15℃～30℃ 内生长,高于 27℃ 生长受影响,33℃ 以上不能生长。菌核在 15℃～27℃ 间,随温度升高产生增多,27℃ 时最多,高于 30℃ 即不能产生。孢子萌发需要水膜,相对湿度需达 90％ 以上。

【发病规律】 灰霉病病菌随发病寄主越冬或越夏,也能以菌丝体和菌核在田间病残体上与土壤中越夏或越冬,成为侵染下一季寄主植物的主要菌源。生长期中病株产生分生孢子随气流、灌溉水和农事操作而分散,引起多次重复侵染。刈割韭菜不仅有助于孢子分散传播,而且所造成的伤口,是病原菌侵入的门户。因而头刀韭菜发病较轻,2～3 刀韭菜发病逐渐加重。

灰霉病病菌适应的温度范围较宽,低温高湿的环境条件最有利于灰霉病的发生。温度为 9℃～15℃,相对湿度为 75％ 时即可发病,20℃ 左右,相对湿度达 90％ 以上时,病情发展迅速。

冬春季棚室栽培韭菜,多采用密闭保温措施,棚内高湿,空气相对湿度达 95％ 以上,棚膜滴水,叶面结露,加之光照不足,忽冷忽热,昼夜温差大,非常有利于灰霉病发生,使灰霉病成为棚栽韭菜最严重的病害,初春即可达发病高峰期,防治不及时可能毁棚。

凡是能提高田间湿度和不利于植株健壮生长的因素都有利于灰霉病发生。土壤黏重,排水不良,浇水不当,过度密植,偏施氮肥,植株衰弱,伤口、刀口愈合慢等情况都导致发病加重。连作田遗留有较多病残体,菌源量大,发病早而重,而新茬大棚发病较轻。

【防治方法】

1. 选用抗病或轻病品种 韭菜品种间发病程度有明显差异。据报道,克霉 1 号、791 雪韭、寒冻韭、竹杆青、嘉兴白根、铁丝苗、黄苗、中韭 2 号、金勾、汉中冬韭等品种发病较轻。棚室冬春茬栽培宜选用抗病能力强、品质好、休眠期居中、耐低温弱光、低温下生长速度较快、适合覆盖栽培的品种。

2. 栽培防病 病地停种韭菜、葱、蒜类蔬菜,实行轮作。收获后和扣棚前要彻底清除病残体。每次收割韭菜时都应把清出的病叶携出销毁。多雨地区可推行垄栽和高畦栽培,雨季及时排水,防止田间积水。

扣棚后控制好温湿度,采取多种措施降低棚内湿度,使之保持在 75％以下。这些措施包括升温降湿,适时通风换气,适当控制浇水,小水勤浇,勤中耕,松土散湿等。

栽培防病措施要因地制宜。据山东省寿光市经验,冬春茬棚室栽培韭菜,在扣棚前要搞好根株培养,扣棚后加强温湿度管理。日光温室韭菜栽培,采用育苗移栽养根。育苗床宜选择富含有机质的肥沃土壤。每 667 平方米施用充分腐熟的有机肥 5 000 千克、氮磷钾复合肥 40 千克做基肥,精细整地,使土壤与肥料充分混合,然后做畦。4 月上旬播种,每平方米播种量为 10～15 克。幼苗期加强管理,及时除草,株高达15～20 厘米时移栽。移栽地结合整地每 667 平方米施用腐熟优质圈粪 5 000 千克、氮磷钾复合肥 100 千克,做成垄畦或平畦移栽。定植后以促进缓苗为主进行管理。立秋后是肥水管理的关键时期,此期应每隔 5～7 天浇 1 次水,结合浇水,追施速效性氮肥 2～3 次,每 667 平方米施尿素 10 千克,以促进根茎膨大和根系生长。

在扣棚前清除枯叶杂草,并在土壤封冻前浇好冻水。扣棚后加强保温,加盖草苫,通过中耕培土提高地温。白天温度控制在 18℃～28℃,夜间 8℃～12℃,不能低于 5℃,要防止昼夜温差过大。高温高湿时易徒长和烂尖,并诱发灰霉病,超过 27℃,就必须放风排湿。头刀韭菜收获前 4～5 天适当通风,收割后闷棚升温,以促进韭菜伤口愈合。每次浇水后要及时通风,使相对湿度低于 80%。由于塑料温室保湿性强,割头刀韭菜前可不浇水,在 2 刀收割前 4～5 天浇水,水量根据棚内温度而定,温度高水量可大些,反之要小些,浇水要在晴天上午进行。要合理施肥,头刀韭菜收获后,每次浇水时追施1 次化肥,每 667 平方米施氮磷钾复合肥 10 千克。追肥后要及时放风,排除氨气,以免韭叶脱水烂尖。为防止韭菜被硝酸盐污染,一般不追施含硝态氮的肥料,每次割韭前 15～20 天停止浇水施肥。

河南、河北地区的管护方法基本与山东地区相同。河南有的地方在韭菜扣棚后,棚内白天保持 20℃左右,夜晚保持5℃以上,扣棚初期气温偏高,在中午前后通风降温。头刀韭收割后待新叶长到 9～12 厘米高,棚温超过 25℃以上时放风。以后每割 1 刀都要扒垄,晾晒鳞茎。待新叶长出后,结合浇水追肥并培土。

韭菜在夏秋季要养好根,以提高抗病能力。夏秋季揭棚后,不施肥,少浇水,及时割除嫩花薹,防止植株过旺生长,减少植株养分消耗,及时进行中耕,清除杂草,促进韭菜健壮生长。

3. 药剂防治 可选用的药剂有 50%速克灵可湿性粉剂 1 000～1 500 倍液,或 50%扑海因可湿性粉剂 1 000～1 500 倍液,或 28%灰霉克可湿性粉剂(有效成分为乙霉威和百菌清)600～800 倍液,或 40%嘧霉胺悬浮剂 1 000～1 500 倍液,或 70%代森锰锌可湿性粉剂 500～800 倍液,或 50%多菌灵可湿性粉剂 500 倍液,或 70%甲基硫菌灵可湿性粉剂 800 倍液,或 75%百菌清可湿性粉剂 600 倍液,或 50%多霉灵可湿性粉剂 1 000 倍液等。间隔 7～10 天喷 1 次药,连续防治 2～3 次。此外,还可用粉尘剂和烟剂,参见第四章茄果类灰霉病防治。

韭菜施药要严格控制使用浓度和用量,掌握药剂使用的安全间隔期,防止或减轻农药污染。

韭菜疫病

疫病引起韭菜叶片、假茎、鳞茎和根部腐烂,抑制植株生长,减少养分贮存。疫病对棚室栽培的韭菜危害更大,防治不力,甚至造成韭菜大量烂死。

【症　状】 病原菌侵染叶片、叶鞘、根部和花茎等部位,引起腐烂。叶片和花茎多由中、下部开始发病,出现边缘不明显的暗绿色或浅褐色水浸状病斑,扩大后可达到叶片的一半以上。病部组织失水后收缩,缢细,呈蜂腰状,叶片黄化萎蔫。湿度大时病部软腐,上生稀疏的白色霉状物。叶鞘出现暗绿色、浅褐色水浸状腐烂,易剥离脱落。鳞茎、盘状茎、根状茎、须根等部位也表现浅褐色至暗褐色水浸状腐烂。病株根毛明显减少,很少发出新根,严重的根部腐烂,地上部分折倒或干枯。花茎受害也产生边缘不明显的水浸状病斑,暗绿色或浅褐色,病部腐烂缢细,花茎萎蔫下垂。

【病原菌】 为烟草疫霉,学名 *Phytophthora nicotianae* Bred de Haan,是一种卵菌。该菌寄主范围较广,侵染韭菜及其他葱属蔬菜、烟草、茄科蔬菜和多种果树等。

【发病规律】 病原菌在越冬病株上越冬,或者以卵孢子随病残体在土壤中越冬。韭菜发病后,在潮湿条件下,病斑上产生大量病原菌的繁殖体(孢子囊和游动孢子),随风雨和灌溉水传播,着落在韭菜叶片上,在温度适宜并有水滴存在时侵入韭菜,引起再侵染。在生长季节中重复发生多次再侵染,病株不断增多。高温高湿有利于疫病发生,发病最适温度为25℃～32℃,降雨多,高湿闷热时发病重。夏季是露地韭菜疫病的主要流行时期,夏季多雨年份发病发生大流行。以北京地区为例,7月下旬至8月上旬为盛发期,以后随降雨减少而流行减缓,10月下旬停止发生。重茬地、老病地、土质黏重、排水不畅的低洼积水地块和大水漫灌地块发病重。

扣棚韭菜因棚内温湿条件适宜,昼夜温差大,发病早,病势发展快,受害重。北京地区3月中旬棚内温度常超过25℃,若放风不及时,浇水过量,湿度增高,韭菜幼嫩徒长,可造成疫病大发生。4月底5月初不去棚膜,或在棚内套种喜温蔬菜,疫病常局部严重发生。甘肃河西走廊设施韭菜多在12月下旬开始发病,3月中旬以后,随着外部气温升高,设施内高温高湿,韭菜容易徒长,发病也较为严重。

【防治方法】 提倡轮作倒茬,育苗地和养茬地宜选择土层深厚肥沃、能灌能排的高燥地块,3年内未种过葱属蔬菜和烟草疫霉的其他寄主植物。苗床应冬耕施肥休闲,春季细致整地做畦。栽植地亦应深耕,施入腐熟有机肥,掺匀细耙。南方雨水多,应做高畦,畦周围筑水沟以便排水,做到大雨后不积水。

加强水肥管理,培养健株。应施足基肥,合理追肥。浇足底水,幼苗期先促后控,轻浇勤浇,结合灌水施入速效氮肥2~3次,以促进幼苗生长,苗高12~15厘米后,应控水蹲苗,不追肥或少追肥,加强中耕除草,以培育壮苗,防止幼苗徒长倒伏。不从病田取苗,栽植健苗、壮苗,定植当年着重养根壮秧。

露地栽培的,要避免大水漫灌和田间积水,做好雨季排涝。发病田块应控制或停止浇水。栽植密度较大,田间郁闭的还可采取"束叶"措施,即进入雨季前,摘去植株下层黄叶,将绿叶向上拢起并松松地捆扎,以避免叶片接触地面并促进株间通风散湿。棚室栽培的要严格管理,适时通风换气,降低温度和湿度,避免或减少叶面结露。

发病初期及时喷药,可选择的药剂有72%霜脲·锰锌可湿性粉剂600~800倍液,或69%安克·锰锌可湿性粉剂800倍液,或25%甲霜灵可湿性粉剂600~1 000倍液,或58%甲霜灵·锰锌可湿性粉剂500倍液,或64%杀毒矾可湿性粉剂500倍液,或40%乙磷铝可湿性粉剂300倍液,或72.2%普力克水剂600倍液等。间隔7~10天喷1次,连续防治2~3次。除喷雾施药外,也可在栽植时用药液蘸根或雨季始期用药液灌根。

第十章　棚室蔬菜害虫、
害螨和寄生线虫

　　棚室进行反季节栽培,正值害虫休眠或不活跃时期,加之棚室有隔离作用,害虫难以侵入和扩散,棚室内部空间有限,寡照高湿,管理精细,害虫发生较露地少。但另一方面,棚室有较适宜的温度,较丰富的食料,较少的天敌,为露地不能越冬或难以越冬的害虫提供了栖息,甚至持续繁殖危害的场所。20世纪70年代中期以来相继传入我国的温室白粉虱、烟粉虱、美洲斑潜蝇、南美斑潜蝇等,就是依赖于棚室内越冬,而迅速扩散到全国各地的。粉虱、斑潜蝇、蚜虫、蓟马、叶螨、根结线虫等都是在棚室内猖獗危害的有害生物类群。另外,周年种植十字花科蔬菜的棚室,菜蛾常猖獗成灾。棉铃虫危害秋棚茄果类蔬菜,迟眼蕈蚊危害大棚韭菜,甜菜夜蛾、斜纹夜蛾、棕榈蓟马、番茄刺皮瘿螨以及其他害虫的发生也需引起警惕。

温室白粉虱和烟粉虱

　　温室白粉虱 *Trialeurodes vaporariorum* Westwood 属同翅目粉虱科,以成虫和若虫吸食叶片和果实汁液,受害叶片出现黄色斑点,甚至整叶变黄,萎蔫枯死(彩37)。温室白粉虱还可分泌蜜露,污染植株,诱发煤污病,传播植物病毒。该虫食性极杂,危害653余种植物,自20世纪70年代传入我国以来,已成为北方地区蔬菜和观赏植物的重要害虫,在大棚和温室中严重危害瓜类、茄果类、豆类、菊科和其他蔬菜。烟粉虱 *Bemisia tabaci* Gennadius 传入我国较晚，但蔓延很快，已经取代了温室白粉虱，成为棚室蔬菜最重要的害虫。近年在广东、新疆、北京、天津、河北、山西等省、直辖市、自治区大发生。烟粉虱寄主植物有 63 科，201 属，307 种植物，可传播多种重要植物病毒(特别是联体病毒和长线状病毒两大类群)。

【形态特征】 温室白粉虱有成虫、卵、若虫、蛹壳等虫态(彩 37)，其基本特征如下。

1. 成虫 体长 1～1.2 毫米，身体淡黄色至黄色，翅膀正反面覆盖一层白色蜡粉。触角丝状，6 节，复眼哑铃状，口针细长。腹部第一节细缩成柄状，腹末尖削。前后翅各有 1 条翅脉，前翅脉有分叉。雌性休息时两翅合拢平铺于体背，腹部末端有 1 个三裂的产卵器。雄性休息时两翅合拢呈屋脊状盖在腹背，腹末有一钳状生殖器。

2. 卵 长 0.2～0.25 毫米，宽 0.08～0.1 毫米，长椭圆形，基部有短柄。初产时淡黄绿色，孵化前黑褐色，可见两红色眼点。

3. 若虫 椭圆形，扁平，淡黄色或淡绿色，透明，蜕皮前身体隆起，透明度减弱，体表生有长短不齐的丝状蜡质突起，周缘的蜡丝较长，尾端的 2 根蜡丝最长。末龄若虫体长 0.72～0.76 毫米，宽 0.44～0.48 毫米。

4. 蛹壳 体长 0.7～0.8 毫米，椭圆形，较扁平，体背有放射状长短不等的蜡丝 9～11 对，随着虫体的隆起，身体周围形成一垂直叶面的蜡壁，壁表面有许多纵向的皱褶，有周缘蜡丝。蛹壳内实际上是 4 龄若虫，成熟后冲破蛹壳下面的皿状孔飞出。

烟粉虱与温室白粉虱形态相似，常混合发生。两者的鉴别特点见表13。

表 13　温室白粉虱与烟粉虱的形态识别

（根据吴杏霞和胡敦孝资料）

特　征	温室白粉虱	烟粉虱
卵	1.成虫在光滑叶片上,把口器插入叶片,以吸食点为圆心,转动身体产卵,排列成半圆形或圆形。在多毛叶片上卵散产; 2.卵初产时淡黄色,孵化前变为黑褐色	1.卵散产; 2.卵在孵化前呈琥珀色,不变黑
四龄若虫蛹壳（解剖镜观察）	1.蛹白色至淡绿色,半透明,0.7~0.8毫米; 2.蛹壳边缘厚,蛋糕状,周缘排列有均匀发亮的细小蜡丝; 3.蛹背面通常有发达的直立蜡丝,有时随寄主而异	1.蛹淡绿色或黄色,0.6~0.9毫米; 2.蛹壳边缘扁薄或自然下陷,无周缘蜡丝; 3.胸气门和尾气门外常有蜡缘饰,在胸气门处呈左右对称; 4.蛹背蜡丝有无常随寄主而异
成　虫	1.雌虫体长 1.06 毫米±0.04毫米,翅展 2.65 毫米±0.12 毫米,雄虫体长 0.99 毫米±0.03毫米,翅展 2.41 毫米±0.06 毫米; 2.虫体黄色,前翅脉有分叉,左右翅合拢平坦; 3.当与其他粉虱混合发生时多分布于高位嫩叶	1.雌虫体长 0.91 毫米±0.04毫米,翅展 2.13 毫米±0.06 毫米,雄虫体长 0.85 毫米±0.05毫米,翅展 1.81 毫米±0.06 毫米; 2.虫体淡黄白色至白色,前翅脉1条不分叉,左右翅合拢呈屋脊状

【发生规律】 温室白粉虱在棚室中可周年发生,每年有10～12代,世代重叠严重。在我国北方,该虫不能在室外越冬,冬前即由露地向温室、大棚等保护地设施内转移。翌年春季和初夏,再由菜苗传带或成虫迁飞,从棚室向露地蔬菜和其他植物转移,但虫口增长缓慢,直到7月份以后,虫口密度才迅速增多,危害加重。10月份以后,随气温下降,虫口数量逐渐减少,并向棚室内转移。白粉虱还可随花卉、苗木远距离传播。

温室白粉虱喜食黄瓜、番茄、茄子、菜豆、草莓等植物,韭菜、菠菜、油菜等基本不受害,甜椒、萝卜、豇豆、莴苣、芹菜等发生较轻,但保护地甜椒比露地甜椒受害严重。

成虫多在上午羽化,约取食半天后方可飞行,飞翔能力不强,向周围迁移扩散较缓慢,田间分布多不均匀,初期点片发生。成虫还有向上性或向嫩性。植株的上部叶片主要生有成虫和卵,中部叶片上主要是若虫,而下部叶片上主要是蛹壳和刚刚羽化的成虫。成虫对黄色有趋性,忌避白色、银灰色。

温室白粉虱有2种生殖方式,即普通的两性生殖和特殊的孤雌生殖。两性生殖时,雌虫与雄虫交配后1～3天产卵,卵多产在叶片背面,有2种排列方式,其一为15～30粒卵成半环形或环形排列,另一为不规则排列。卵表面有雌虫分泌的白色蜡粉。每个雌虫可产卵300～600粒。孤雌生殖是不经两性交配,而只由雌性繁殖的生育方式。

初孵化的1龄若虫先在叶面爬行数小时,待找到适宜的取食场所后方固定取食,并蜕皮变为2龄若虫。以后各龄若虫均营固定生活。若虫老熟后蜕皮化蛹,蛹由蛹壳包裹。成虫羽化前,蛹壳的皿状孔开裂为"T"形裂口,成虫由裂口中钻出。

气温 11℃~23℃(平均 17℃)时,温室白粉虱卵期 12 天,若虫期 18 天,蛹期 7 天;气温 16℃~27℃(平均 21.5℃)时,卵期 10.5 天,若虫期 11.5 天,蛹期 4 天。成虫寿命在 24℃为 15~57 天。

温室白粉虱是一种喜温害虫,成虫活动的最适温度是 25℃~30℃,直到 40.5℃时活动能力才明显下降,而在温度较低时即使受惊扰也不太活动。各虫态对 0℃以下的低温耐受力弱,在北方露地不能越冬。该虫世代多,发育速度快,棚室内天敌少,存活率高,群体增长很快,由少量虫源就可造成严重危害。

烟粉虱的发生规律与温室白粉虱相似,在棚室内各虫态均可安全越冬,在露地一般以卵或成虫在杂草上越冬。在热带和亚热带地区,1 年发生 11~15 代,有世代重叠现象。在广东地区 3~12 月份均可发生,5~10 月份为盛期。在北方 6 月中旬始见成虫,8~9 月份为盛发期,9 月底开始陆续迁入棚室危害,10 月下旬后田间虫口显著减少。成虫可在植株间作短距离扩散,也可借气流长距离迁移。

【防治方法】

1. 栽培防治　发虫地区要及时清理和销毁各种寄主植物残体,铲除田间和温室内外的杂草,以减少虫源。要避免温室白粉虱喜食的蔬菜接茬、混栽,特别要避免黄瓜、番茄和菜豆混栽。温室、大棚附近避免栽植粉虱发生严重的蔬菜。棚室秋冬茬最好栽植温室白粉虱不喜食的芹菜、油菜、韭菜等蔬菜。温室白粉虱和蚜虫忌避毛粉 802、佳粉 17 号等番茄品种。

培育无虫秧苗,选择无虫棚室育苗,或在育苗前彻底熏杀残余虫口。应将育苗棚室与生产棚室分开,通风口用纱网密封,严防虫体飞入育苗棚室。秋季用密度为24～30目的防虫网,全程覆盖育苗。棚室周围不种植温室白粉虱喜食的蔬菜,以减少成虫迁入棚室的机会。

2. 黄板诱虫　可利用温室白粉虱的趋黄习性,将黄色板涂上机油,置于棚室内,诱杀成虫。黄板可用废旧纤维板或硬纸板,裁成1米×0.2米的长条,用油漆涂成橘黄色,再涂上1层黏油(可用10号机油加少许黄油调匀)制成。每667平方米地设置30余块黄板,插在行间,底部与植株顶端相平或略高。当粉虱粘满板面时,要及时重涂黏油。注意不要将油滴在植株体上,以免造成烧伤。

江苏省丰县采用小黄板诱虫,在长、宽为18厘米×9厘米的三合板两面,分别用黄色油漆涂成浅黄色,黄板下部钉有长65厘米小木条,使用前在黄板上刷上10号机油,试验过程中,每7天补刷1次机油。木条插入地下15厘米左右,使黄板处于番茄株高中部。每平方米放置1～2块黄板,在9月份扣棚覆膜后马上使用。

3. 药剂防治　在点片发生阶段开始喷药,先可局部施药,要注意使植株中、上部叶片背面着药,因该虫发生不整齐,必须连续几次施药。供选药剂有10%扑虱灵乳油1 000倍液(该药对粉虱有特效,持效期长,对天敌安全),或25%扑虱灵可湿性粉剂1 500～2 000倍液,或2.5%天王星乳油2 000～3 000倍液,或21%灭杀毙(增效氰马)乳油4 000倍液,或2.5%功夫乳油3 000倍液,或20%灭扫利乳油2 000～3 000倍液,或2.5%敌杀死乳油2 000～3 000倍液,或20%氰戊菊酯乳油2 000～3 000倍液,或3%莫比朗乳油1 000～2 000倍液,或20%康福多浓可溶剂2 000～3 000倍液,或10%吡虫啉可湿性粉剂2 000倍液,或25%阿克泰水分散粒剂5 000～

6 000 倍液,或 50％辛硫磷乳油 1 000 倍液,50％马拉硫磷乳油 1 000 倍液,或 50％爱乐散(稻丰散)乳油 1 000 倍液,或 50％敌敌畏乳油 1 000 倍液,或 58％阿维·柴乳油 3 000～4 000倍液,或 26％吡·敌畏乳油 750～1 000 倍液,或 1.8％阿维菌素乳油 2 000～3 000 倍液,或 40％绿菜宝(阿维·敌畏乳油)1 000 倍液等。

冬季温室防治还可采用敌敌畏熏烟法施药。傍晚密闭温室,在花盆内放置锯末,洒上敌敌畏乳油,再放上几个烧红的煤球,点燃熏烟,每 667 平方米用 80％敌敌畏乳油 0.3～0.4 千克。另一种方法是将 80％敌敌畏乳油药瓶瓶口扎个小孔,倒挂起来,使药液一滴滴漏出,利用其熏蒸作用杀虫。每 667 平方米还可用 80％敌敌畏乳油 150 毫升,加水 1 升稀释后,喷拌木屑 3 千克,均匀撒于行间,然后密封棚室,熏蒸1～1.5 小时,温度应控制在 30℃左右。用 22％敌敌畏烟剂熏烟,每次每公顷用药 7.5 千克。

在上述药剂中,辛硫磷、马拉硫磷、爱乐散、敌敌畏等为有机磷杀虫剂,联苯菊酯、增效氰马、氯氟氰菊酯、甲氰菊酯、溴氰菊酯、氰戊菊酯等为菊酯类杀虫剂,吡虫啉、啶虫脒等为新烟碱类杀虫剂(此类杀虫剂还有噻虫嗪),噻嗪酮是噻二嗪类几丁质合成抑制剂,阿维菌素为抗生素。温室白粉虱和烟粉虱对包括昆虫生长调节剂在内的各类杀虫剂,都已产生了不同程度的抗药性,在药剂防治时应限制杀虫剂的使用次数,在作物的不同生长期轮换使用有效成分不同的杀虫剂。

4. 生物防治 丽蚜小蜂寄生于温室白粉虱的若虫和蛹,被寄生后 9～10 天,虫体变黑死亡。可人工释放丽蚜小蜂防治温室白粉虱,番茄虫口密度低时,每隔 2 周放 1 次丽蚜小蜂,共释放 3 次,每株 15 头。或在棚室发现温室白粉虱后应马上释放丽蚜小蜂,每株有成虫1头以下时,每667平方米放蜂1000～3000头,每株虫口2～3头时,放蜂5000头,共放2～3次。草蛉和小花蝽对温室白粉虱的捕食能力较强,可人工助迁,引进温室。利用人工繁殖的中华草蛉防治,每公顷释放中华草蛉卵约100万粒。此外,还应用粉虱座壳孢菌防治温室白粉虱,施用1周后,温室白粉虱的卵和初孵若虫的感染率可达90%左右。

银叶粉虱

银叶粉虱 *Bemisia argentifolii* Bellows et Perring,原为烟粉虱B生物型,其危害性比烟粉虱其他生物型更大,寄主多达数百种,其中包括黄瓜、西葫芦、甜瓜、苦瓜、丝瓜、番茄、茄子、辣椒、甘蓝、花椰菜、萝卜、芥菜、白菜、莴苣、芹菜、菠菜、豇豆等多种蔬菜以及棉花、甘薯、观赏植物等。银叶粉虱危害可直接造成重大经济损失,还可传播西葫芦银叶病病毒。我国已有银叶粉虱和西葫芦银叶病发生,需警惕和防止其扩散传播。

【**形态特征**】

1. 成虫　体长约0.9毫米,翅展约2毫米,体表和翅上覆盖有白色蜡粉,虫体淡黄色至白色,复眼红色,前翅脉仅1条,不分叉,左右翅合拢呈屋脊状。

2. 卵　长约0.2毫米,有光泽,长梨形,底部有小柄连接叶面。初产时淡黄绿色,孵化前深褐色,不变黑。

3. 若虫　长椭圆形,淡绿色至黄白色,1龄若虫有3对足和触角,能爬行,2龄后触角和足退化,固定在叶面取食。

4. 蛹壳　黄色,椭圆形,长0.6～0.9毫米,扁平,背面中央隆起,周缘薄,有2根尾刚毛,背面有1～7对粗壮的刚毛或无毛,无周缘蜡丝。蛹壳内为4龄若虫。

银叶粉虱(烟粉虱B型)形态与烟粉虱(烟粉虱A型)非常相似,但银叶粉虱的成虫个体比烟粉虱小,大多数个体的蛹壳没有第四亚缘毛。在一般情况下,胸气门和尾气门沟较窄,蜡缘饰较短,较窄,尾气门孔口的蜡缘饰一般不超出尾毛间宽度。

银叶粉虱的寄主范围比烟粉虱更广,产卵量、取食量、蜜露排出量更大。银叶粉虱引起若干种寄主植物的特异性症状,例如引起西葫芦银叶,番茄果实成熟不均匀,南瓜、青花菜白茎等,而烟粉虱则不引起这些特异症状。

银叶粉虱引起的西葫芦银叶病,病株叶片正面出现银白色病斑,扩大后整个叶片银白色,可反射光泽,病叶增厚僵直,不能正常进行光合作用。病株生长缓慢,瓜畸形或不能结瓜。

据发病大棚观察,受害叶叶脉两侧和叶尖首先表现异常。叶脉两侧出现不规则形或多角形银白色斑块(彩37)。还有的叶尖端先表现淡银灰色,向叶片内部扩散,后病斑迅速增多遍布叶面。叶片形状正常,叶脉仍为绿色,叶面呈现均匀的银灰色,叶柄发黄(彩37)。受害株心叶发黄。

西葫芦银叶病是粉虱传联体病毒(*Whitefly-transmitted geminivirus*,WTG)侵染所致,该病毒是单链DNA病毒,由银叶粉虱传毒。

【发生规律】 在棚室内各虫态均可安全越冬,在露地一般以卵或成虫在杂草上越冬,1年可发生10余代,在北方8～9月份危害严重。成虫可短距离向周围扩散,也可随气流远距离迁移。生活习性和发生规律参见温室白粉虱和烟粉虱。

银叶粉虱的低龄若虫取食西葫芦,引起银叶症状,成虫则不造成银叶。

【防治方法】 抓紧育苗期和棚室发虫早期的防治,减少虫源。要调整育苗期,适当延迟育苗时间,避开秋季银叶粉虱发生的高峰期,秋季育苗还可采用密度为 24~30 目的防虫网,全程覆盖育苗,并加强苗期管理,培育无虫、无病苗。在育苗前和定植前要彻底消灭棚室内的残虫,通风口用尼龙纱网密封,防止露地虫源进入。在棚室内采用黄板诱虫。药剂防治方法参见温室白粉虱。

桃　蚜

桃蚜 *Myzus persicae* (Sulzer),又名烟蚜,属同翅目蚜科,为多食性害虫,已知寄主有 352 种,主要危害十字花科蔬菜、绿叶菜、茄果类蔬菜、马铃薯、烟草和核果类果树等,分布于全国各地。桃蚜是棚室蔬菜最常见的蚜虫种类,除成虫和若虫吸食植物体内的汁液,使植株生育不良外,还能传播多种重要病毒,造成更大的危害。

【形态特征】 桃蚜在叶片、嫩茎、花梗等部位吸食植物体内的汁液。危害叶片时,多在叶片背面分散危害,严重时叶片变黄、皱缩。可在叶片上分泌蜜露,使之有油质感(彩 38)。

桃蚜的生活史很复杂,有多个虫态,最常见的是有翅胎生雌蚜和无翅胎生雌蚜。

有翅胎生雌蚜体长约 2 毫米,有翅。头部和胸部黑色,腹部淡绿色,背面有淡黑色斑纹。腹部第一节有 1 行横行零星狭小横斑,第二节有 1 条背中窄横带,腹节 3~6 节各横带汇合为一背中大斑。第七、第八节各有 1 条背中横带。复眼红褐色,额瘤发达,向内倾斜,触角比身体稍短,仅第三节有 9～17 个感觉圈,排成 1 列。腹管深绿色,长圆柱形,末端缢缩。腹管长度约为尾片的 2 倍以上。尾片大,圆锥形,每侧有 3 根刚毛。

无翅胎生雌蚜体长约 2 毫米,卵圆形,无翅。全体绿色,有时为黄色或樱红色,触角第三节无感觉圈。额瘤和腹管特征与有翅胎生雌蚜相同。

【发生规律】 桃蚜每年发生代数各地不同,在华北北部 1 年发生 10 余代,在南方发生 30～40 代不等,世代重叠严重。桃蚜有 2 种生殖方式,一种是两性生殖,另一种是孤雌胎生繁殖。每年秋季,约在 10 月中下旬至 11 月上旬,发生产卵雌蚜和雄蚜,在桃树上交配,产卵越冬。翌年春天,越冬卵孵化出无翅雌蚜,它们不经交配就可生出雌性后代,这种繁殖方式称为孤雌胎生。孤雌胎生雌蚜通常无翅,有时则产生有翅胎生雌蚜,向其他寄主迁飞。

但是,危害蔬菜的桃蚜并非都要经过上述有性生殖阶段。在南方菜区,桃蚜终年可在不同种类的蔬菜间辗转危害。在北方菜区,冬季桃蚜在棚室甜椒和其他蔬菜上胎生繁殖危害,成为翌年春季露地和棚室蔬菜的虫源。桃蚜还以无翅胎生雌蚜在风障菠菜、窖藏大白菜上越冬。在露地蔬菜上,整个生长季节都有桃蚜发生,以春末夏初有虫株率和虫口数最多。

桃蚜的发育起点温度为 4.3℃,最适温度为 24℃,高于 28℃则不利。在适宜的温湿度条件下,繁殖速度很快,虫口数量迅速增长,高温高湿不利于其发生,因而在多种蔬菜上,都是春秋两季大发生,夏季受到抑制。微风有利于桃蚜的迁飞活动,暴风雨则有强烈的冲刷作用,可减少蚜口数量。桃蚜在高燥地块比低洼地块发生重,施用氮肥多,叶片柔嫩时发生也重。桃蚜的主要天敌有瓢虫、草蛉、蚜茧蜂、食蚜瘿蚊、食蚜蝇和蚜霉菌等，天敌多时能大大减少虫口数量。

桃蚜对黄色有强烈的趋性，而对银灰色则有负趋性。

【防治方法】

1. 栽培防治 蔬菜收获后及时清理田间残株败叶，铲除杂草。根据当地蚜虫发生情况，合理确定定植时期，避开蚜虫迁飞传毒高峰。

2. 物理防治 设置黄板诱蚜和银膜驱避蚜虫。在有翅蚜发生盛期，设置黄皿或黄色粘板诱蚜。黄板诱蚜的具体方法参见温室白粉虱。还可在距地面 20 厘米处架设黄色盆，内装 0.1%肥皂水或洗衣粉水，诱杀蚜虫。银膜驱避蚜虫是播种前在苗床上方 30～50 厘米处挂银灰色薄膜条，苗床四周铺15 厘米宽的银灰色薄膜，使蚜虫忌避。定植时，畦面用银灰膜覆盖。在塑料大棚周围挂银灰色薄膜条（10～15 厘米宽）。还可利用银灰色遮阳网、防虫网覆盖栽培。

3. 药剂防治 防治蚜虫的药剂很多，应首先选用对天敌安全的杀虫剂，以保护天敌。蚜虫多集聚在心叶或叶背，喷药力求周到，最好选择兼具触杀、内吸、熏蒸作用的药剂。50%抗蚜威可湿性粉剂 2 000～3 000 倍液喷雾，效果好，不杀伤天敌。气温高于 20℃，抗蚜威熏蒸作用明显，杀虫效果更好。还可选用 2.5%天王星乳油 2 000～3 000 倍液，或 2.5%功夫乳油 3 000 倍液，或 20%灭扫利乳油 3 000 倍液，或 20%氰戊菊酯乳油 3 000 倍液，或 21%灭杀毙（增效氰马）乳油 5 000 倍液，或 10%吡虫啉可湿性粉剂 2 500 倍液，或 20%康福多浓可溶剂 3 000～4 000 倍液，或 70%艾美乐水分散粒剂 8 000～10 000倍液，或 25%阿克泰水分散粒剂 5 000～6 000 倍液，或1%印楝素水剂 800～1 200 倍液，或 20%苦参碱可湿性粉剂

2 000倍液,或1%阿维菌素乳油1 500～2 000倍液,或0.5%藜芦碱醇溶液800～1 000倍液,或3%莫比朗乳油1 000～2 000倍液,或10%多来宝悬浮剂1 500～2 000倍液等。对叶片蜡质较多的甘蓝类蔬菜,在药液中可加入0.1%洗衣粉做展着剂。要注意同一类药剂不要长期单一使用,以防止蚜虫产生抗药性。

棚室可喷施5%灭蚜粉尘剂,每次每667平方米用药0.8～1千克。敌敌畏熏烟法每667平方米用80%敌敌畏乳油0.25千克,傍晚加锯末适量用暗火点燃,闭棚至第二天早晨。每次每667平方米用22%棚虫净(敌敌畏)烟剂300～400克,或10%氰戊菊酯烟剂500克,或20%灭蚜烟雾剂400～500克。

萝 卜 蚜

萝卜蚜属同翅目蚜科,学名 *Lipaphis erysimi* (Kaltenbach),主要危害十字花科植物,特别喜食叶面多毛、蜡质较少的蔬菜,如白菜、萝卜、芥菜、芜菁、芥菜型油菜等。分布在全国各地。

【形态特征】 成虫和若虫群集叶片背面、采种株嫩梢、花梗上危害,受害幼叶向背面卷缩,老叶不变形,但有变黄斑点。严重时白菜不能包心,甘蓝不能结球。采种株受害嫩茎节间变短,弯曲,幼叶卷缩,植株矮小。蚜体和叶片上少有白粉,在叶片上还分泌蜜露。蚜虫诱发煤污病和传播多种病毒。

有翅胎生雌蚜体长为1.6～1.8毫米,有翅,体表有时覆盖少量白色蜡粉。头部和胸部黑色,腹部淡绿色至绿色,第一节、第二节背面有2条淡黑色横带。第三至第五节无背中大斑。腹管前两侧有黑斑,腹管后有 2 条淡黑色横带。复眼红褐色,额瘤不显著,微隆外倾,额部呈较浅的"W"形。触角约为体长的 1/2,第三节有 16～26 个感觉圈,排列不规则,第四节有 2～6 个感觉圈,排成 1 列,第五节有 0～2 个感觉圈。腹管长筒形,深绿色,较短,几与触角第五节长度相当,为尾片的 1.7 倍,中后部略膨大,末端有缢缩。尾片圆锥形,有横纹,有长毛 12～14 根。

无翅胎生雌蚜体长约 1.8 毫米,无翅。全体黄绿色,有时覆盖少量白色蜡粉。触角第三节和第四节无感觉圈,第五节和第六节各有 1 个感觉圈。胸部各节中央有一黑色横纹,散生小黑点。

【发生规律】 1 年发生 15～46 代,因地区而异。在冬季较冷地区,在冬白菜上产卵越冬,或以卵在田间枯叶背面越冬。春季 3～4 月份越冬卵孵化,以后产生有翅蚜向春菜田转移危害。到晚秋产生雌、雄蚜,交配产卵越冬。在冬季较温暖地区,以无翅蚜在蔬菜心叶等荫蔽处或杂草上越冬。在棚室内,无翅蚜冬季仍可危害活动。在华南,除炎热月份外,全年都有活动危害。萝卜蚜对黄色也有强烈的趋性,而对银灰色则有负趋性。

【防治方法】 参见桃蚜。

甘 蓝 蚜

甘蓝蚜属同翅目蚜科,学名 *Brevicoryne brassicae* (Linn.),主要危害十字花科植物,特别喜食叶面光滑、蜡质较多的甘蓝类蔬菜。多分布于北方较冷凉的地方。

【形态特征】 成虫和若虫群集叶片背面危害,严重时叶片变黄、皱缩。也危害嫩茎、花梗和角果。蚜体有厚厚的一层白粉，叶片上也有白粉（彩38）。在叶片上还分泌蜜露，诱发煤污病和传播多种病毒。

有翅胎生雌蚜体长约2.2毫米，有翅，体黄绿色，体表覆盖多量白色蜡粉。头部和胸部黑色，腹部黄绿色，有几条不甚明显的暗绿色横带，两侧各有5个黑点。复眼红褐色，无额瘤。触角第三节等于或稍短于第四、第五节和第六节基部之和，第三节上有37～40个感觉圈，排列不规则。腹管深绿色，很短，短于尾片，也明显短于触角第五节，中部略膨大。尾片宽短，圆锥形，基部稍凹陷。

无翅胎生雌蚜体长约2.5毫米，无翅。全体暗绿色，覆盖白色蜡粉。复眼黑色，触角第三节无感觉圈，无额瘤。腹管同有翅蚜。

【发生规律】 北方1年发生8～21代。在新疆地区以卵越冬，春季越冬卵孵化，产生的有翅蚜，陆续迁飞到春菜田危害，春甘蓝受害重。10月上旬产生雄蚜和雌蚜，交配产卵越冬。甘蓝蚜也可以成蚜和若蚜在温室和菜窖中越冬。在棚室内和在温暖地区可持续孤雌生殖，终年在蔬菜间辗转危害。甘蓝蚜对黄色有强烈的趋性，而对银灰色则有负趋性。

【防治方法】 参见桃蚜。

瓜　蚜

瓜蚜又名棉蚜，学名为 *Aphis gossypii* Glover，寄主范围广泛，是蔬菜和棉花的世界性大害虫。瓜蚜危害瓜类、豆类、菠菜、洋葱以及其他蔬菜作物，在棚室中多发。瓜蚜以成蚜和若蚜在叶片背面和嫩茎、花梗等部位吸食植物体内的汁液，使瓜苗萎蔫,叶片变黄、卷缩,提前老化枯死,造成严重减产。瓜蚜也分泌蜜露,诱生霉菌,并传播植物病毒。

【形态特征】 瓜蚜在自然条件下,生活史很复杂,有多个虫态。但是,在棚室和露地蔬菜上最常见的虫态是有翅胎生雌蚜、无翅胎生雌蚜及其若蚜。

1. 有翅胎生雌蚜 体长为 1.2~1.9 毫米,长卵圆形,有翅。头部和胸部黑色,腹部深绿色至黄色,春秋多深绿色,夏季多黄色。腹背各节间斑明显。触角比身体短,黑色,第三节至第六节的长度比例为 100∶76∶76∶48+128。第三节常次生感觉圈 6~7 个,排成 1 列。腹管和尾片黑色,腹管短,腹管长度约为尾片的 1.8 倍。尾片有毛 6 根。

2. 无翅胎生雌蚜 体长 1.5~1.9 毫米,卵圆形,无翅。夏季黄绿色,春秋深绿色。体表具清楚的网纹构造。前胸、腹部第一节和第七节有缘瘤。触角不及体长的 2/3,第三节至第六节的长度比例为 100∶69∶69∶43+94。尾片常有毛 5 根。盛夏常发生小型蚜(伏蚜),体长减半,触角可见 5 节,体淡黄色。

3. 若蚜 共 4 龄,体长 0.5~1.4 毫米,复眼红色,无尾片。1 龄若蚜触角 4 节,腹管长宽相等;2 龄触角 5 节,腹管长为宽的 2 倍;3 龄触角也为 5 节,腹管长为 1 龄的 2 倍;4 龄触角 6 节,腹管长度为 2 龄的 2 倍。

【发生规律】 瓜蚜每年发生代数各地不同,在东北 1 年发生 10 余代,在黄河流域、长江流域和华南发生 20~30 代不等,世代重叠严重。瓜蚜为多食性害虫,有 2 类寄主,一类为越冬寄主,另一类为夏季寄主。越冬寄主主要有花椒、石榴、木槿、鼠李、芙蓉、车前草、夏至草、苦荬菜、月季、菊花等,夏季寄主主要有瓜类等蔬菜作物和棉花。

瓜蚜的年生活周期有3种类型:异寄主全周期型、同寄主全周期型和不全周期型。异寄主全周期型以受精卵在越冬寄主上越冬,春季卵孵化,在越冬寄主上繁殖几代后产生有翅迁移蚜,迁飞到夏季寄主上危害,进行孤雌生殖,产生无翅胎生雌蚜和有翅胎生雌蚜,后者在夏季寄主间迁飞蔓延。晚秋产生有翅雌性母和无翅雄性母。前者迁回越冬寄主,孤雌胎生无翅雌蚜,后者继续在夏季寄主上胎生有翅雄蚜,成熟后迁回越冬寄主,与无翅雌蚜交配产卵越冬。同寄主全周期型发生在花椒、木槿等植物上。这些植物即是越冬寄主,又可作为夏季寄主。越冬卵孵化后,整个夏、秋季都在这些寄主上生活繁殖,秋末发生雌蚜和雄蚜,交配产卵越冬。不全周期型发生在热带、亚热带南部以及各地温室中,瓜蚜全年孤雌生殖。

棚室中发生的瓜蚜,除了就地越冬繁殖的以外,还接受露地蔬菜迁飞来的大量个体。瓜蚜繁殖能力很强,春、秋季10天左右完成1代,夏季4~5天繁殖1代。

瓜蚜适应的温度范围较广,抗寒性较强。最适温度为16℃~22℃,在气温17℃~28℃条件下,繁殖速度很快,虫口数量迅速增长,29℃以上发育延缓。在亚热带地区的瓜蚜适应较高的温度。瓜蚜对湿度的适应能力也较强。在空气相对湿度47%~81%时,蚜口都能迅速增长,以58%左右最宜,伏蚜最适湿度更高达76%左右。微风有利于瓜蚜的迁飞活动,暴风雨则有强烈的冲刷作用,可减少蚜口数量。施用氮肥多,叶片柔嫩时瓜蚜发生加重。瓜蚜对黄色有正趋性,而对银灰色则有负趋性。

瓜蚜的主要天敌有瓢虫、草蛉、蚜茧蜂、绒螨、食蚜蝇和蚜霉菌等,天敌多时能大大减少蚜口数量。

【防治方法】 参考桃蚜的防治方法。抗蚜威对瓜蚜效果较差,不宜选用。

豆　蚜

　　豆蚜 Aphise medicaginis Koch,又名花生蚜、苜蓿蚜、槐蚜,寄主范围很广,危害豌豆、荷兰豆、菜豆、豇豆、扁豆、蚕豆等豆类蔬菜,还危害花生、苜蓿、紫云英、国槐、刺槐、紫穗槐等200余种植物。豆蚜以成蚜、若蚜刺吸幼芽、嫩叶、嫩茎、花器、荚果等部位,致使叶片卷缩变黄,嫩荚枯萎,植株矮小,甚至茎叶变黑"流油"。豆蚜是冬春棚室的重要害虫。

　　【形态特征】

　　1. 有翅胎生雌蚜　体长 1.5～1.8 毫米,体长卵形,紫黑色,有光泽。触角与身体等长,灰黑色,中间带黄白色,6 节,第三节有感觉孔 4～7 个,多数 5～6 个,排列成行。复眼黑色,眼瘤发达。腹部第一至第六节背面有硬化条斑。足黄白色,但基节、转节、腿节、胫节端部以及前足跗节褐色。腹管圆筒形,细长,黑色,具瓦状纹,长度超过腹部末端,约为尾片的3 倍。尾片黑色,乳状,明显上翘,两侧各生刚毛 3 根。

　　2. 无翅胎生雌蚜　体长 1.8～2 毫米,体较肥胖,黑色或浓紫黑色,少数墨绿色,有光泽,被稀薄的蜡粉。触角约为体长的 2/3,6 节,第一节、第二节、第五节和第六节端部黑色,余为黄白色。腹部第一至第六节背面膨大隆起,有一大型黑斑,分布界限不清晰,各节侧缘有明显的凹陷。腹管圆筒形,黑色,具瓦状纹,长度为尾片的 2 倍。尾片形态同有翅胎生雌蚜。

　　【发生规律】　豆蚜每年发生代数各地不同,在山东、河北地区 1 年发生 20 余代,主要以无翅胎生成蚜和若蚜在紫花地丁、野豌豆等宿根性草本植物上越冬，也可在冬豌豆和棚室作物上越冬。在新疆等地以卵在苜蓿等寄主上越冬。春季陆续迁飞，先到槐树新梢上，再到菜田、花生田中危害。10月份以后随气温降低，产生有翅蚜，迁飞回越冬寄主。温室豆蚜可全年繁殖危害。

豆蚜适应的温度范围较广，耐低温能力很强。繁殖的适宜温度为15℃～25℃，最适温度为19℃～22℃，日平均温度10℃以上就可以大量繁殖。24℃～25℃以上繁殖受到抑制。适于豆蚜繁殖的相对湿度为60%～70%，低于50%或高于80%，对繁殖有明显抑制。豆蚜有翅蚜对黄色有一定的趋性，忌避银灰色。

【防治方法】　参考桃蚜。

美洲斑潜蝇

美洲斑潜蝇 *Liriomyza sativae* Blanchard 是双翅目潜蝇科的多食性大害虫，传入我国历史不久，但分布较广，在棚室和露地危害多种蔬菜和花卉，较难防治。斑潜蝇的幼虫在叶片组织中蛀食，吃掉叶肉，残留上、下表皮，形成灰白色不规则隧道，隧道内有黑色虫粪。严重时叶片布满隧道而发白干枯，造成很大危害。成虫取食和产卵均在叶片上刺成小孔，刺孔多时，可显著降低光合作用，幼苗甚至可被杀死。上述危害都显著降低作物产量、品质和观赏性。

【形态特征】　美洲斑潜蝇初孵幼虫多由叶片正面潜入，蛀食叶肉栅栏组织，隧道由叶面看更明显。隧道先细后宽，蛇形弯曲(彩38)，内有黑色虫粪，2龄前虫粪在隧道中交替排列，3龄常排在一侧连成线。老熟幼虫由叶片正面隧道末端脱出而化蛹,隧道末端可见半圆形破孔,而不见虫体。成虫取食和产卵均在叶片上刺成很多小孔,小孔白点状,近圆形,取食孔直径0.15～0.3毫米,产卵孔更小。

1. 成虫 为小蝇子,雌蝇体长2.5毫米,雄蝇体长1.8毫米,较南美斑潜蝇大,全体暗黑色,多处间有黄色部分。额鲜黄色,微突于复眼上方,额宽为眼宽的1.5倍。头鬃黑褐色,头顶内顶鬃着生于黄色与黑色区的交界处,外顶鬃着生处黑色,眼眶浅褐色,上眶鬃2根等长,下眶鬃2根细小,眼眶毛稀疏后倾。触角3节,黄色,第三节圆形,触角芒浅褐色。中胸背板黑色,有光泽,背中鬃3+1根,第三、第四根稍短小,第一与第二根之间的距离是第二与第三根之间距离的2倍,第二与第三根之间同第三与第四根之间距离相等。中小毛不规则排成4列。小盾片半圆形,鲜黄色至金黄色,两侧,黑色,缘鬃4根。中胸侧板以黄色为主,有不稳定的黑色斑纹。胸部腹面在前足与中、后足基节间,黑色。前翅翅长1.3～1.7毫米,前缘脉加粗,达中脉M1+2脉的末端,亚前缘脉末端变为一皱褶,并终止于前缘脉折断处。中室小,M3+4脉后段为中室长度的3～4倍。平衡棒黄色。各足基节、股节黄色,胫节、跗节褐色。腹部可见7节,各节背板黑褐色,有宽窄不等的黄色边缘。腹板黄色,中央常为暗褐色,但有的为橙黄色。雌虫产卵鞘(第七腹节)黑色,圆筒形。雄虫第七腹节短钝,黑色。雄虫外生殖器端阳体豆荚状,柄部短。

2. 卵 圆形,白色略透明,近孵化时浅黄色。

3. 幼虫 蛆状,共3龄,初孵化时无色,渐变淡黄绿色,老熟幼虫体长3毫米,橙黄色,后气门呈圆锥状突起,顶端3分叉,各分叉顶端有小孔。

4. 蛹 椭圆形,长1.7～2.3毫米,初橘黄色,后期变深。

后气门突出,与幼虫相似。

【**发生规律**】 美洲斑潜蝇危害 26 科 312 种植物,包括花卉、蔬菜、农作物和杂草。蔬菜中番茄、茄子、黄瓜、丝瓜、菜豆、白菜等受害严重,辣椒、苦瓜、大蒜、洋葱、甘蓝、花椰菜、萝卜等较轻。美洲斑潜蝇随寄主植物调运而远距离传播。

美洲斑潜蝇喜高温,在华南可周年发生,1 年有 21～24 个世代,从 11 月份到翌年 4 月份发虫量大。在我国大部分地区,冬季只能在温室和冬暖式大棚内越冬,露地出现较晚,夏秋多发。该虫在北京地区 1 年发生 8～9 代,春季虫源来自温室。露地于 7～9 月份为发生高峰期,主要危害黄瓜、豆类和白菜等蔬菜,10 月份以后虫口下降,11 月中旬后消失。在江苏一带,6 月中下旬开始在露地蔬菜上危害,8～10 月份为发生高峰期,11 月下旬基本消失,1 年发生 10～11 代。在北京地区棚室中,春季发生 4～5 代,秋季发生 3.5～4 代,冬季发生 0～2 代。在大棚中有初夏和秋季 2 个发生高峰期,在温室中全年发生,高峰期在春季和秋季。

成虫大部分在上午羽化,上午 8 时至下午 2 时是羽化高峰期。雌虫刺伤叶片,形成刻点状刺孔,取食和产卵。雄虫不能刺伤叶片,只能在雌虫造成的伤口处取食。成虫飞翔能力较弱,有趋黄、趋嫩、趋绿特性。雌虫羽化后 24 小时即可交配产卵,卵产于叶片表皮下或产于裂缝内,有时也产在叶柄上。产卵孔比取食孔小,直径仅 0.05 毫米。

幼虫潜叶危害,老熟后钻出,多数在叶片背面化蛹,叶正面较少,也有的从叶片落入土壤表层化蛹。

美洲斑潜蝇成虫取食、产卵的最适温度为 26.5℃,高温 36.5℃以上和低温 16.5℃以下不利于取食和产卵。低温下成虫寿命较长,在 16.5℃平均 26.7 天,在 31.5℃以上仅 4.5

天。36℃以上的高温对幼虫存活和化蛹不利。降雨多、湿度高有利于成虫产卵和幼虫孵化,但强降雨对成虫杀伤较大。

美洲斑潜蝇的天敌较多,幼虫被姬小蜂寄生的最多,其次为金小蜂和小蜂。幼虫末期和蛹期主要有瓢虫、椿象、蚂蚁、草蛉、蜘蛛等捕食性天敌。

【防治方法】

1. 栽培防治 调整作物布局,避免敏感作物(茄果类、瓜类、豆类、白菜等)连、套作或邻作。收获后及时清除和销毁田间残株败叶,减少虫源数量。美洲斑潜蝇幼虫可在土壤浅层化蛹,收获后应及时翻耕除虫蛹,或秋、冬灌水灭蛹。生长季节在发生期增加中耕和灌水,改进通风透光条件,及时摘除有虫叶片并销毁。

2. 诱杀成虫 在棚室内设置黄色粘胶板,诱杀潜叶蝇成虫。黄板插立或悬挂,高度与蔬菜顶端持平,随着蔬菜生长不断调整。在成虫发生期采用灭蝇纸(用杀虫剂浸泡过的纸)诱杀,每667平方米设置15个诱杀点,每点放置1张灭蝇纸,每3～4天更换1次。还可设斑潜蝇诱杀卡,每15天更换1次。

3. 喷药防治 在成虫盛发期至低龄幼虫期喷药防治,宜选用兼具触杀作用与渗透或内吸作用的药剂。当前应用最多的为阿维菌素制剂,如1.8%爱福丁乳油2 500～3 000倍液,或0.9%爱福丁乳油1 500～2 000倍液,或0.6%齐螨素乳油1 500倍液,或1%阿维·高氯乳油1 500倍液,或40%阿维·敌畏乳油1 000～1 250倍液,或58%阿维·柴油乳油1 000倍液等。此外,还可选用75%潜克(灭蝇胺)可湿性粉剂5 000～7 000倍液,或48%乐斯本乳油1 500倍液,或5%卡死克乳油1 000～1 500倍液,或21%灭杀毙乳油5 000～6 000倍液,或2.5%功夫乳油2 000～3 000倍液,或10%安绿宝乳油 1500 倍液,或 80% 敌敌畏乳油 800 倍液,或 40% 乐果乳油 1 000～1 500 倍液等,喷药要周到细致。斑潜蝇易产生抗药性,需轮换使用不同药剂。灭蝇胺是一种昆虫生长抑制剂,防治斑潜蝇幼虫效果好,且持效期较长,对天敌昆虫和环境较安全。菊酯类和敌敌畏等杀灭成虫。棚室还可使用烟雾剂。在美洲斑潜蝇发生高峰期傍晚,用 80% 敌敌畏乳油(每 667 平方米用药 200～300 毫升)拌锯末点燃,熏杀成虫,或 22% 敌敌畏烟剂,每 667 平方米用药 400～450 克。翌日 10 时左右及时放烟,以免造成药害。

南美斑潜蝇

南美斑潜蝇 *Liriomyza huidobrensis*(Blanchard)是双翅目潜蝇科的多食性大害虫,最早发生在南美洲,现已扩散到其他大陆。传入我国历史不久,近年有多发趋势,在棚室和露地中危害多种蔬菜和花卉,较难防治。

【**形态特征**】 南美斑潜蝇幼虫在主脉或侧脉附近或沿叶脉蛀成隧道。幼虫不仅蛀食叶肉上层栅栏组织,也蛀食下层海绵组织。虫道常开口于叶片正面,幼虫取食几厘米后转向叶片背面,因而从叶面看隧道往往不完整。黑色虫粪在隧道两侧交替排列。虫龄较大时,叶背隧道更明显。初期形成蛇形隧道,后期若干隧道可连成一片,形成模糊的取食斑,此点也不同于美洲斑潜蝇(彩 36)。老熟幼虫由隧道脱出化蛹。成虫取食和产卵均在叶片上刺成很多小孔,小孔近圆形,针尖大小。

1. 成虫 是亮黑色的小蝇子,体长 1.7～2.25 毫米,仅小盾片、胸部侧缘和头中部黄色。额明显突出于复眼,橙黄色,上眶鬃稍暗,内顶鬃、外顶鬃着生处暗色。上眶鬃 2 对,下眶鬃 2 对。颊长为眼高的 1/3。触角第一节、第二节黄色,第三节褐色。中胸背板黑色,后角具黄斑,背中鬃 3+1,中鬃散生,呈不规则 4 行,中侧片下方 1/2~3/4 部分,甚至大部分黑色,仅上方黄色。前翅膜质透明,有紫色闪光。中室较大,M3+4 脉末端长为前端长度的 2~2.5 倍,这是与美洲斑潜蝇区别的重要特征。后翅退化为平衡棒,淡黄色。各足股节暗褐色,胫节和跗节黑褐色。

2. 卵 长约 0.3 毫米,卵圆形,乳白色,将孵化时淡黄色。

3. 幼虫 3 龄,蛆形,体长可达 3 毫米左右,无足。体表光滑、柔软,体壁半透明。初孵幼虫乳白色,取食后渐变黄白色或橘黄色。后气门呈圆锥状突起,顶端 6~9 个分叉(称为孔突),各分叉顶端有小孔。

4. 蛹 长约 3 毫米,长椭圆形,初橘黄色,后深褐色,后气门突出,与幼虫相似。

【发生规律】 南美斑潜蝇是多食性害虫,寄主有 16 科 287 种植物,其中包括芹菜、莴苣、茼蒿、甜菜、菠菜、瓜类(黄瓜、丝瓜、南瓜、苦瓜、西葫芦等)、豆类(菜豆、豇豆、豌豆、蚕豆、扁豆等)、洋葱、大蒜、花椰菜、甘蓝、辣椒、番茄、烟草、马铃薯、苜蓿、亚麻、康乃馨、香豌豆、菊、万寿菊、夹竹桃、旱金莲、曼陀罗、矮牵牛等。南美斑潜蝇喜食芹菜,较少危害番茄、辣椒、茄子等,与美洲斑潜蝇不同。

南美斑潜蝇在北京地区露地蔬菜上于 3 月中旬开始发生,主要发生期为 6 月中下旬至 7 月中旬,其间 7 月上旬达到发虫高峰期,以后逐渐减少以至消失。在山东地区冬暖式大棚中,2 月下旬虫口密度上升,3 月份后可造成严重危害,直至

5月中旬前后。在露地蔬菜上,成虫于4月上中旬从棚室中迁出,危害菜苗。5月中下旬后虫口激增,6月下旬以后,随气温升高,虫口数量迅速下降,9月份以后又复上升,10月份以后陆续迁移到秋延后大拱棚中危害。在冬暖式大棚中,12月份常大发生,1月份后随气温降低,虫口数量下降。

在陕西地区南美斑潜蝇与美洲斑潜蝇混合发生。5～10月份主要危害露地蔬菜,高峰期为9月至10月中旬。11月至翌年6月份主要危害棚室蔬菜,高峰期为3～5月份。在15℃～26℃,15～20天完成1个世代。在25℃～33℃,只需要12～14天。卵2～5天孵化,幼虫期3～8天,老熟后钻出隧道,随风飘落到地面或表土中化蛹,蛹期9～10天。成虫交尾时间40～60分钟。交配后当天产卵,卵产于叶片的叶肉中。斑潜蝇1天之中,在上午9～11时和下午2～4时2个时段较活跃,卵的孵化,成虫羽化大都发生在这2个时段。

据国外研究人员在温室条件下观察,27℃时卵期3天以上,幼虫取食期3～5天,蛹期8～9天。成虫羽化率依寄主种类而不同,菊花上为36%,豌豆上高达74%。羽化后1天即交配产卵,羽化后4～8天为产卵高峰期。成虫存活12～14天,1个世代在夏天为17～30天,在冬天为50～65天。

南美斑潜蝇成虫在白天活动,上午10时和下午4～6时最活跃。成虫飞翔能力弱,不能远传。虫体可随寄主植物调运而远距离传播。

【防治方法】 调整作物布局,避免敏感作物芹菜、茼蒿、豆类、瓜类等连作、套种或邻作。在田间设置黄色粘胶板,诱杀潜叶蝇成虫。适时施药防治,参见美洲斑潜蝇。

韭迟眼蕈蚊(韭蛆)

属双翅目眼蕈蚊科迟眼蕈蚊属,学名 *Bradysia odoriphaga* Y. et Z.,幼虫称为韭蛆。在我国北方各地均有发生,主要危害韭菜,也危害洋葱、大葱、香葱、韭葱、大蒜和食用菌等。棚室栽培的韭菜常严重受害。

【形态特征】 幼虫聚集在根部和鳞茎、假茎部危害。初孵幼虫多从韭菜的根状茎或鳞茎一侧逐渐向内蛀食,受害部变褐腐烂(彩 39)。幼虫也蚕食须根,使之成为"秃根"。有时幼虫从近地面的白色的嫩茎部位蛀入,再向下至鳞茎内危害。春秋两季因植株生长旺盛,组织幼嫩,受害严重。每个幼茎或鳞茎常聚集十几头甚至几十头幼虫。地上部叶子发黄、萎蔫、干枯,甚至整株死亡。危害大蒜时,还造成鳞茎裂开,蒜瓣裸露,裂口处布满幼虫分泌物结成的丝网,上沾有粪便、土粒等,受害株地上部分矮化、失绿、变软、倒伏。

1. **成虫** 蚊子状。雄成虫体长 3~5 毫米,黑褐色,头部小,复眼大。触角丝状,长约 2 毫米,16 节,被黑褐色毛。胸部粗壮,隆突。足细长,褐色,胫节端部具 1 对长矩及 1 列刺状物。前翅长度为宽度的 1~1.8 倍,膜质透明,后翅退化为平衡棒。腹部细长,8~9 节,腹端宽大,顶端弯突。雌成虫体长 4~5 毫米,与雄虫基本相似,但触角短且细,腹部中段粗大,向端部渐细而尖,腹端具 1 对分为 2 节的尾须。

2. **卵** 椭圆形,细小,乳白色,孵化前变白色透明状。

3. **老熟幼虫** 体长 7~8 毫米,宽约 2 毫米,头、尾尖细,中间较粗,呈纺锤形,乳白色,发亮。头漆黑色有光泽,无足,体节明显,体表光滑无毛,半透明。

4. **蛹**　体长 3～4 毫米,宽不足 1 毫米,长椭圆形,红褐色,近羽化时呈暗褐色,蛹外有表面沾有土粒的茧。

【发生规律】　在天津郊区和陕西关中 1 年发生 4 代,在山西大同地区 1 年发生 4～5 代,在山东寿光地区 1 年发生 6 代,均以不同龄期幼虫群集在韭墩、蒜株根际或鳞茎、假茎内越冬,越冬深度 3～9 厘米不等。越冬幼虫无滞育特性,只要温度合适即可活动危害,冬季仍可继续危害棚室栽培的寄主植物,早春化蛹。多数地区韭蛆虫口数量有春、秋 2 个高峰,3 月下旬至 6 月中旬为第一个高峰,持续时间较长,9 月至 11 月中旬出现第二个高峰。

成虫昼夜均能羽化,以下午 4～6 时最多。成虫出土后,在地面或植株上爬行,偶尔飞翔。成虫遇不良天气即栖息在石块下或地表洼处。雄虫昼夜活动,雌虫多白天活动。成虫可多次交配,雌虫昼夜产卵,每个雌虫平均产卵量为 75 粒左右,卵多聚产。卵可随水渗入地下,孵化率较高。幼虫 4 龄,昼夜危害,有群聚性,也有一定的腐食性,可转株危害。幼虫怕光,喜趋向黑暗处,老熟后大多在寄主附近土壤中化蛹,少数留在鳞茎中化蛹,做茧或不做茧。

越冬幼虫较耐低温。耕层 8 厘米处地温上升至 4℃后越冬幼虫即可开始活动,18℃～25℃为幼虫最适发育温度,直到 28℃均可正常生长发育。夏季高温引起虫口数量下降。耕层 8 厘米处地温达 13℃时,成虫开始羽化出土,气温达 14℃成虫开始飞翔,气温上升至 24℃时成虫飞翔高度最高。幼虫性喜潮湿,土壤湿度较高对卵的孵化、幼虫化蛹和成虫羽化出土均有利。土壤湿度 5%～20% 最适于发育与变态。虫口密度与土质有密切关系,沙质土壤发生少,轻壤土发生数量多,中壤土发生数量最多。浇水过多,土壤湿润,韭蛆发生多,控制浇水或幼虫发生初期停止浇水,可控制虫口数量上升。

【防治方法】

1. **土地翻耕** 韭蛆除成虫期外均在土壤中生活,播前翻耕或生长期间中耕可杀死一部分越冬虫体或危害期的虫体。

2. **合理灌溉、晒土晒根** 冬前浇冻水或早春浇水可以冻死一部分越冬的或刚开始活动的幼虫,压低虫口数量。生长期间结合浇水适当追施氨水,可以熏死一部分幼虫。春韭萌发前,起出韭畦表土翻晒,并晒根,经5～6天可晒死幼虫。覆土前沟施草木灰,或每667平方米用5%辛硫磷颗粒剂2千克,拌细土后撒于韭根附近,然后覆土。

3. **粘杀成虫** 在成虫盛发期,用粘虫胶粘杀成虫。其方法是用40份无规聚丙烯增黏剂与60份机油充分混合,在30℃恒温水浴锅中搅拌溶化,做成40%的粘虫胶,涂于粘虫板(40厘米×28厘米)两面,胶厚1毫米,设置高度50～78厘米,以每667平方米插粘虫板6块为宜。

4. **药剂防治** 防治时期为成虫羽化盛期和幼虫危害始盛期。成虫羽化期选用40%菊·马乳油3 000倍液,或20%杀灭菊酯乳油3 000倍液,或2.5%溴氰菊酯乳油3 000倍液,或50%辛硫磷乳油1 000倍液,或1.8%虫螨克乳油2 500～3 000倍液,或50%灭蝇胺乳油4 000～5 000倍液等喷雾。

据杭州市试验,在各代的卵孵化高峰期,每667平方米用3%米乐尔颗粒剂4千克,拌干细土或沙5～10千克,撒于韭菜行间,并覆土,杀虫效果很好。

在幼虫危害始盛期,浇灌药液防治,适用药剂较多,效果好。每667平方米用48%乐斯本乳油200～400毫升,对水1 000升,用工农-16型手动喷雾器,拧去喷片,将药液顺垄喷入韭菜根部。也可先将48%乐斯本乳油对适量水配成母液,在灌溉时注入水流中,使其随水灌入韭菜根部,此法简便省工,但需适当增加用药量。

48％地蛆灵乳油灌根,每 667 平方米用 300～400 毫升,对水成 500 升药液,用手动喷雾器(拧去喷头)或水壶等容器,顺垄喷灌韭菜基部。可 1 年防治 2 次,第一次在春天揭棚前,第二次在秋后扣棚前。

此外,也可选用 37％高氯·马乳油 1 000 倍液,或 50％辛硫磷乳油 800 倍液,或 50％灭蝇胺乳油 4 000～5 000 倍液喷施根部。严重危害田,在第一次施药后,间隔 10～15 天再施 1 次。

防治韭蛆禁用甲胺磷、对硫磷、甲拌磷、氧化乐果等剧毒、高毒药剂灌根。

瓜 绢 螟

瓜绢螟 *Diaphania indica* (Saunders),俗称瓜螟,属鳞翅目螟蛾科,是瓜类作物上常见的害虫之一。各地以黄瓜受害最重,其次为丝瓜、冬瓜、苦瓜、甜瓜、西瓜、茄子、番茄等。近年夏秋季大棚西瓜栽培增多,危害加重。

【形态特征】 以幼虫为害瓜类作物的嫩头、幼瓜和叶片。低龄幼虫在叶片背面啃食叶肉,残留表皮成网状,严重时可吃光叶片,仅剩叶脉。3 龄后吐丝缀合嫩叶、嫩梢,隐匿其中危害。幼虫还啃食瓜皮,形成疮痂,能蛀入瓜内取食(彩 39)。

成虫体长 10～11 毫米,翅展 25 毫米。头、胸黑色,腹部白色,但第一节、第七节和第八节黑色,腹末端有黄褐色毛丛。前、后翅白色半透明,前翅前缘、外缘和后翅外缘均为黑色宽带。卵扁平,椭圆形,淡黄色,表面有网纹。幼虫共 5 龄,末龄幼虫体长 23～26 毫米。头部、前胸背板淡褐色,胸腹部草绿色,亚背线为 2 条较宽的乳白色纵带。气门黑色。各体节上有瘤状突起,上生短毛。蛹长约 14 毫米,深褐色,外被薄茧。

【发生规律】 瓜绢螟 1 年发生 4～6 代,以老熟幼虫和蛹在枯叶或表土中越冬。8～10 月份危害最重。成虫趋光性弱,昼伏夜出,卵产于叶背,散产或 20 粒左右聚集在一起,每个雌虫产卵 300～400 粒。初孵幼虫多集中在叶背取食叶肉。3 龄后吐丝卷叶,缀合叶片或嫩梢。幼虫性活泼,受惊后吐丝下垂转移他处继续危害。最适于幼虫发育的温度为 26℃～30℃,相对湿度 80% 以上。老熟幼虫在卷叶内或表土中做茧化蛹。卵期 5～7 天,幼虫期 9～16 天,蛹期 6～9 天,成虫寿命 6～14 天。

【防治方法】

1. 栽培防治 及时清洁田园,收集枯藤落叶集中处理,以压低虫口基数。在幼虫发生期,人工摘除卷叶,捏杀幼虫。

2. 药剂防治 应掌握在卵孵化盛期施药,并注意将药液喷洒到叶背或嫩头上。可选用 1.8% 爱福丁乳油 3 000 倍液,或 2% 阿维·苏可湿性粉剂 1 500 倍液,或 5% 锐劲特(氟虫腈)悬浮剂 1 500 倍液,或 40% 绿菜保乳油 1 000 倍液,或 10% 多来宝悬浮剂 1 500～2 000 倍液,或 3% 莫比朗乳油 1 000～2 000 倍液,或 10% 氯氰菊酯乳油 3 000～4 000 倍液,或 2.5% 天王星乳油 2500～3000 倍液喷雾。

菜　蛾

菜蛾属鳞翅目菜蛾科,又名小菜蛾,学名 *Plutella xylostella* (L.),分布于全国各地,以南方各省区和常年种植叶菜的地区发生多而严重。菜蛾主要食害甘蓝、花椰菜、青花菜、球茎甘蓝、小白菜、萝卜、芥蓝等十字花科蔬菜。此外,还危害番茄、马铃薯、洋葱、生姜以及一些花卉与药用植物。

【形态特征】 菜蛾的幼虫食害叶片,初龄幼虫钻入叶肉中蛀食,稍大则取食叶片一面表皮叶肉,残留另一面表皮,形成半透明小孔洞。3~4龄以后食量增大,将叶片咬成较大孔洞和缺刻,严重时将叶片吃成网状,甚至吃光(彩39)。此外,菜蛾也取食嫩茎、角果和籽粒。

1. 成虫 是灰褐色小蛾子,体长6~7毫米,翅展12~15毫米。前翅与后翅狭长,缘毛长。前翅暗灰色或淡灰褐色,中部有三度曲折的黄白色或黄褐色波纹,静止时两翅折叠成为屋脊状,两翅的黄色波纹合并成3个相连的菱形斑翅。前翅缘毛翘起,鸡尾状。

2. 卵 长约0.5毫米,椭圆形,扁平,黄绿色,表面光滑。

3. 老熟幼虫 体长10毫米左右,头部黄褐色,胸腹部绿色(彩39)。虫体纺锤形,腹部第四、第五节膨大,两头尖细。前胸背板上有淡褐色小点,排列成2个"U"字形斑纹。

4. 蛹 体长5~8毫米,初淡绿色,后变黄绿色,最后变灰褐色。蛹体包裹在薄茧内。茧纺锤形,灰白色,多附着在叶片上。

【发生规律】 菜蛾每年发生4~19代不等,因地而异,越往南代数越多。在北方以蛹越冬,或以幼虫、成虫在棚室内越冬,危害春菜较重。在长江中下游及其以南地区终年发生,3~6月份和8~11月份为盛发期,世代重叠严重。

菜蛾成虫昼伏夜出,有一定趋光性,飞行能力不强,受到惊扰后,可在植株间作短距离飞行,但可随气流远距离迁移。成虫可多次交配,产卵期长。卵单产或聚产,多产于叶片背面靠近叶脉的部位,少数产在叶片正面和叶柄上。幼虫共 4 龄。初孵幼虫可咬破表皮,钻入上、下表皮之间取食,形成小隧道,2 龄脱出,3～4 龄多在叶片背面和心叶取食,即使老叶、黄叶,也可供其取食。幼虫活跃,受到惊动后,不断扭动虫体,吐丝下垂。在叶脉附近或落叶上结茧化蛹。

菜蛾对温度变动的适应性强,在 10℃～40℃范围内都可生存繁殖,发育最适温度为 20℃～30℃,各虫期都耐低温和高温。空气湿度的变动对菜蛾发生的影响不显著,但暴雨、雷雨冲刷对卵和幼虫不利,小龄幼虫对水滴尤其敏感。夏季暴雨多,虫口数量减少。十字花科蔬菜种植面积大且周年接续种植,食料丰富,是菜蛾猖獗的主要条件。菜田前茬发虫重,或靠近虫源多的地块,虫口基数大,往往导致菜蛾大发生。菜蛾的天敌有绒茧蜂、啮小蜂、姬蜂、颗粒体病毒等多种,对菜蛾发生有明显抑制作用。

【防治方法】

1. 合理栽培　调整蔬菜种植结构,不同蔬菜种类、品种搭配种植,合理布局,避免十字花科蔬菜大面积连作、套种或邻作。育苗地应远离发虫严重的菜地,利用防虫网覆盖栽培。蔬菜收获后要彻底清除残株落叶,及时翻耕,以减少虫源。

2. 诱杀成虫　成虫有趋光性,可设置黑光灯或高压诱虫灯诱杀成虫。在成虫发生期,可挂性诱器诱捕。还可将诱芯悬挂于诱蛾盆上方,盆口径 30 厘米,盆深 10 厘米,盆内加水至盆口 3～4 厘米处,水中加少许洗衣粉,每 667 平方米放 2～3 盆。

3. 喷药防治　菜蛾繁殖快,世代多,用药频繁,易产生抗药性,需合理用药,轮换用药。由于长期大面积使用单一杀虫剂品种,老菜区的菜蛾已经对常用有机磷杀虫剂、菊酯类杀虫剂等产生了抗药性。对抗药性菜蛾,可换用新的高效杀虫剂、昆虫生长调节剂、抗生素类制剂、细菌杀虫剂等。

可选用的普通杀虫剂有90%敌百虫晶体1000~1500倍液,或50%辛硫磷乳油1000倍液,或30%乙酰甲胺磷乳油1000倍液,或2.5%敌杀死乳油3000倍液,或10%多来宝悬浮剂1500~2000倍液,或20%氰戊菊酯乳油2000~3000倍液,或2.5%功夫乳油3000~4000倍液等。已经对有机磷杀虫剂和菊酯类杀虫剂产生抗药性的菜蛾,可换用新药剂,如5%锐劲特悬浮剂2500倍液,或3%莫比朗乳油1000~2000倍液,或10%除尽悬浮剂1200~1500倍液等。施药宜在低龄幼虫盛发期,因世代不整齐,需每隔3~5天喷1次,连续防治2~3次。喷药务必周到细致,要使叶背和叶心着药。

选用有效昆虫生长调节剂及其参考用药量为:5%卡死克乳油1000~2000倍液,或5%抑太保乳油1000~2000倍液,或20%除虫脲悬浮剂2000~3000倍液,或25%灭幼脲3号悬浮剂1000倍液等。此外,还可选用5%伏虫灵(氟铃脲)乳油,用药量为每公顷28.13~56.25克(有效成分),或20%虫酰肼悬浮剂1500~2000倍液。此类制剂药效发挥较缓慢,但持效期较长,在菜蛾发生初期和幼龄期使用,施药时间可比普通杀虫剂提早3天左右。卡死克、抑太保宜在卵孵化高峰期使用。频繁使用后,菜蛾也能产生抗药性,不可连续多次使用,宜与不同类型的杀虫剂轮换使用。

抗生素类杀虫剂主要是各种阿维菌素制剂,例如1.8%虫螨克乳油、1%阿维菌素乳油、1%阿维·高氯乳油、1.8%齐螨素乳油、0.9%齐螨素乳油、0.6%齐螨素乳油、35%辛·阿维(克蛾宝)乳油等。还可用2.5%菜喜(多杀菌素)悬浮剂1000~1500倍液。

细菌杀虫剂主要是各种苏云金杆菌制剂。例如，2 000国际单位／毫升的苏云金杆菌悬浮剂（每公顷用 3 000～4 500毫升制剂），或 4 000 国际单位／毫升的苏云金杆菌悬浮剂（每公顷用 1 500～2 250 毫升制剂），或 8 000 国际单位／毫克的苏云金杆菌可湿性粉剂（每公顷用 1 500～2 250 克制剂），或 16 000 国际单位／毫克的苏云金杆菌可湿性粉剂（每公顷用 750～1 125 克制剂）等。还有一些外国公司的产品，例如敌宝 3.2％可溶性粉剂、快来顺 10％可湿性粉剂、康多惠7.5％悬浮剂等。有些地方的菜蛾对苏云金杆菌制剂也产生了抗药性。

植物性杀虫剂有 1％印楝素水剂 800～1 200 倍液，或0.65％茴蒿素水剂 400～500 倍液，或 0.5％藜芦碱醇溶液800～1 000 倍液，或 0.26％绿宝清（苦参碱）水剂 600～800倍液等。

棉 铃 虫

棉铃虫 *Helicoverpa armigera*（Hübner）属鳞翅目夜蛾科，取食 200 余种植物，是棉花的大害虫，也危害番茄、茄子、瓜类、豆类、莴苣、甘蓝等蔬菜作物，秋棚番茄、辣椒、莴苣、黄秋葵等严重受害。

【形态特征】 幼虫钻蛀取食番茄、甜椒、瓜类果实、豆荚、莴苣叶球，啃食叶片中肋，食痕凹陷连片，变褐腐烂，还取食嫩叶、嫩芽，钻蛀花蕾。被取食的菜株不仅丧失商品价值，还可并发细菌性软腐病或灰霉病而腐烂。

1. 成虫 是黄褐色（雌）或灰绿色（雄）的蛾子，体长 14～18 毫米，翅展 30～38 毫米。前翅基线不清晰；内横线双线，褐色,锯齿形;环形纹褐边,中央有一褐点;肾形纹褐边,中央有 1 个深褐色的肾形斑点;中横线褐色,略呈波浪形;外横线双线,亚缘线褐色,锯齿形,两线间为一褐色宽带;外缘各脉间有小黑点。后翅灰白色,沿外缘有黑褐色宽带,宽带中央有 2 个相连的白斑。

2. 卵 半球形,直径 0.5～0.8 毫米,表面有纵横隆纹,交织成长方格。初产时白色。

3. 幼虫 共 6 龄,老熟幼虫体长 40～45 毫米。体色多变,有淡红色、黄白色、淡绿色、墨绿色等多种类型,还有的体色黄绿色、暗紫色与黄白色相间。头部黄绿色,生有不规则的网状纹。气门线白色或黄白色,体背面有 10 余条细纵线,各腹节上有毛瘤 12 个,刚毛较长(彩 40)。

4. 蛹 体长 17～20 毫米,纺锤形,赤褐色,腹部第五节至第七节各节前缘密布环状刻点,末端有臀棘 2 个。

烟青虫与棉铃虫形态近似,严重蛀食辣椒果实,易与棉铃虫混淆。

【发生规律】 我国各地发生的代数不同,东北和新疆北部地区每年 3 代,黄淮流域 4～5 代,长江流域 5 代,华南 6～7 代。以蛹在土层中做土茧越冬。

在黄淮流域,4 月下旬至 5 月中旬越冬代成虫羽化、产卵。第一代幼虫主要危害小麦、春玉米、蔬菜等作物,以后各代主要危害棉花,也危害蔬菜、玉米、药材等作物,9 月下旬以后陆续进入越冬或继续危害棚室蔬菜。

棉铃虫成虫夜间活动,白天隐蔽。趋向蜜源植物,吸食花蜜,有趋光性,杨树枝对成蛾的诱集力强。成虫在嫩尖、嫩叶、果萼、果荚等幼嫩部位产卵。初龄幼虫取食嫩叶,2～3 龄以后钻蛀危害,食量增大,有转株危害习性。

【防治方法】 采取秋后深翻冬灌,减少越冬虫源;设置黑光灯、性诱剂、杨树枝把等装置诱杀成虫;采用释放天敌赤眼蜂以及药剂防治等措施,搞好棉花等主要受害作物的防治,可大大减少转移危害蔬菜的虫口数量。危害蔬菜的少量棉铃虫,可在防治主要害虫时予以兼治。大发生年份,或虫口较多棚室,可单独喷药防治。

1. 诱杀成虫 利用成虫的趋化性,在成虫数量开始上升时,用糖醋液诱杀成虫。还可用黑光灯、高压汞灯、杨树枝把、雌虫性诱剂等诱蛾。

2. 栽培防治 清洁田园,及时清除残株败叶,人工摘除卵块和捕杀初孵幼虫,摘除受害果实等。棚室菜地周围适当种植玉米,引诱棉铃虫产卵,并及时摘除毁掉。要注意保护和利用天敌。

3. 药剂防治 在当地危害世代的卵孵化盛期至 2 龄幼虫期喷药,将幼虫消灭在蛀果之前。钻蛀后可在早晨或傍晚幼虫钻出活动时喷药。

可供选用的普通杀虫剂有 80% 敌百虫可溶性粉剂 1 000~1 500 倍液,或 40% 乐果乳油 1 000~1 500 倍液,或 50% 辛硫磷乳油 1 000~1 500 倍液,或 2.5% 溴氰菊酯乳油 3 000~4 000 倍液,或 20% 氰戊菊酯乳油 2 000~3 000 倍液,或 2.5% 功夫乳油 3 000~4 000 倍液,或 2.5% 天王星乳油 3 000 倍液,或 52.25% 农地乐乳油 2 500~3 000 倍液,或 3% 莫比朗乳油 1 000~2 000 倍液等。有机磷药剂、菊酯类药剂宜与其他类型药剂交替使用,以延缓害虫抗药性的产生。对已产生抗药性的,可采用昆虫生长调节剂、抗生素、细菌杀虫剂以及新品种药剂防治。农地乐是广谱性杀虫剂,瓜类(特别在大棚中)、莴苣苗期较敏感,要慎用。

昆虫生长调节剂可选用5％卡死克乳油1 000～2 000倍液，或5％抑太保乳油1 000～2 000倍液，或5％农梦特(氟苯脲)乳油1 000～2 000倍液以及其他。

4. 生物防治 防治3龄前幼虫可用苏云金杆菌制剂8 000国际单位/毫克的可湿性粉剂，每667平方米用药200～300克。在冬春大棚棉铃虫卵高峰后4～6天，可连续喷施2次。在卵高峰期还可施用棉铃虫核多角体病毒制剂(20亿/克)1 000倍液。上述生防制剂需在阴天或晴天的早、晚喷药，不能在高温、强光条件下喷药。

朱砂叶螨

朱砂叶螨 *Tetranychus cinnabarinus*(Boisduval)，又叫棉红蜘蛛，是一种多食性害螨，寄主植物广泛，危害茄科、葫芦科、豆科、锦葵科、百合科、伞形花科等10余科蔬菜，还危害棉花、玉米、高粱、谷子、小麦、豆类、向日葵、马铃薯等重要农作物，各地普遍发生。成螨和若螨在叶背拉丝结网，爬行其中并吸取叶片汁液，使叶片褪绿，陆续出现灰白色小点和斑块，受害茄果出现枯黄至红色细斑。严重发生时叶片干枯脱落，结果期缩短，产量和品质降低。二斑叶螨 *T. urticae* Koch 常与朱砂叶螨混合发生，可一并防治。

【形态特征】

1. 成螨 雌螨体长0.4～0.6毫米，宽0.2～0.3毫米，椭圆形。雄螨体长0.4毫米，宽0.2毫米，体前部近圆形，末端尖削。成螨春、夏季体色多为淡黄色至黄绿色，秋、冬季多为锈红色，体背两侧各有一长形黑斑(彩40)，有时黑斑中段不明显，似分为2个斑点。足4对，爪退化。足和体背都有长毛。

2. 卵 圆球形,直径 0.1 毫米,卵表光滑,有光泽。初产时无色透明,后渐变为淡红色,近孵化时可见 2 个红色眼点(彩 40)。

3. 幼螨 近圆形,体长 0.15 毫米,宽 0.12 毫米。初孵化时较透明,取食后体色变绿,足 3 对。

4. 若螨 椭圆形,体长 0.2 毫米,宽 0.15 毫米,体色变深,体背两侧出现块状黑色斑,足 4 对。

【发生规律】 该螨在我国各地 1 年发生 10～20 代,发生代数由北向南递增。在南方冬季仍可取食和繁殖,华中和长江流域则以各螨态在杂草与蔬菜寄主上越冬,华北地区多以雌成螨在杂草和棉花枯枝落叶处越冬,四川盆地也主要以雌成螨越冬。在北方温室中可周年繁殖危害,成为大棚和露地的重要虫源基地。

早春气温回升到 10℃ 以上时,越冬螨开始活动和繁殖,3～4 月份先在杂草或其他寄主上取食,4 月底至 5 月上中旬开始迁往菜田。在菜田先点片发生,气温升高后大量繁殖并向周围扩散。秋天气温降至 15℃ 以下时,便开始进入越冬场所。

朱砂叶螨发育起点温度为 10.5℃,上限温度为 42℃。气温 29℃～31℃,空气相对湿度 35%～55% 最适宜发生。

朱砂叶螨可进行两性生殖和孤雌生殖,孤雌生殖后代都为雄螨。成螨羽化后即可交配,每个雌螨产卵 50～110 粒,卵多产于在叶背结成的丝网内。雌螨幼期有 3 龄,即幼螨(1龄)、前期若螨(2 龄)和后期若螨(3 龄),雄螨幼期只有 2 龄,即幼螨(1 龄)和前期若螨(2 龄)。前 2 龄不甚活动,后期若螨活泼贪食,有向上爬的习性。植株先是下叶受害,逐渐向上部蔓延,最后植株顶部螨体密集,螨体可随风飘逸扩散或受到碰撞后坠落地面,四处爬散。2~3级风时朱砂叶螨扩散距离可达3~4米,5~6级风时可达8米。繁殖速度快时,每5~10天就可扩散1次。

朱砂叶螨种群消长受到许多因素的影响,其中最重要的是天气,干旱高温有利于大发生。若5~8月份雨日较多,雨量较大,可能推迟发生期,减少发生量。遭遇暴风雨后,大量虫体被冲掉,死亡率很高。其间若有2个月的降雨量在100毫米以下,即可发生螨害。若月均降雨量在20毫米以下,或雨量虽高于此,但晴天较多,螨口数量就急剧增长。

危害露地蔬菜的虫源还来自田间杂草,若杂草丛生,虫源丰富,有可能严重发生。植株营养条件也有明显影响,叶片含氮量高,有利于该螨繁殖,增施磷肥可减轻危害。

【防治方法】

1. 栽培防治 及时清除田间杂草和寄主植物的残株落叶,以消灭虫源,减少早春寄主。加强田间管理,增施磷肥,夏秋高温干旱时及时灌水,可提高植株抗螨能力和改变小气候,使之不利于该螨发生。

2. 药剂防治 在点片发生阶段及早喷第一次药。事先根据受害状况或田间调查结果标出点片范围,先在标明的范围外侧喷药,形成包围圈,以防止螨的飘逸扩散,然后在圈内彻底喷药。以后视防治效果和发生动态,决定喷药次数。可供选择的药剂有1.8%虫螨克乳油4 000~5 000倍液,或5%尼索朗乳油1 500~2 000倍液,或20%速螨酮可湿性粉剂4 000~5 000倍液,或73%克螨特乳油2 000倍液,或50%阿波罗悬浮剂2 000~4 000倍液,或9.5%螨即死(喹螨醚)乳油2 000~3 000倍液,或20%双甲脒乳油1 000~1 500倍液,或

5％卡死克乳油 1 000～1 500 倍液等。克螨特对成螨、若螨有效，杀卵效果差。宜在气温 20℃ 以上时用药，20℃ 以下药效递降。但高温高湿时幼苗和嫩叶可能出现药害，应加大稀释倍数。

茶黄螨

茶黄螨 *Polyphagotarsonenus latus* (Bank)，又叫侧多食跗线螨、茶嫩叶螨、茶壁虱等。该螨食性很杂，寄主植物有 70 余种，其中包括茄子、辣椒、番茄、马铃薯、菜豆、豇豆、黄瓜、丝瓜、苦瓜、萝卜、芹菜、落葵、茼蒿等蔬菜作物以及茶树、棉花、烟草、柑橘等经济作物。大棚茄子、青椒等受害最重。

【形态特征】 成螨、若螨都刺吸植株幼嫩部分使之变色变形。受害嫩叶皱缩，纵卷，叶背有铁锈色油质光泽，受害嫩茎、嫩枝变黄褐色，扭曲畸形，幼芽、幼蕾枯死脱落，仅留下光秃的梢尖，果实、果柄变锈褐色，失去光泽，果实生长停滞，僵化变硬。茄子果实受害，在果面形成典型木栓化网纹（彩40），果肉龟裂，种子外露（封 3）。青椒严重受害的植株矮小丛生，落叶、落花、落果，严重减产。茶黄螨体型微小，肉眼难以分辨，各虫态主要特征如下。

1. **雌成螨** 体长 0.21～0.25 毫米，椭圆形，较宽，腹部末端平截。初乳白色，渐变为淡黄色至橘黄色，半透明。身体分节不明显，足较短，第四对足纤细。腹面后足体有 4 对刚毛。

2. **雄成螨** 体长 0.18～0.22 毫米，近似六角形，末端圆锥形，初乳白色，渐变为淡黄色至橘黄色，半透明。前足体背面有 3～4 对刚毛，腹面后足体有 4 对刚毛。足长而粗壮，第四对足的末端为一瘤突。

3. 卵　长约0.1毫米,椭圆形,无色透明,卵面纵向排列着5~6行(多为6行)白色小瘤,每行6~8个。

4. 幼螨　体长0.11毫米,乳白色至淡绿色,头胸部与成螨相似,腹部明显分成3节,后期分节渐消失,腹部末端呈圆锥形,上生1对刚毛,足3对。

5. 若螨　长椭圆形,半透明,外罩幼螨表皮,静止不动。

【发生规律】　在热带和北方温室条件下,可周年发生,但冬季繁殖力较低,每年可发生25~30代。北方冬季较冷,以雌成螨在冬作物和杂草根部越冬。在长江以南,尚可在茶树叶芽鳞片内、旱莲草头状花序中、禾本科杂草叶鞘内以及辣椒僵果萼片下和皱褶中越冬。

在北京、天津一带,茶黄螨在露地不能越冬,在棚室内继续繁殖危害。大棚蔬菜5月上中旬出现明显危害状,6月下旬至9月中旬为盛发期,10月份以后气温下降,虫口也随之减少。露地蔬菜以7~8月份受害较重。长沙地区越冬螨4月上旬开始缓慢扩散,7月份虫口数量剧增,7月下旬至8月下旬为发生高峰期,9月下旬以后逐渐减少,12月初全部进入越冬。

茶黄螨趋嫩性强,成、若螨多在植株幼嫩部位栖息取食。成螨活泼,雄成螨活动能力更强,有携带雌若螨向植株幼嫩部位迁移的习性。雌若螨在雄螨身体上蜕皮并行交配。该螨以两性生殖为主,也可行孤雌生殖。雌螨将卵散产在嫩叶背面,也有少数产在叶片正面和果实凹陷处。每个雌虫可产卵30~100粒。初孵幼螨常停留在卵壳附近取食,随着生长发育,活动能力逐渐增强。在变为成螨之前,停止取食,静止不动,进入若螨阶段,若螨蜕皮后即为成螨。

茶黄螨个体很小,爬行慢,自身迁移能力低,在田间主要随秧苗、人畜、工具和气流携带传播。

茶黄螨生活周期较短,在温度28℃～30℃时,完成1代需4～5天,在18℃～20℃时需7～10天。温度对其发育速度有显著影响,在30℃以下,随温度增高而加快,在35℃则明显减慢。相对湿度在40%以上,成螨均可繁殖,但卵和幼螨需在相对湿度80%以上,才能正常生长发育。另外,叶表面积水可妨碍螨的活动,大雨对螨体有明显的冲刷作用。

【防治方法】

1. 防止蔓延 培育无虫苗,移栽前全面施药防治,做到秧苗不带虫。未发生地区不由发生地区引进辣椒苗、茄苗或其他寄主秧苗,防止茶黄螨随秧苗传入新区。

2. 清除虫源 搞好冬季育苗温室和生产棚室的防治。及时清除棚室周围的,对当地茶黄螨集中越冬寄主喷药防治,清除或减少越冬虫源。

3. 药剂防治 育苗期若有茶黄螨发生,可在苗床喷药防治1～2次。棚室在定植缓苗后加强调查,在发生初期或发现个别植株出现受害状时,喷第一次药,隔7～10天(或10～15天,因药剂而不同)再喷1次,连喷2～3次。供选用的药剂有1.8%虫螨克乳油4 000～5 000倍液,或5%尼索朗乳油1 500～2 000倍液,或20%螨克乳油1 000～2 000倍液,或73%克螨特乳油2 000倍液,或25%托克尔(苯丁锡)可湿性粉剂1 000～1 500倍液,或25%倍乐霸可湿性粉剂1 000～1 500倍液,或50%辛硫磷乳油1 000倍液等。在上述杀螨剂中,螨克对各螨态都有效;克螨特和托克尔防治幼、若螨和成螨效果好,对卵效果较差;尼索朗防治卵和幼、若螨效果好;倍乐霸对若螨、成螨、夏卵有效,对越冬卵无效。喷雾时要重点覆盖植株上部,尤其是嫩叶背面、嫩茎、花器和幼果,避免向成熟果上喷药。在温室中,还可用80％敌敌畏乳油吊瓶熏蒸。

蔬菜根结线虫

当前棚室发生的主要寄生性线虫是根结线虫(*Meloidogyne* spp.)。常见种类有南方根结线虫 *M. incognita* (Kofoid et White)Chitwood、花生根结线虫 *M. arenaria*(Neal) Chitwood、北方根结线虫 *M. hapla* Chitwood 和爪哇根结线虫 *M. javanica*(Treub) Chitwood。南方根结线虫为优势种群,分布范围较广。几乎所有常见蔬菜都是根结线虫的寄主,严重危害番茄、茄子、马铃薯、瓜类、菜豆、芹菜、莴苣、胡萝卜、豆类、十字花科蔬菜、草莓等作物。根结线虫侵染蔬菜根部,形成根结,有虫株生长不良,变黄萎缩,严重减产。棚室蔬菜连作,土壤中虫源积累,根结线虫发生迅速增多,需及时采取防范措施。

【形态特征】 被根结线虫危害的植株,根部形成多数瘤状物,即根结。根结以侧根和须根最多。有虫株初期根部略膨肿,后增大成为根结,根结有近球形、纺锤形、葫芦形、串珠形或不规则形等多种形状(封 3)。根结的大小差异也很大,小者肉眼勉强可见,大者如乒乓球,多数如小米粒至豆粒大小。根结初期白色,表面光滑,后变灰褐色,表面粗糙并腐烂(封 3)。病株地上部发育不良,矮小,叶片发黄,萎蔫(封 3)。

根结线虫成虫雌雄异型。雌成虫洋梨形,褐色,固定于根结内。雄成虫线状,细长,头部尖,尾部稍圆。幼虫 4 龄,2 龄幼虫虫体线形,3 龄、4 龄为膨大囊状。卵长圆形,无色。现以南方根结线虫为例,说明其形态特征。

1. 成虫 雌成虫固定在植株根内，洋梨形或卵形，乳白色，体长 0.44～1.59 毫米，宽 0.26～0.81 毫米。阴门位于虫体末端，裂缝状。会阴花纹背弓较高，由平滑至波浪形的线纹组成，有些线纹在侧面分叉，一般无明显的侧线。雄虫线形，无色透明，尾梢钝圆，体长 1～2 毫米，宽 0.03～0.04 毫米。

2. 卵 椭圆形或近肾脏形，长 0.07～0.13 毫米，宽 0.03～0.05 毫米。外被棕黄色胶质卵囊，1 个卵囊内有 100～300 粒卵。

3. 幼虫 幼虫共 4 龄。1 龄幼虫在卵内孵化，蜕皮后破壳而出成为 2 龄幼虫，线形，无色透明，进入土壤后，侵入植物根内。3 龄幼虫和 4 龄幼虫尾膨大呈囊状，有尾夹突，寄生于根结内。

会阴花纹是分类的重要依据。南方根结线虫会阴花纹特点如上所述。爪哇根结线虫会阴花纹具有一个圆而扁平的背弓，侧区有明显的侧线。花生根结线虫会阴花纹圆形至卵圆形，背弓扁平至圆形，弓上的线纹在侧线处稍有分叉，并常在弓上形成肩状突起，背面和腹面的线纹常在侧线处相遇，并呈一个角度。北方根结线虫会阴花纹近圆形的六边形至扁平的卵圆形，背弓扁平，背腹线纹相遇成一定的角度，或呈不规则变化，但侧线不明显，有些线纹可向侧面延长形成 1 个或 2 个翼。

【发生规律】 根结线虫的 2 龄幼虫或卵囊在病残体中或土壤中越冬，可存活 2～3 年。越冬后的卵孵化成幼虫，越冬 2 龄幼虫直接侵入寄主植物根内，继续发育并刺激根部皮层和中柱细胞反常分裂，致使组织膨大，形成根结。幼虫经几次蜕皮后变为成虫。雌虫与雄虫交配后，雌虫在根结内产卵，雄虫进入土壤而死亡。卵在根结内孵化，2 龄幼虫钻出根结，进入土内,随后再侵入寄主,或留在土壤中越冬。根结线虫随病残体,带虫土壤、菜苗、粪肥、农具、灌溉水等传播,每年发生多代,世代重叠,冬季在温室中可继续危害。

根结线虫大多分布在 30 厘米深的土层内,以 5～30 厘米耕作层土壤中数量最多。地温 25℃～30℃,土壤持水量 40%左右适于根结线虫发育。10℃以下,幼虫停止活动;在 55℃,经 10 分钟则死亡。感病寄主植物连作时间越长,土壤中虫口越多,发病也越重。沙质土壤比黏重土壤更适于线虫发生。在地温增高或土壤间湿间干时,发病加重。在北方,蔬菜秋茬重于春茬,温室重于大棚,大棚重于露地。生长期长的蔬菜品种,较生长期短的发生重。

【防治方法】

1. 实行轮作　有虫地与禾谷类作物轮作 2～3 年,最好水旱轮作 1 年或 20 厘米土层浸水 4 个月。也可改种葱、韭菜、大蒜、石刁柏、辣椒等发虫较轻的蔬菜。还可种植诱捕植物,在发生严重的地块,种植生长期短的叶菜类蔬菜,例如小白菜、菠菜、夏萝卜等,生长期只有 1 个多月就收获,虽然根部也生有根结,但对产量影响不大,可以减少土壤中线虫虫口数量。

2. 栽培防治　种植抗虫、耐虫品种,例如番茄品种西粉 3号、佳粉 2 号、L402、瑞里、瑞光、荷兰 GC779、W 773 等较抗或较耐线虫。清除田间病残体,集中销毁。深翻土壤,将表层土壤翻埋于 20 厘米以下。使用无虫土育苗,禁止定植带虫菜苗。施用腐熟有机肥,加强肥水管理,提高菜株耐害能力。大棚、温室还可实行夏季日光晒土或冬季低温冻土。前者在春茬作物拉秧后,于 7～8 月份耕翻土壤,挖沟起垄,沟内灌水,垄上覆盖地膜,经受暴晒,并密闭棚室 15 天以上,使土温达到

55℃以上,可杀灭大部分线虫。

3. 药剂防治 发虫地块可用药剂进行土壤处理或生长期灌根。

非熏蒸性杀线虫剂在播前或定植前用于处理土壤。10%福气多颗粒剂在移栽时沟施或穴施,每667平方米用1.5千克。3%米乐尔颗粒剂每667平方米用药1.5～2千克,5%好年冬颗粒剂每667平方米施用3千克。在播种或移栽前施药,施药方式可撒施、沟施或穴施。撒施即在整地前把药均匀撒入田块内地面,然后耕耙入土,与土壤充分混合,以避免与种子或根系直接接触,撒施用药量稍大。沟施是在播种(移栽)沟内施药,穴施是在播种(移栽)穴内施药,施药后拌(覆)土,再播种或移栽。还可在定植行中间开沟施药,覆土踏实,形成药带。干旱时在施药后要及时浇(灌)水。1.8%阿维菌素乳油,按每平方米用药1～1.5毫升,对水6升的药量,施于苗床或在定植前施于定植沟或定植穴。

土壤熏蒸剂可用98%～100%必速灭微粒剂,熏蒸前清除作物残体、残秆、残根等,整平土地,使土壤疏松,打碎大的土块,深度达到20～30厘米,土壤的含水量达到饱和持水量的60%～70%,保持土壤温度在10℃～15℃。如果土壤含水量不够时,要先浇水。必速灭微粒剂的施药方式有沟施、面施和堆施。沟施即沿种植行开沟,沟深20～30厘米,每平方米用10克制剂(每667平方米用5～6千克),均匀撒施在沟内,覆土后浇水,再紧贴土壤表面盖上塑料薄膜,薄膜周围压实,不能漏气。此时必速灭气体开始对土壤进行熏蒸消毒。3～7天后揭膜通风透气,松土1～2次,3～7天后种植作物。面施即整地后均匀撒施,用药量每平方米20克,然后立即翻动土壤,深至20～30厘米,浇水后覆膜,3～7天后揭膜,松土1～2

次,3～7 天后种植作物。堆施用药量为 1 立方米的土壤或其他介质,用药 100～250 克。处理时以 2～3 立方米为一堆,整平为 20～30 厘米厚,撒上制剂 300 克,翻动均匀,然后覆膜,处理 3～7 天,然后揭膜散气 3～7 天,其间翻动 1～2 次。

生长期间可用 50％辛硫磷乳油 1 500 倍液,或 80％敌敌畏乳油 1 000 倍液,或 1.8％阿维菌素乳油 1 000～1 500 倍液灌根,每株灌药 0.25～0.5 千克。

禁止使用涕灭威、克百威、灭线磷、苯线磷、硫环磷、甲基异柳磷等高毒农药防治蔬菜根结线虫。其他的高毒杀线虫剂如丙线磷、克线磷、硫线磷等,也不能用于蔬菜。

金盾版图书,科学实用,
通俗易懂,物美价廉,欢迎选购

120问	6.00元	南方瓜类蔬菜反季节栽培	8.50元
商品蔬菜高效生产巧安		黄瓜高产栽培(第二次修	
排	4.00元	订版)	6.00元
果蔬贮藏保鲜技术	4.50元	黄瓜保护地栽培	7.00元
青花菜优质高产栽培		大棚日光温室黄瓜栽培	7.00元
技术	8.50元	黄瓜病虫害防治新技术	
大白菜高产栽培(修订		(修订版)	4.50元
版)	3.50元	黄瓜无公害高效栽培	9.00元
南方白菜类蔬菜反季节		棚室黄瓜高效栽培教材	5.00元
栽培	6.00元	图说温室黄瓜高效栽培	
怎样提高大白菜种植效		关键技术	9.50元
益	7.00元	引进国外黄瓜新品种及	
白菜甘蓝病虫害及防治		栽培技术	6.00元
原色图册	16.00元	怎样提高黄瓜栽培效益	7.00元
紫苏菠菜大白菜出口标		保护地黄瓜种植难题	
准与生产技术	11.50元	破解100法	8.00元
萝卜标准化生产技术	7.00元	冬瓜南瓜苦瓜高产栽培	
萝卜高产栽培(第二次		(修订版)	5.50元
修订版)	5.50元	冬瓜保护地栽培	4.00元
牛蒡萝卜胡萝卜出口标		冬瓜佛手瓜无公害高效	
准与生产技术	7.00元	栽培	8.50元
萝卜胡萝卜无公害高效		无刺黄瓜优质高产栽培	
栽培	7.00元	技术	5.50元
根菜叶菜薯芋类蔬菜施		苦瓜优质高产栽培	7.00元
肥技术	5.50元	甜瓜无公害高效栽培	8.50元

以上图书由全国各地新华书店经销。凡向本社邮购图书或音像制品，可通过邮局汇款，在汇单"附言"栏填写所购书目，邮购图书均可享受9折优惠。购书30元(按打折后实款计算)以上的免收邮挂费，购书不足30元的按邮局资费标准收取3元挂号费，邮寄费由我社承担。邮购地址：北京市丰台区晓月中路29号，邮政编码：100072，联系人：金友，电话：(010)83210681、83210682、83219215、83219217(传真)。